Kinvi Kangni
Saliou Touré

Analyse harmonique abstraite

Kinvi Kangni
Saliou Touré

Analyse harmonique abstraite

Master I et II de Mathématiques fondamentales

Presses Académiques Francophones

Impressum / Mentions légales
Bibliografische Information der Deutschen Nationalbibliothek: Die Deutsche Nationalbibliothek verzeichnet diese Publikation in der Deutschen Nationalbibliografie; detaillierte bibliografische Daten sind im Internet über http://dnb.d-nb.de abrufbar.

Information bibliographique publiée par la Deutsche Nationalbibliothek: La Deutsche Nationalbibliothek inscrit cette publication à la Deutsche Nationalbibliografie; des données bibliographiques détaillées sont disponibles sur internet à l'adresse http://dnb.d-nb.de.

Coverbild / Photo de couverture: www.ingimage.com

Verlag / Editeur:
Presses Académiques Francophones
ist ein Imprint der / est une marque déposée de
OmniScriptum GmbH & Co. KG
Heinrich-Böcking-Str. 6-8, 66121 Saarbrücken, Deutschland / Allemagne
Email: info@presses-academiques.com

Herstellung: siehe letzte Seite /
Impression: voir la dernière page
ISBN: 978-3-8381-4516-7

TABLE DES MATIERES

INTRODUCTION

L'analyse Harmonique fut à l'origine, l'étude des séries de Fourier et des intégrales de Fourier portant sur des variables réelles. Le problème consistant, pour une fonction donnée, à trouver les harmoniques qui la constituent (Analyse harmonique) puis à la reconstituer à partir de ces harmoniques (Synthèse harmonique).
Ces questions n'ont cessé de se développer jusqu'à nos jours. On peut par exemple citer les travaux de Bochner, de Plancherel, de Wiener, Paley - Wiener etc...

L'analyse harmonique fut généralisée sous l'impulsion de A. Weil aux groupes localement compacts commutatifs quelconques.

La plupart des théorèmes démontrés pour les séries et intégrales de Fourier furent étendus aux groupes localement compacts quelconques. Les fonctions $x \to e^{inx}(n \in IN)$ pour les séries de Fourier et $x \to e^{iax}(a \in \mathbb{R})$ pour les intégrales de Fourier sont les caractères pour les groupes commutatifs et des représentations irréductibles pour les groupes quelconques.

C'est seulement vers 1925, avec les travaux fondamentaux de H. Weyl, qu'on s'est aperçu que les développements en série de Fourier des fonctions périodiques n'exprimaient pas autre chose que la décomposition de la représentation régulière du groupe compact $T = \mathbb{R}/\mathbb{Z}$, cas particulier du théorème de Peter-Weyl (III-2).
La connaissance d'un objet mathématique peut s'approfondir si on l'assimile à un membre plus élémentaire ou plus simple de la même classe, le transfert respectant les propriétés essentielles. Il est possible d'obtenir ainsi des renseignements sur les structures algébriques aussi bien que sur les structures topologiques. La comparaison doit s'opérer, non grâce à un isomorphisme niveleur, mais plutôt via un homomorphisme continu approprié.

Frobenius et Burnside se rendent compte que pour l'étude des groupes abstraits, il y a intérêt à examiner les homomorphismes d'un groupe fini dans un groupe de transformations linéaires. D'où l'introduction de la notion de représentation.
La théorie de représentation d'un groupe fini dûe à Frobenuis, d'une part, et celle de la représentation des algèbres de Lie semi-simples, mise au point par E. CARTAN, d'autre part, conduisent Weyl à entamer l'étude des groupes de Lie globaux. Il considère un groupe G qui est une variété linéaire de dimension finie et auquel est associée une loi Crochet $(u, v) \mapsto [u, v]$ qui est additive et homogène par rapport à chaque variable ; à la place de la commutativité et de l'associativité, on a les
relations $[u, v] = -[v, u]$ *et* $[u, [v, w]] + [v, [w, u]] + [w, [u, v]] = 0$

Si le groupe est matriciel, on choisit $[u, v] = uv - vu$.

La théorie de la représentation d'un groupe par des transformations linéaires est particulièrement bien adaptée à l'étude de la physique quantique.
La formulation mathématique rigoureuse unifiée de la mécanique quantique est dûe à VON NEUMANN. Le modèle associé au système mécanique quantique est fourni par l'espace de Hilbert H admettant une base orthonormée dénombrable. La tribu des boréliens est remplacée par les opérateurs-projecteurs sur H .

Aussi, E. CARTAN déclare que la plupart de ses travaux mathématiques gravitent autour de la théorie des groupes et qu'en réalité, comme l'a fait remarquer H. Poincaré, les mathématiciens ont depuis bien longtemps et même avant Euclide, fait de la théorie des groupes sans s'en douter, puisque la géométrie élémentaire n'est au fond que l'étude d'un certain groupe particulier.

Ce manuel est le résultat de plusieurs années de cours d'Analyse Harmonique dispensés par les auteurs aux étudiants du Master dans les Universités de Maroc, de l'Afrique du Sud, du Sénégal, du Togo, du Benin, du Congo-Brazzaville,.......

Ils espèrent que ce cours suscitera chez le lecteur un intérêt particulier pour l'analyse Harmonique.
Dans ce cours, nous donnons les bases de l'analyse harmonique abstraite non commutative.

Dans le premier chapitre, nous introduisons les groupes topologiques, l'intégration sur un groupe topologique localement compact, la notion de paire de Guelfand, les groupes topologiques de type particulier. Il s'agit des groupes de Lie et ses propriétés essentielles après avoir rappelé quelques notions sur les variétés différentiables. Les groupes de Lie linéaires jouent un très grand rôle en Analyse Harmonique. Nous en donnons quelques propriétés dans le chapitre II.

Dans le chapitre III, nous donnons la théorie des représentations qui est une généralisation de l'analyse de Fourier classique.

L'analyse de Fourier est une méthode de décomposition des oscillations en oscillations simples appelées oscillations harmoniques.

On rappelle qu'une oscillation harmonique est un mouvement donné par une équation de la forme :

$$x = a\cos(nt) + b\sin(nt)$$

où t est le temps et x les coordonnées du points en mouvement.
L'oscillation f définie par : $f(x) = \frac{a_0}{2} + \sum_{n=1}^{\infty} a_n\cos(nt) + b_n\sin(nt)$
est une superposition des oscillations harmonique.

Nous introduisons également la théorie des représentations induites des groupes de Lie suivant la méthode de Bruhat. La méthode de construction de représentation induite a été introduite par Mackey qui généralise la méthode de V. Bergmann, de Guelfand et de Naïmark pour l'obtention des représentations irréductible de certains groupes classiques. Cette construction est aussi une extension de la théorie de représentation induite des groupes compacts développée par A. Weil et celle des représentations des groupes finis étudiée par G. Frobenius.
Cette méthode fournit un outil puissant pour former des représentations linéaires d'un groupe à partir de celles de certains de ses sous-groupes.

Dans le chapitre IV, nous étudions les fonctions sphériques de type δ qui est une extension des fonctions zonales sphériques classiques. Ces fonctions conduisent à la transformation de Fourier généralisée.

Les auteurs remercient Madame KOUAO Ahou Marie née KOUAKOU et Mr COULIBALY Piè qui ont bien voulu se charger de la confection matériel du texte.

A propos des auteurs :

Kinvi Kangni est de nationalité togolaise, Professeur titulaire des Universités et en poste à l'Université Félix Houphouet Boigny (Abidjan- Côte d'Ivoire). Il est le secretaire executif du réseau RAMA (Réseau International d'Analyse Mathématiques et Applications), réseau regroupant des mathématiciens des universités françaises, canadiennes, américaines et africaines.
Kinvi Kangni a effectué plusieurs missions d'enseignement et de recherche dans les départements de Mathématiques des Universités suivantes :
Université Laval (**Québec-Canada**), Concordia University (**Montréal-Canada**), University of Pretoria (**Afrique du Sud**), Stellenbosch University (**Afrique du Sud**), Université Cheikh Anta Diop (**Dakar –Sénégal**), Université russe de l'Amitié des Peuples (**Moscou-Russie**), Institut Mathématique de Jussieu (**Paris-France**),Université de Lomé et de Kara (**Togo**), Université de Rabat (**Maroc**), Université Marien Ngouabi **(Congo-Brazzaville),**University of Legon **(Accra-Ghana)….**

Saliou Touré est de nationalité ivoirienne, Professeur titulaire des Universités et actuellement Président de l'Université Internationale de Grand Bassam « UIGB »(**Côte d'Ivoire**).
Il a effectué plusieurs missions d'enseignement et de recherche dans plusieurs Universités **américaines, française** et **africaines.**
Saliou Touré est le premier mathématicien de Côte d'Ivoire. Membre de l'Académie des sciences, des arts et de la culture de Côte d'Ivoire (ASCAD) et ex-ministre de l'enseignement supérieur et de la recherche scientifique, le président de la Société mathématique de Côte d'Ivoire était déjà membre des sociétés mathématiques des USA et du Japon. Le 28 janvier 2008, il a fait son entrée à l'Académie Internationale des Sciences Non Linéaires de la Fédération de Russie.

Chapitre 1

LES GROUPES TOPOLOGIQUES

§ I-1 GENERALITE SUR LES GROUPES TOPOLOGIQUES

I-1-1. Notions de base

Définition I-1-1-1 :
Un groupe topologique est un ensemble G tel que :
a) G est un groupe
b) G est un espace topologique séparé
c) Les applications $f: (x, y) \longmapsto xy$ et $g: x \longmapsto x^{-1}$ sont continues ($G \times G$ étant muni de la topologie produit) .
Si U et V sont deux parties de G
on pose : $UV = \{xy, x \in U \text{ et } y \in V\}$
$U^{-1} = \{x^{-1}, x \in U\}$
On dit que U est symétrique si $U = U^{-1}$
La condition c) s'exprime en terme de voisinage comme suite.

Pour tous x et $y \in G$ et pour tout voisinage W de xy dans G, il existe des voisinages U de x et V de y tels que $UV \subset W$.

Aussi pour tout voisinage U de x^{-1}, il existe un voisinage V de x tel que $V^{-1} \subset U$.
La condition c) de compatibilité des deux structures est équivalente à (c′) $h: (x, y) \longmapsto xy^{-1}$ est continue .
En effet montrons que c) $\Leftrightarrow$ c′)
Supposons f et g continues. Soit V un voisinage de xy^{-1}. Il existe donc un voisinage U de x et W de y^{-1} tels que $UW \subset V$. Il existe aussi un voisinage W_1 de y tel que $W_1^{-1} \subset W$. Donc $UW_1^{-1} \subset V$ et h est continue.

Réciproquement supposons h continue. Soit V un voisinage de y^{-1}. Comme $ey^{-1} = y^{-1}$, il existe un voisinage V de y et un voisinage W de e tel que $WV^{-1} \subset V$. On a donc $V^{-1} \subset WV^{-1} \subset V$ (car $e \in W$) et g est continue.
Montrons que f est continue. Soit V un voisinage de $xy = x(y^{-1})^{-1}$. Il existe un voisinage U de x et un de voisinage W de y^{-1} tels que $UW^{-1} \subset V$. Comme g est continue, il existe un voisinage W_1 de y tel que $W_1^{-1} \subset W$, d'où $W_1 \subset W^{-1}$ et $UW_1 \subset UW^{-1} \subset V$.

Exemple I-1-1-2
1) Le groupe additif $\mathbb{R}$ des nombres réels, muni de la topologie naturelle, est un groupe topologique.

2) Le groupe multiplicatif $\mathbb{R}_+^*$ des nombres réels positifs, muni de la topologie induite par celle de $\mathbb{R}$ est un groupe topologique.

3) Le groupe additif $\mathbb{R}^n (n \geq 1)$, muni de la topologie définie par la distance euclidienne est un groupe topologique.
4) Soient G_1 et G_2 deux groupes topologiques alors $G_1 \times G_2$ est un groupe topologique.

Définissons un produit sur $G \times G$ de la façon suivante :

$$\forall (x,y) et\ (x',y') \in G_1 \times G_2)$$
$$(x,y).(x',y') = (x\varphi(y)x', yy') \quad \text{où } \varphi\colon G_2 \longrightarrow Aut(G_1)$$

Ce produit confère à $G_1 \times G_2$, une structure de groupe et avec la topologie produit, une structure de groupe topologique noté $G_1 \times \varphi G_2$, appelé le groupe produit semi-direct de G_1 par G_2 relativement à φ.

Quelques exemples de groupes produit semi-directs

1- Le groupe des déplacements dans $\mathbb{R}^n$ noté $SO(n) \times \mathbb{R}^n$ où φ est l'action naturelle de $SO(n)$ sur $\mathbb{R}^n$.
2-. Le groupe de Mautner : $\mathbb{C}^2 \times_\varphi \mathbb{R}$ où φ est définie par : $\varphi_x(u,v) = \left(e^{i2\pi x}u, e^{i2\pi x\alpha}v\right)$ où α est un irrationnel et $(u,v) \in \mathbb{R}^2$.
3- Le groupe de Poincaré $G = G_0(n) \times T^n$ produit semi-direct du groupe de Lorentz par le groupe de translation.
4) Le groupe $GL(n,\mathbb{R})$ des matrices carrées inversibles est un groupe topologique. C'est un ouvert de l'espace $M_n(\mathbb{R})$ des matrices carrée d'ordre n. En effet l'application :$M \longmapsto \det(M)$ de $M_n(\mathbb{R})$ vers $\mathbb{R}$ est continue et $GL(n,\mathbb{R}) = M_n(\mathbb{R}) \backslash \{f^{-1}\{0\}\}$

Théorème I-1-1-3

Soient G un groupe topologique et a un élément fixé de G.
Alors :
1) Les translations à gauche $L_a\colon x \longmapsto ax$ et à droite $R_a x \longmapsto xa$ sont des homéomorphismes de G dans G.
2) L'application $x \longmapsto x^{-1}$ et l'automorphisme intérieur $x \longmapsto axa^{-1}$ sont des homéomorphismes.

Preuve :

L'application L_a est bijective (évident). Soit V un voisinage de ax. Il existe un voisinage U de a et un voisinage W de x tels que $UW \subset V$. Comme $aW \subset UW \subset V$, alors L_a est continue. $L_a^{-1} = L_{a^{-1}}$ est aussi continue, par conséquent L_a est un homéomorphisme. L'application $x \longmapsto x^{-1}$ est une bijection continue égale à sa réciproque donc c'est un homéomorphisme.

L'automorphisme $x \longmapsto axa^{-1}$ est un homéomorphisme comme composé de deux homéomorphismes.

Corollaire I-1-1-4
Soit G un groupe topologique.
i) Pour toute partie ouverte (resp. fermé) A de G et tout point a ∈ G, les ensembles aA, Aa et A^{-1} sont ouverts (resp. fermés).
ii) Pour toute partie ouverte O de G et pour toute partie U de G, les ensembles OU et VO sont ouverts.

Preuve :
(1) Résulte du fait que les applications L_a, R_a et $x \longmapsto x^{-1}$ sont des homéomorphismes.
(2) OU = {Oa, a ∈ U } et UO={aO, a ∈ U } sont ouvert comme réunion d'ouverts.

Remarque : I-1-1-5
Si A et B sont fermés alors AB n'est pas nécessairement fermé.
En effet, soit θ un nombre irrationnel. Considérons deux sous-groupes fermés $\mathbb{Z}$ et $\theta\mathbb{Z}$ de $\mathbb{R}$, le sous-groupe $\mathbb{Z} + \theta\mathbb{Z}$ n'est pas fermé dans $\mathbb{R}$ car dénombrable donc distinct de $\mathbb{R}$ et que les seuls sous-groupes fermés de $\mathbb{R}$ sont $\mathbb{R}$ et les sous-groupes de la forme $\alpha\mathbb{Z}$ (pour $\alpha \in \mathbb{R}$).
Si $\mathbb{Z} + \theta\mathbb{Z}$ est un sous-groupe fermé de $\mathbb{R}$, il existerait $\alpha \in \mathbb{R}$ tel que $\mathbb{Z} + \theta\mathbb{Z} = \alpha\mathbb{Z}$.
Il existe n $\in\mathbb{Z}$ tel que 1 = 2n et m $\in\mathbb{Z}$ tel que θ = 2m. Donc $\theta = \frac{m}{n}$ (absurde car θ est irrationnel).

Théorème I-1-1-6
Soit G un groupe topologique
i) Soit a un point de G. Lorsque V parcourt un système fondamental de voisinages de l'élément neutre e de G, les ensembles aV (resp a) forment un système fondamental de voisinage de a.
ii) Pour tout voisinage U de e, il existe un voisinage V de e tel que $VV^{-1} \subset U$.
iii) Pour tout voisinage U de e et tout a ∈ G, il existe un voisinage W de e tel que $aWa^{-1} \subset$ U.
iv) Pour que G soit séparé, il faut et il suffit que {e} soit fermé dans G.

Preuve :
i) Soit x ∈ G et V_1 un voisinage ouvert de x. Comme l'application $L_x^{-1}: y \longmapsto x^{-1}y$ est un homéomorphisme, $L_x^{-1}(V_1)$ est un ouvert contenant e, donc il existe un voisinage U_1 de e tel que $U_1 \subset x^{-1}V_1$et $xU_1 \subset V_1$.
ii) exprime que l'application $(x, y) \longmapsto xy^{-1}$ est continue au point (e, e).
iii) exprime la continuité de $x \longmapsto axa^{-1}$ au point e.
iv) Si G est séparé, {e} est fermée.

Réciproquement, s'il en est ainsi, et si x, y sont deux points distincts de G, il existe un voisinage V de e tel que $e \in x^{-1}yV$, autrement dit $x \notin yV$; si W est un voisinage de e tel que $WW^{-1} \subset V$, on a $xW \cap yW = \emptyset$.
Car la relation xw'= yw" avec w',w" dans W entrainerait $x = yw''w'^{-1} \in yWW^{-1} \subset yV$ donc G est séparé.
Soit H un sous-groupe d'un groupe topologique G. La topologique induite sur H par celle de G est compatible avec la structure de groupe de H car l'application $(x, y) \longmapsto xy^{-1}$de G × G dans G est continue donc la restriction à H × H est aussi continue. Par conséquent, H est un sous-groupe topologique de G.

<u>Théorème</u> I-1-1-7
L'adhérence $\overline{H}$ d'un sous-groupe (resp. d'un sous-groupe distingué) H d'un groupe topologique G est un sous-groupe (resp. un sous-groupe distingué) de G. Si G est séparé et H commutatif, $\overline{H}$ est commutatif.

<u>Preuve</u> :
L'image de $\overline{H} \times \overline{H} = \overline{H \times H}$ par l'application continue $(x, y) \longmapsto xy^{-1}$ de G × G dans G est contenue dans $\overline{H}$, puisque l'image de H × H par cette application est contenue dans H , donc $\overline{H}$ est un sous-groupe.
De même, si H est distingué, l'image de H par l'application $x \longmapsto axa^{-1}$ (a quelconque dans G) est contenue dans H , donc l'image de $\overline{H}$ par cette application
continue est contenue dans $\overline{H}$ et $\overline{H}$est distingué.
Enfin, si G est séparé et H commutatif, les fonctions continues xy et yx, étant égales dans H×H, elles le sont aussi dans $\overline{H} \times \overline{H}$ en vertu du principe de prolongement des identités.

<u>Théorème</u> I-1-1-8
i) Dans un groupe topologique G, tout sous-groupe localement fermé est fermé. Tout sous-groupe ayant un point intérieur est à la fois ouvert et fermé.
ii) Dans un groupe séparé, tout sous-groupe discret est fermé.

<u>Preuve</u> :
i) Soit H un sous-groupe localement fermé de G alors $\overline{H}$ est un sousgroupe de G et H un sous-groupe ouvert de $\overline{H}$. Il suffit donc de montrer la seconde assertion. Remarquons que si H admet un point intérieur dans G, chacun de ses points est point intérieur de H , par translation, donc H est ouvert. Les classes à gauche xH sont alors aussi des ensembles ouverts dans G, donc le complémentaire de H dans G est ouvert dans G, et par suite H est fermé dans G.
ii) Si G est séparé et H un sous-groupe discret de G, il existe un voisinage ouvert symétrique V de e tel que $V \cap H = \{e\}$; si $x \in \overline{H}$, on a $xV \cap H \neq \emptyset$, or si $y \in xV \cap H$, on a $x \in yV$ et $\{y\}$ est fermé dans l'ouvert yV puisque G est séparé ; comme $yV \cap H = \{y\}$ puisque $y \in H$, on a nécessairement x = y et
$\overline{H}$= H.

Théorème I-1-1-9

Pour qu'un homomorphisme d'un groupe topologique G dans un groupe topologique G' soit continue, il faut et il suffit qu'il soit continue en un point.

Preuve :

La condition nécessaire est évidente. Si f est continue en un point $a \in G$ et si V' est un voisinage de $f(a)$, $f^{-1}(V') = V$ est un voisinage de a. $\forall x \in G$, $f(xa^{-1}V) = f(x) f(a)^{-1} f(V) \subset f(x) f(a)^{-1} V'$ donc f est continue en tout point $x \in G$.

Soient G un groupe topologique et H un sous groupe topologique de G et $\pi: G \longmapsto G/H$ la projection canonique.

On définit une topologique sur G/H de la façon suivante : Une partie A de G/H est ouverte si et seulement si $\pi^{-1}(A)$ est un ouvert de G. Cette topologie su G/H s'appelle topologie quotient. Elle rend continue la projection canonique. π est continue par définition. Montrons que π est une application ouverte ; En effet Soit O un ouvert de G. Montrons que π (O) est un ouvert de G/H . Il suffit de montrer que $\pi^{-1}(\pi(O))$ est un ouvert de G. $\pi(O) = \{xH, x \in O\} = OH$. Soit $x_1 \in \pi^{-1}(\pi(O)) = \Rightarrow \pi(x_1) \in \pi(O) = OH$. $\exists x \in O : \pi(x_1) = xH = x_1H$. Comme $e \in H$, $x_1 \in \{x_1h, h \in H\} = \{x h, h \in H\}$, $\exists\, h \in H : x_1 = x h = \Rightarrow x_1 \in OH$ donc $\pi^{-1}(\pi(O)) \subset OH$.

Soit $x h \in OH$, $x \in O$, $h \in H$ $\pi(xh) = xhH = xH \in \pi(O) \Rightarrow xh \in \pi^{-1}(\pi(O)) \Rightarrow OH \subset \pi^{-1}(\pi(O))$ donc $\pi^{-1}(\pi(O))$ ouvert de G $\Leftrightarrow$ π (0) ouvert de G/H donc π est ouverte.

Théorème I-1-1-10

Soit G un groupe topologique et soit H un sous-groupe distingué et fermé de G alors G/H est un groupe topologique.

Preuve

G/H muni du produit (xH) . (y H) = xy H est un groupe dit groupe quotient. Il reste à montrer que$(\dot{x}, \dot{y}) \longmapsto \dot{x}\dot{y}^{-1}H$ de $G/H \times G/H \longrightarrow G/H$ est continues. Soit U un voisinage ouvert de $\dot{x}\dot{y}^{-1} = xy^{-1}H$ donc $\pi^{-1}(U)$ est un voisinage ouverte de xy^{-1}. Il existe des voisinages ouverts U_1 de x et U_2 de y tel que $U_1U_2^{-1} \subset \pi^{-1}(U)$. Comme π est ouverte alors $\pi(U_1)$ et $\pi(U_2)$ sont des voisinages de π (x) et π (y) $\pi(U_1U_2^{-1}) = \pi(U_1)\pi(U_2)^{-1} \subset U$ d'où la conclusion.

Remarque : I-1-1-11

Si N est un espace topologique et $f: G/H \longrightarrow N$ est telle que $f \circ \pi : G \longrightarrow N$ est continue alors f est continue.On a : $f: G/H \longrightarrow N$, : $\pi : G \longrightarrow G/H$ et $f \circ \pi : G \longrightarrow N$. En effet si $f \circ \pi$ est continue, pour tout ouvert W de N, $(f \circ \pi)^{-1}(W)$ est un ouvert de G. $(f \circ \pi)^{-1}(W) = \pi^{-1}f^{-1}(W)$ donc $f^{-1}(W)$ est ouvert de G/H donc f est continue. (f continue $\Leftrightarrow f \circ \pi$ continue)

Définition I-1-1-12

Tout groupe topologique est un espace homogène. En effet, pour tous x, y ∈ G, posons $a = yx^{-1}$. La translation L_a est un homéomorphisme qui applique x à y donc G est un espace homogène.Soit E un espace topologique (séparé) E est dit homogène si pour tous ∀ x, y ∈ E, il existe un homéomorphisme f tel que f (x) = y.Tout groupe topologique est un espace homogène. En effet, pour tous x, y ∈ G, posons $a = yx^{-1}$. La translation L_a est un homéomorphisme qui applique x à y donc
G est un espace homogène.

Ce théorème montre que pour vérifier une propriété au voisinage d'un point x, il suffit de la vérifier au voisinage.

Théorème I-1-1-13

Soit G un groupe topologique et H un sous-groupe topologique
de G. Alors G/H est un espace homogène.

Preuve :

Soit a ∈ G, f_a l'application définie par $f_a: xH \longmapsto (ax)H$ de *G/H* dans *G/H*
f_a est bijective $f_a^{-1}= f_{a^{-1}}$. Soit V un ouvert de G/H . Posons $U = \pi^{-1}(V)$ est une partie ouverte de G et $f_a^{-1}(V) = \pi(a^{-1}U)$ et comme $a^{-1}U$ est ouvert alors $f_a^{-1}(V)$ est ouvert. (π ouverte). D'où f_a continue donc f_a homéomorphisme.

Théorème I-1-1-14

Soit G un groupe toplogique et H un sous-groupe de G.
i) Pour que G/H soit séparé il faut et il suffit que H soit fermé.
ii) Pour que G/H soit discret il suffit que H soit ouverte.

Preuve :

(i) (= ⇒) Supposons G/H séparé donc {π (e)} est fermé dans G/H donc $H = \pi^{-1}(\{\pi(e)\})$ est un fermé.(⇐) Supposons H fermé.

L'ensemble des couples (x, y) ∈ G × G ayant même orbite par l'opération de H sur G est l'ensemble des couples (x, y) ∈ G × G tel que xH = yH ie $yx^{-1} \in H$.

Cet ensemble est fermé comme image réciproque de H par l'application continue $(x, y) \longmapsto xy^{-1}$ par conséquent l'ensemble des orbites (des classes à gauche) est séparé.(ii) (⇒) Si G/H est discret $H = \pi^{-1}\{\pi(e)\}$ est un ouvert puisque {π (e)} est un ouvert de l'espace discret G/H .

(⇐) Supposons H est ouvert. xH est ouvert alors π (xH) = {π(x)} est ouvert dans G/H donc G/H est discret π.

Soient G un groupe topologique, E un espace topologique dans lequel G opère continument et transitivement.

Soient x ∈ E et Sx = {g ∈ G, gx = x} le stabilisateur de x (ou le sousgroupe d'isotropie de G au point x). L'application continue h_x : g ⟼ g, x de G dans E qui est une surjection se factorise de la façon suivante : $\pi_x: G \longrightarrow G/_{S_x}; f_x: G/_{S_x} \longrightarrow E$ et $h_x: G \longrightarrow E. On$ $a: h_x = f_x \circ \pi_x$. f_x est une bijection continue mais n'est pas en général un homéomprphisme.

Théorème I-1-1-15

Pour que la bijection ; $f_x: G/_{S_x} \longrightarrow E$ soit un homéomorphisme il suffit que pour un point $x_0 \in E$, l'application $h_{x_0}: g \longmapsto g.x_0$ transforme tout voisinage de e en un voisinage de x_0.

Preuve : (⇒) évident

(⇐) il suffit de montrer que f_x est ouverte. Pour tout x ∈ E, il existe t ∈ G, x = t.x_0 (car G opère transitivement sur E) . Comme un V est voisinage de e dans G, V.x = (Vt) .x_0 = t (tE^{-1}(V t) .x_0) est un voisinage de tx_0 = x. Tout voisinage h ouvert de $G/_{S_x}$ est l'image par π_x d'un ouvert de G.

$f_x(U) = f_x \circ \pi_2(U) = U.x$ est un voisinage ouvert (U ouvert) donc f_x est ouvert par conséquent f_x est un homéomorphisme.

Définition I-1-1-16

Un groupe topologique G est compact (resp loc. compact) si l'espace sous-jacent est compact (resp. loc. compact) (idem pour connexe et loc. connexe).

Théorème I-1-1-17

Soit G un groupe topologique compact (resp. loc. compact) et H un sous-groupe distingué fermé de G. Alors le groupe G/H est compact (resp. loc. compact).

Preuve :

Si G est compact, l'espace G/H est l'image de G par l'application continue π donc G/H est compact.

Supposons G est localement compact. Soit V un voisinage de e localement compact (ie) $\bar{V}$est compact, comme π est ouverte et continue alors π (V) est un voisinage ouvert de e dans G/H . D'autre part $\pi(\bar{V})$ est compact dans G/H qui est séparé donc $\pi(\bar{V})$ est fermé.

Comme $\overline{\pi(V)} \subset \pi(\bar{V})$; $\overline{\pi(V)}$ est fermé dans le compact $\pi(\bar{V})$ donc $\overline{\pi(V)}$ est compact. Par conséquent G/H est localement compact.

Théorème I-1-1-18

Soit G un groupe topologique.

(i) La composante connexe G_0 de l'élément neutre e de G est un sous-groupe distingué fermé de G.

(ii) ∀a ∈ G, la composante connexe de a est $aG_0 = G_0a$.

(iii) Si G est localement connexe alors G/G_0 est discret.

Preuve :

(i) La composante connexe est toujours fermé.

* Si $x \in G_0$, $x^{-1}G_0$ est l'image G_0 par l'application continue $y \longmapsto x^{-1}y$ donc $x^{-1}G_0$ est connexe et contient e donc $x^{-1}G_0 \subset G_0$. Par conséquent G_0 est un sous-groupe de G. Pour tout $x \in G$, $x^{-1}G_0x$ contient e et connexe car image d'un connexe par l'application continue donc $y \longmapsto x^{-1}G_0x \subset G_0$ donc G_0 est dinstingué dans G.

(ii) $\forall a \in G$, $x \longmapsto ax$ est un homéomorphisme donc aG_0 est connexe comme image d'un connexe et contient a donc $aG_0 \subset C(a)$ (composante connexe de a). Aussi $a^{-1}C(a)$ est connexe comme image d'un connexe par une application continue et $e \in a^{-1}C(a)$ donc $a^{-1}C(a) \subset G_0$, $C(a) \subset aG_0$,

$C(a) = aG_0 = G_0a$.

(iii) G est localement connexe, il existe un voisinage U de e connexe. Comme π est ouverte : $\pi(U)$ est ouvert et contient $eG_0 = \bar{e}$ donc $U \subset G_0$ car U connexe et contient e. $\pi(U) = \{eG_0\}$ qui est ouverte donc G/G0 est discret (tout singleton est ouvert).

Théorème I-1-1-19

Soient G un groupe topologique connexe et H un sous-groupe discret de G, (distingué). Alors $H \subset Z(G)$ le centre de G.

Preuve :

Soit $a \in H$, $f: x \longmapsto x^{-1}ax$ de G dans H. f est une fonction continue d'un connexe G dans H donc est constante. Soit $p \in H$: $f(x) = p$ $\forall x \in G$. Si $x = e$, $e^{-1}ae = p$, ie $a = p$. Par conséquent $x^{-1}ax = a \Rightarrow ax = xa$ donc $a \in Z(G)$ et de ce fait $H \subset Z(G) = \{a \in G / xa = ax,\ \forall x \in G\}$.

Théorème I-1-1-20

Soient G un groupe topologique et H un sous-groupe fermé de G tel que H et G/H connexe. Alors G est connexe.

Preuve :

On suppose que H et G/H sont connexes. Soit $G = U \cap V$ où U et V sont des ouverts non vides. $\pi : G \longrightarrow G/H$, $\pi(U) = UH = U_1$ et $\pi(V) = VH = V_1$ sont 2 ouverts dans G/H. Comme $U \cup V = G$, on a $G/H = U_1 \cup V_1$. Comme G/H connexe, il existe $aH \in U_1 \cap V_1$. $aH \in UH$ $\Rightarrow \exists h \in H$: $ah \in U$ et $ah \in aH$. Par conséquent on a :$aH \cap U \neq \emptyset$ de même $aH \cap V = \emptyset$.

Théorème I-1-1-21 **(Décomposition de Mackey)**

Soient G un groupe localement compact séparable et K un sous-groupe fermé de G. Alors il existe un borélien S de G tel que tout élément $g \in G$ se décompose de façon unique de la forme. $g = k\,s$, $k \in K$ et $s \in S$. Cette décomposition joue un très grand rôle dans la théorie des représentations induites des groupes topologiques localement compacts.

Etudions quelques propriétés du groupe linéaire GL(n,R).

On notre M(n,R) l'algèbre des matrices n × n à coefficients dans IR, et GL(n, IR) le groupe des matrices inversibles de M(n,IR). C'est l'exemple de base d'un groupe de Lie. On va le considérer du point de vue de sa structure topologique et de sa structure différentiable. On considère sur R^n la norme euclidienne et sur M (n,IR) la norme $\|A\| = \sup_{v\in\mathbb{R}^n, \|Av\|\leq 1}\|Av\|$

Rappelons que sur un espace vectoriel de dimension finie, toutes les normes sont équivalentes. Notons que la norme que nous considérons possède la propriété d'être une norme d'algèbre, $\|AB\| \leq \|A\|\|B\|$

On vérifie que la multiplication dans M (n, R) est une application continue.

Proprosition I-1-1-22

Le groupe GL(n,IR) est un ouvert de M(n,IR). L'application g ⟼ g^{-1} , de GL(n,IR) dans lui-même, est continue.

Preuve :

On peut démontrer cette proposition en utilisant les formules de Cramer.

Nous allons en donner une démonstration différente qui a l'avantage d'être valable en dimension infinie.

(a) Soit A ∈ M (n, R). Si $\|A\|< 1$, alors I + A inversible et $\|(I+A)^{-1}\| \leq \frac{1}{1-\|A\|}$. En effet $(I+A)^{-1} = \sum_{k=o}^{\infty}(-1)^k A^k$. De plus $\|(I+A)^{-1}\| \leq \sum_{k=0}^{\infty}\|A^k\| \leq \sum_{k=0}^{\infty}\|A\|^k = \frac{1}{1-\|A\|}$

(b) Soit A une matrice inversible. Si B est une matrice telle que : $\|B-A\| < \|A^{-1}\|^{-1}$ alors B est inversible et, si $\|B-A\| \leq \varepsilon\|A^{-1}\|^{-1}$, $\|B^{-1}-A^{-1}\| \leq \frac{\|A^{-1}\|^2\varepsilon}{1-\|A^{-1}\|\varepsilon}$.On peut écrire $B - A(I + A^{-1}(B-A)$ et on applique (a) à U = A^{-1}(B − A). Notons que $\|U\| \leq \|A^{-1}\|\varepsilon$. Ainsi, si $\varepsilon < \|A^{-1}\|^{-1}$, alors I + U est inversible et $B^{-1} = (I+U)^{-1}A^{-1}, \|B^{-1}\| \leq \frac{\|A^{-1}\|}{1-\|A^{-1}\|\varepsilon}$

De plus $B^{-1} - A^{-1} = B^{-1}(A-B)A^{-1}$, donc $\|B^{-1}-A^{-1}\| \leq \frac{\|A^{-1}\|^2\varepsilon}{1-\|A^{-1}\|\varepsilon}$.

Théorème I-1-1-23

Le groupe GL(n,IR), muni de la topologie induite par celle de M (n, IR),est un groupe topologique.

Exercice.

Soit C > 0. Montrer que l'ensemble $E = \{g \in GL(n,\mathbb{R}) \backslash \|g\| \leq C, \|g^{-1}\| \leq C\}$ est compact, et que tout compact de GL (n, R) est contenu dans un ensemble de cette forme.

Exemples de sous-groupes de $GL(n, \mathbb{R})$.

a) On note SL(n, IR) le groupe spécial linéaire défini par *SL(n,R) = {g ∈ GL(n,IR) /detg = 1}*. C'est un sous-groupe fermé de GL(n,IR) qui est distingué car c'est le noyau de l'homomorphisme det : GL(n,IR) ⟶ IR^*.

b) On note O(n) le groupe orthogonal défini par O(n) = {g ∈ GL(n,R) |∀ x ∈ R^n, $\|gx\| = \|x\|$} . Par polarisation on montre que g ∈ O (n) si et seulement si ∀ x, y ∈ R^n, (gx |gy) = (x | y) , ce qui se traduit matriciellement par $g^Tg = I$, $g^{-1}=g^T$, où g^T désigne le matrice transposée de g. Les vecteurs colonnes sont unitaires et deux à deux orthogonaux, de même pour les vecteurs lignes. Le sous-groupe O(n) est un sous-groupe compact de GL(n, R). En effet, pour tout g de O (n),
$\|g\| = 1$, $\|g^{-1}\| \leq 1$. On note SO (n) le groupe spécial orthogonal, SO(n) = O(n)∩SL (n,IR).

c) Plus généralement considérons une forme bilinéaire b non dégénérée sur R^n, et le groupe O(b) défini par O(b) = {g ∈ GL(n,R) |∀ x, y ∈ IR^n, b(gx, gy) = b(x, y)} . Soit B la matrice de la forme bilinéaire b, $b(x, y)=y^TBx$. La condition g ∈ O(b) s'écrit $g^TBg = B$. Le groupe O(b) est un sous-groupe fermé de GL (n, R), et, pour g ∈ O(b), $g^{-1}= B^{-1}g^TB$.
Si b est la forme bilinéaire symétrique définie par :$b(x,y) = \sum_{i=1}^{p} x_i y_i - \sum_{i=1}^{q} x_{p+i} y_{p+i}$,
$p + q = n$, on note O(n) = O(p,q). Le groupe O(p,q) est appelé groupe pseudo-orthogonal.
(c) Un autre exemple important est le cas d'une forme bilinéaire antisymétrique non dégénérée. Une telle forme n'existe que si n est pair, n = 2m, et il existe une base par rapport à laquelle $b(x,y) = -\sum_{i=1}^{m} x_i y_{m+i} + \sum_{i=1}^{m} x_{m+i} y_i$,
La matrice de cette forme est $J=\begin{pmatrix} 0 & I_m \\ -I_m & 0 \end{pmatrix}$. Dans ce cas le groupe O(b) est le groupe symplectique défini par Sp(m,R) = O(b) ={g ∈ GL(2m,R) \$g^TJg = J$.

d) Mentionnons le groupe des matrices triangulaires supérieures,
T(n, R) = {g ∈ GL (n, R) |g_{ij}= 0 si i >j}, aussi appelé groupe triangulaire supérieur, et le groupe triangulaire supérieur strict, T_0(n,R) = {g ∈ GL (n, R) |g_{ij}= 0 si i > j, et g_{ii}= 1} .

e) Considérons sur C^n le produit scalaire hermitien $(x,y) = \sum_{i=1}^{n} x_i \overline{y_i}$. Le groupe unitaire U (n) est le sous-groupe de GL (n, C) qui conserve ce produit scalaire, ce qui peut s'écrire
U(n) = {g ∈ GL (n, C) | g*g = I } .
Le groupe spécial unitaire SU (n) est le groupe des matrices unitaires de déterminant un.
Le groupe pseudo-unitaire U(p,q) est défini par
U (p, q) = {g ∈ GL (n, C) |$g^* I_{p,q} g = I_{p,q}$} , où $I_{p,q} = \begin{pmatrix} I_p & 0 \\ 0 & I_q \end{pmatrix}$.

Décomposition polaire dans GL (n, R).

- On note $\wp_n$ l'ensemble des matrices symétriques réelles n × n définies positives. C'est un cône convexe ouvert dans l'espace vectoriel Sym(n,R) des matrices symétriques réelles.

Théorème I-1-1-24

Tout g∈GL(n, IR) se décompose de façon unique en g = kp, avec k∈O(n) , p∈$\wp_n$. De plus l'application $O(n) \times \wp_n \to GL(n, \mathbb{R}), (k, p) \longmapsto kp$,est un homéomorphisme.

Preuve :

(a) Existence. Soient g∈GL (n,R), et $x \neq 0, (g^T, gxx) = \|gx\|^2 > 0$ donc A = $g^T g$ ∈$\wp_n$. Par suite la matrice A est diagonalisable (dans une baseorthonormée),

$$A = h\begin{pmatrix} \lambda_1 & \cdots & 0 \\ \vdots & \ddots & \vdots \\ 0 & \cdots & \lambda_n \end{pmatrix} h^{-1}$$

(h∈O (n)) , et les valeurs propres λ_i sont positives. La matrice $p = h\begin{pmatrix} \sqrt{\lambda_1} & \cdots & 0 \\ \vdots & \ddots & \vdots \\ 0 & \cdots & \sqrt{\lambda_n} \end{pmatrix} h^{-1}$.

appartient à $\wp_n$, et p^2= A. Posons k = gp^{-1}, alors $k^T k = p^{-1} g^T g p^{-1} = p^{-1} A p^{-1}$= I, donc k est une matrice orthogonale, et g = kp.

(b) Unicité. Soit g ∈GL (n,R) et supposons que g = kp = $k_1 p_1$, où k et p sont les matrices considérées en (a) et k_1 ∈O(n) , p_1∈$\wp_n$.

Montrons que k_1 = k, p_1 = p. Soient λ_1, ..., λ_n les valeurs propres de A = $g^T g$, et soit f un polynôme en une variable tel que f (λ_i) =$\sqrt{\lambda_i}$, i = 1, ..., n Ainsi p = f (A), et, puisque $p_1^2 = A, Ap_1 = p_1^3 = p_1 A$, donc A et p_1 commutent. Par suite p = f (A) et p_1 commutent et $k_1^{-1} k = p_1 p^{-1}$. La matrice $k_1^{-1} k$ est orthogonale, et, puisque p et p_1 commutent, la matrice $p_1 p^{-1}$ est symétrique définie positive. Or O(n) ∩ $\wp_n$ = {I } , donc k = k_1, p = p_1.

(c) Continuité. Il est clair que l'application $O(n) \times \wp_n \to GL(n, \mathbb{R}), (k, p) \longmapsto kp$ est continue. Pour montrer que l'application inverse est continue, considérons une suite convergente {g_m} dans GL (n,R), $\lim_{m\mapsto\infty} g_m = g$.

Décomposons chaque matrice g_m, $g_m = k_m p_m$. Montrons que $k_m \longmapsto k$ et $p_m \longmapsto p$, avec g = kp. Puisque le groupe O(n) est compact, la suite k_m admet un point d'accumulation. Il existe une sous-suite convergente k_{mj} , $\lim_{j\mapsto\infty} k_{mj} = k_0$. La suite $p_{mj} = k_{mj}^{-1} g_{mj}$ est également convergente, de limite $p_0 = k_0^{-1} g$. Etant limite d'une suite de matrices symétriques définies positives, la matrice p_0 est symétrique semi-définie positive. Puisque g est inversible, p_0 est inversible, c'est à dire que p_0 ∈ Pn, et g = $k_0 p_0$.

A cause de l'unicité de la décomposition polaire, k_0 est le seul point d'accumulation de la suite k_m, donc k_m est une suite convergente de limite k_0, et p_m converge vers p_0. On montre un résultat analogue en remplaçant GL(n, IR) par GL(n, ℂ), le groupe orthogonal O(n) par le groupe unitaire U(n), et P_n par l'ensemble des matrices hermitiennes définies positives.

Corollaire 1-1-1-25

- Tout élément g de GL(n,IR) se décompose en $g = k_1dk_2$, où $k_1,k_2 \in O(n)$, et où d est une matrice diagonale à éléments diagonaux positifs. Notons que la décomposition n'est pas unique.On note $GL(n,IR)_+$ le sous-groupe de GL(n,IR) constitué des éléments de déterminant positif. Tout élément g de $GL(n,IR)_+$ se décompose en g = kp, où k_1, $k_2 \in$ SO (n) , p ∈ P_n, et aussi $g = k_1dk_2$, où k_1, k_2 ∈ SO (n), et où d est une matrice diagonale à éléments diagonaux positifs. Le groupe orthogonal. *0.5cm - Soit S^{n-1} la sphère unité de R^n, $S^{n-1} = \{x \in \mathbb{R}^n \|x\| = 1\}$. Le groupe SO (n) opère sur S^{n-1}. Soit K le sous-groupe d'isotropie du point e_n =(0, ..., 0, 1) ,K = {k ∈ SO (n) |$ke_n = e_n$} .

C'est le groupe des matrices de la forme : $k = \begin{pmatrix} u & 0 \\ 0 & 1 \end{pmatrix}, u \in SO(n-1)$. Ainsi K est isomorphe à
SO(n −1).

Proposition I-1-1-26

Si n ≥ 2, le groupe SO (n) opère transitivement sur la sphère S^{n-1}.

Preuve :

Le théorème se démontre par récurrence sur n.

(a) Si n = 2, SO(2) est le groupe des rotations du plan, et S^1 est le cercle unité. La propriété annoncée est bien vraie.

(b) Supposons la propriété vraie pour n − 1, et montrons-la pour n. Montrons que pour tout x de S^{n-1}
il existe k ∈ SO (n) tel que x = ke_n. On peut écrirex = cos θe_n+ sinθx', avec x'∈ R^{n-1} $\|x'\| = 1$, c'est à dire que x' est un point de la sphère S^{n-2}. D'après l'hypothèse de récurrence il existe u ∈ SO(n − 1) tel que x'= ue_{n-1}. Posons $k = \begin{pmatrix} u & 0 \\ 0 & 1 \end{pmatrix}$, $h_\theta = \begin{pmatrix} I_{n-2} & 0 & 0 \\ 0 & cos\theta & sin\theta \\ 0 & -sin\theta & cos\theta \end{pmatrix}$.

Alors $kh_\theta e_n$= sinθue_{n-1}+ cos θe_n = x.

Corollaire I-1-1-27

(i) Tout élément k de SO(n) s'écrit $k = k_1h_\theta k_2$, k_1, $k_2 \in K \simeq SO(n-1)$, θ ∈ R.

(ii) Le groupe SO(n) est connexe.

Preuve :

(a) Soit k ∈SO(n), et posons x = ke_n. D'après la démonstration du théorème précédent on peut écrire x = $k_1h_\theta e_n$, ainsi $h_\theta^{-1}k_1^{-1}$, $ke_n = e_n$, donc $k_2 = h_\theta^{-1}k_1^{-1}k$ ou $k = k_1h_\theta k_2$.

(b) Montrons par récurrence sur n que SO(n) est connexe. Pour n = 2, SO(2) est homéomorphe à un cercle donc connexe. Supposons que SO (n−1) soit connexe.

D'après (i) l'application

$SO(n-1) \times SO(2) \times SO(n-1) \to SO(n)$, $(k_1, h_\theta, k_2) \longmapsto k_1 h_\theta k_2$, est surjective. Puisqu'elle est continue il en résulte que SO (n) est connexe. Notons que SO (n) est connexe par arc.

Corollaire I-1-1-28

Les groupes GL(n, IR) et SL(n, IR) sont connexes.

Preuve :

C'est une conséquence du Corollaire I-1-1-27 et de la décomposition polaire dans $GL(n,IR)_+$ et dans SL(n, IR).

Décomposition de Gram. - Soient G =GL(n, IR) le groupe des matrices de déterminant positif, K = O(n) le groupe orthogonal, et $T = T(n,IR)_+$ le groupe des matrices triangulaires supérieures ayant des éléments diagonaux positifs.

Théorème I-1-1-29 **(Décomposition de Gram).**

Tout élément g de G s'écrit g = kt, avec $k \in K$, $t \in T$. La décomposition est unique. L'application $K \times T \to G$, $(k, t) \longmapsto kt$, est un homéomorphisme.

Preuve :

(a) Montrons que la décomposition est unique. Supposons que $g = k_1t_1 = k_2t_2$, $k_1, k_2 \in K$, $t_1,t_2 \in T$, alors $k_2^{-1}k_1 = t_2t_1^{-1}$. Puisque $K \cap T = \{e\}$ il en résulte que $k_1 = k_2$, $t_1 = t_2$.

(b) Rappelons d'abord le procédé d'orthogonalisation de Gram-Schmidt. Soient $v_1, ..., v_n$ n vecteurs indépendants de R^n. On construit une suite de vecteurs orthonormés $f_1, ..., f_n$ tels que

$f_1 = \alpha_{11}v_1$,

$f_2 = \alpha_{12}v_1 + \alpha_{22}v_2$,

. . .

$f_n = \alpha_{1n}v_1 + ... + \alpha_{nn}v_n$,

avec $\alpha_{ii} > 0$. La matrice $\alpha = (\alpha_{ij})$ appartient à T . Notons t son inverse. Il existe une matrice orthogonale k telle que $f_j = \sum_{i=1}^{n} k_{ij}e_i$ où $e_1, ..., e_n$ désignent les vecteurs de la base canonique de R^n. Ainsi $v_i = \sum_{j=1}^{i} t_{ji}f_j = \sum_{l=1}^{n}(\sum_{j=1}^{i} t_{ji}k_{lj})e_l$.

En appliquant le procédé d'orthogonalisation aux vecteurs colonnes d'une matrice g de G on obtient g = kt, avec $k \in K$, $t \in T$.

(c) L'application $K \times T \to G$, $(k, t) \longmapsto kt$ est continue. Son iverse est également continue. Elle résulte en effet de la suite des opérations qui constituent le procédé d'orthogonalisation de Gram-Schmidt. Si $g \in GL(n, R)_+$ (c'est à dire si det g > 0) , alors $k \in SO(n)$. On montre un résultat analogue pour G =GL(n, C) , K = U(n) et T étant le groupe des matrices triangulaires supérieures complexes ayant des éléments diagonaux réels positifs.

I-1-2 - **Intégration dans les groupes topologiques localement compacts**

La mesure de Haar et la convolution sur un groupe localement compact quelconque sont devenues, dans l'analyse moderne, des outils aussi essentiels qu'ils l'étaient déjà sur la droite et les espaces numériques dans l'analyse classique. La mesure de Haar a été introduite pour la première fois en 1933 par A. Haar est, sur un groupe topologique localement compact, l'analogue de la mesure de Lebesgue sur IR^n.

1) - **Mesure sur un espace localement compact.**

Soit X un espace compact. On appelle mesure sur X un élément du dual de l'espace de Banach $C_c(X)$ des fonctions complexes continues dans X , c'est à dire une formelinéaire $f \longrightarrow \mu(f)$ sur $C_c(X)$ telle que : $|\mu(f)| \leq a\|f\|$ pour toute $f \in C_c(X)$. On rappelle que $\|f\| = \sup_{x\in X}|f(x)|$.

Soit maintenant X un espace localement compact (métrisable et séparable). Pour toute partie compacte K de X , désignons par $\mathcal{K}(X,K)$ le sous-espace vectoriel de $C_c(X)$ formé des fonctions de support contenu dans K (donc compact). On pose : $\mathcal{K}(X) = U\{\mathcal{K}(X, K)$, *K compact de X* $\}$ $\mathcal{K}$(X) est l'espace vectoriel des fonctions complexe continues à support compact.

On appelle mesure de Radon sur X , une forme linéaire μ sur $\mathcal{K}$(X) ayant la propriété suivante:
Pour toute partie compacte K de X , il existe un nombre $M_K \geq 0$ tel que pour toute fonction $f\in \mathcal{K}(X,K)$, on ait. $|\mu(f)| \leq M_K\|f\|_\infty$.

Cette définition coïncide avec la précédente lorsque X est compact. Elle exprime que la restriction $\mu|_{K(X,K)}$ est continue pour la topologie induite par celle de $C_c^\infty(X)$. On notera que $\mathcal{K}$(X, K) est fermé dans $C_c^\infty(X)$, donc un espace de Banach.

La valeur de la mesure μ au point $f \in \mathcal{K}(X,K)$ est notée. μ(f) ou $\int f(x)d\mu(x)$ et s'appelle l'intégrale de f par rapport à μ.

On note M (X) l'ensemble des mesures de Radon sur X .
Une mesure μ est dite réelle si μ (f) est réel lorsque f est réelle. On appelle mesure complexe conjuguée de μ, la mesure μ définie par : $\bar{\mu}(f) = \mu(\bar{f})$ pour toute $f \in K(X)$.

<u>Exemples de mesure de Radon</u> : I-1-2-2

a) Soient X un espace localement compact et x un point de X .
L'application $f \longrightarrow f(x)$ de $\mathcal{K}$(X) dans C est une mesure car elle est linéaire et on a , pour toute partie compacte K de X telle que $f \in K(X,K)$, $|f(x)| \leq \|f\|$. .

On l'appelle mesure de Dirac au point x (ou la mesure définie par la masse unité au point x et on la note ε_x.

b) Soit f ∈ $\mathcal{K}$(IR). Pout tout intervalle [a,b] contenant le support de f , on a :

$\int_a^b f(t)dt = \int_{-\infty}^{+\infty} f(t)dt.$

L'application $f \longrightarrow \int_{-\infty}^{+\infty} f(t)dt.$ est une forme linéaire sur K(R). Montrons que c'est une mesure. Pour tout intervalle compact K = [a, b] de R on a, ∀f ∈K(R,K), $\left|\int_{-\infty}^{+\infty} f(t)dt\right| \leq (b-a)\|f\|$.

Cette mesure est appelée mesure de Lebesgue sur R.

c) Soient μ ∈ M(X) , g∈C (X) . ∀f ∈ K(R,K) , gf ∈ $\mathcal{K}$(X) et l'application f ⟶μ(gf) est une forme linéaire sur $\mathcal{K}$ (X). Montrons que c'est une mesure. ∀f ∈ $\mathcal{K}$ (IR,K), $\|gf\| \leq \|f\| \sup_{x\in K}|g(x)|$ $|\mu(gf)| \leq b_K\|f\|$ où $b_K = a_K \max_{x\in K}|g(x)|$

Cette mesure se note g.μ et on l'appelle mesure de densité g par rapport à μ. Soit π : X ⟶ X' un homéomorphisme de X sur une espace localement compact X'. ∀f ∈ K (X') , f ∘ π ∈ $\mathcal{K}$(X) et l'on a Sup (f ∘ π) = π^{-1}(Supp (f)) .

On en conclut aussitôt que pour toute mesure μ sur X, f ⟶ μ (f ∘ π) est une mesure sur X', dite image de μ par π et notée π (μ).

Soient Y une partie fermée de X (donc un sous-espace localement compact) et ν une mesure sur Y .

∀f ∈ $\mathcal{K}$(X, K), la restriction $f|_Y$∈ $\mathcal{K}$(Y, K ∩ Y), donc il existe une constante C_K telle que $|v(f\backslash Y)| \leq C_K \sup|f(y)| \leq C_K\|f\|; \forall f \in \mathcal{K}(X,K)$.

L'application f ⟶ ν ($f|_Y$) est donc une mesure sur X , dite image de γ par l'injection canonique Y ⟵⟶ X (on une extension canonique de ν à X).

<u>Définition</u> I-1-2-3

On appelle support de la mesure μ, et on note Sup p (μ) le complémentaire du plus grand ouvert μ−négligeable dans X . Dire que x ∈ Supp (μ) signifie que pour toute fonction f ∈ K (X) telle que f (x) ≠0, on a |μ|(|f |) > 0 ou encore que pour tout voisinage V de x, il existe une fonction f∈ $\mathcal{K}$(X), de support contenu dans V et telle que μ (f)≠ 0.

Lorsque Supp (μ) = X , la seule fonction continue μ- négligeable est donc la constante 0.

On a par définition Supp (μ) = Supp (|μ|) et il est clair que pour tout scalaire a≠0, on a Supp (a μ) = Supp (μ).

Plus généralement, pour toute fonction g localement |μ|- intégrable, on a Supp (g.μ) ⊂ Supp (g) ∩ Supp (μ), car si on pose γ = g. |μ| et si un ouvert U ne rencontre pas Supp (g), ou ne rencontre pas Supp (μ),on a |γ |∗(U) = 0.

2) **Mesure de Haar**

Soit G un groupe localement compact (métrisable et séparable).

Pour toute fonction complexe f définie sur G, on pose :

${}_sf(x) = f(s^{-1}x)$; $f_s(x) = f(xs)$ (les translatées à gauche et à droite de f par p),

$\widetilde{f(x)} = f(x^{-1}) et\ \widetilde{f(x)} = \overline{f(x^{-1})}$ quels que soient s, x ∈ G. Il résulte aussitôt que l'on a :

${}_{st}f = {}_s({}_tf)$ et $f_{st} = (f_s)_t$. Les applications x $\to x^{-1}x$ et x→xs sont des homéomorphisme de G donc lesfonctions ${}_sf$ et f_s sont continues si et seulement si f est continue. En particulier si $f \in \mathcal{K}(G)$, ${}_sf$ et f_s sont aussi dans $\mathcal{K}(G)$. Etant donnée une mesure de Radon μ, on note ${}_s\mu$ et μ_s les mesures sur G, image de μ par les homéomorphisme x→sx et x $\to xs^{-1}$ respectivement. On a donc ${}_s\mu(f) = \mu({}_{s-1}f)$ et $\mu_s(f) = \mu(f_{s-1})$, $\forall f \in \mathcal{K}(G)$.

Définition I-1-2-4:

On dit que μ est invariante à gauche (resp. à droite) si, pour tout s ∈ G, on a ${}_s\mu = \mu$ (resp $\mu_s = \mu$) ie $\int f(s^{-1}x)d\mu(x) = \int f(x)d\mu(x)$ (resp. $\int f(xs)d\mu(x) = \int f(x)d\mu(x)$.
Si une mesure $\mu \neq 0$ sur G est invariante à gauche, on a Supp (μ) = G car Supp $({}_s\mu)$ = s Supp (μ) tout s∈G et Supp (μ)≠ ∅. De même pour les mesures invariantes à droite.

Définition I-1-2-5:

Soit G un groupe localement compact.
On appelle mesure de Haar à gauche (resp. à droite) sur G, toute mesure positive non nulle sur G; invariante à gauche (resp. à droite).
L'existence d'une mesure de Haar est assurée par le théorème suivant :

Théorème I-1-2-6 :

Sur tout groupe localement compact G, il existe une mesure de Haar à gauche (resp à droite) μ et toute autre mesure de Haar à gauche (resp à droite) sur G est de la forme Cμ où C est un nombre réel strictement positif.

Preuve : Voir N. Bourbaki [ ], J. Dieudonné [2] ou E. HEWITT et K.A. ROSS[ ].

Exemples I-1-2-7

a) Sur le groupe additif $\mathbb{R}^n$ ($n \geq 1$), la mesure de Lebesgue dx est une mesure de Haar à gauche et à droite.

b) La mesure $\int_0^{+\infty} \frac{f(t)}{t} dt$ est une mesure de Haar sur $\mathbb{R}_+^*$.

c) Considérons le groupe spécial linéaire complexe $SL(2,\mathbb{C})$. Soit $g = \begin{pmatrix} \alpha & \beta \\ \gamma & \delta \end{pmatrix} \in SL(2,\mathbb{C})$. qu'on identifiera au point de $\mathbb{C}^4$ avec $\alpha\delta - \gamma\beta = 1$ et $d\alpha d\beta d\gamma d\delta = d(\alpha\delta - \gamma\beta)\, d\omega = Jd(\alpha\delta - \gamma\beta)$ où J est le Jacobien pour la transformation dβ dγ dδ $(\alpha, \beta, \gamma, \delta) \longrightarrow (\alpha\delta - \gamma\beta, \beta, \gamma, \delta)$.
On a donc $d\omega(g) = \frac{1}{\delta} d\beta d\gamma d\delta$; dω est invariant par les translation à gauche et à droite. Ainsi la forme positive :$d\mu|g| = d\omega d\varpi = \frac{1}{|\delta|} d\beta\, d\gamma d\delta d\bar{\beta} d\bar{\gamma} d\bar{\delta}$ vérifie $d\mu(g_0 g) = d\mu(g g_0) = d\mu(g)$. On a donc une mesure de Haar sur SL(2, ℂ).

Soient G un groupe localement compact et μ une mesure de Haar à gauche sur G.

Pour toute f $\in \mathcal{K}(G)$ et tout s $\in$ G, la mesure ν définie par : ν (f) = μ ($f_{s^{-1}}$) est une mesure positive invariante à gauche. Il existe donc un nombre positif unique $\Delta_G(s)$ tel que ν (f) = $\Delta_G(s)$(s) μ (f) c'est a dire que $\int f(xs^{-1})d\mu(x) = \Delta_G(s) \int f(x)d\mu(x)$.

Définition I-1-2-8

La fonction s $\longmapsto \Delta_G(s)$ de G dans $\mathbb{R}_+^*$. est appelé fonction module sur G. Le groupe G est dit unimodulaire si $\Delta_G(s) = 1$ pour tout p $\in$ G.

Remarque :

Si G est unimodulaire, toute mesure invariante à gauche sur G est aussi invariante à droite, et on parle simplement de mesure de Haar sur G.

Théorème I-1-2-9

L'application s $\longmapsto \Delta_G(s)$ est un homomorphisme continu de G dans le groupe multiplicatif $\mathbb{R}_+^*$. des nombres réels postifs.

Preuve : Soit μ une mesure de Haar à gauche su G et soit f $\in$ K (G) telle que μ (f)≠0, ∀x, y $\in$ G on a :

$\Delta_G(s)$(xy) μ (f) = μ($f_{(xy)^{-1}}$= μ ($f_{y^{-1}}$)$_{x^{-1}}$= Δ(x) μ($f_{y^{-1}}$) =Δ(x) Δ(y)μ(f).

d'où

$$\Delta(xy) = \Delta(x)\Delta(y) .$$

Montrons que $\Delta_G(s)$ est continu. Comme 4 est un homomorphisme de groupe, il suffit de montrer que Δ est continue au point e.

Soit f $\in \mathcal{K}(G)$ telle que μ(f) = 1 et soit K le support compact de f . Soit U un voisinage symétrique compact de e et posons S = KU . S est compact puisque K et U le sont. Si x $\in$ U, $f_{x^{-1}}$. f s'annule dans le complémentaire de S . En effet, si f (yx^{-1}) ≠f (y), alors f (yx^{-1}) et f (y) ne peuvent s'annuler en même temps. ALors ou bien $yx^{-1} \in$ K et $y \in Kx \subset KU = S$ ou bien y $\in$ K $\subset$ S .
Une mesure de Haar étant continue, il existe une constante M ≥ 0 telle que :

$$\|\mu(f_{x^{-1}} - f)\| \leq M\|f_{x^{-1}} - f\|_\infty, \forall x \in U.$$

Comme $\mu(f_{x^{-1}} - f)$= $\mu(f_{x^{-1}})$−μ(f) = Δ(x)μ (f) − μ (f) = (Δ(x)−1) μ (f), on a :
|Δ(x)− 1| $\leq M\|f_{x^{-1}} - f\|_\infty, \forall x \in U$. Or toute fonction f $\in \mathcal{K}(G)$ est uniformément continu sur G. Donc il existe un voisinage Ω de e, tel que : $\|f_{x^{-1}} - f\|_\infty \leq \frac{\varepsilon}{M}, \forall x \in \Omega$. En posant V = U ∩ Ω, on a le résultat.

Théorème I-1-2-10

i) Les groupes topologiques commutatifs ou compacts sont unimodulaires.
ii) Si H est un sous-groupe compact d'un groupe localement compact G. Alors $\Delta_H(\zeta) = \Delta_G(\zeta), \forall \zeta \in H$.

Preuve :
i) Si G est un groupe commutatif alors G est unimodulaire (évident). Si H est compact alors Δ(G) est un sous-groupe compact du groupe multiplicatif]0, +∞[. Comme {1} est le seul sous-groupe compact de]0, +∞[, alors Δ(G) = 1.
ii) Si H est un sous-groupe compact de G, on a $\Delta_H(H) = \Delta_G(H) = 1$ d'où le résultat.

Remarque I-1-2-11
Un sous-groupe d'un groupe unimodulaire n'est pas nécessairement unimodulaire.
Par exemple G =GL(2,IR) est unimodulaire mais le sous groupe
$H = \left\{\begin{pmatrix} a & b \\ 0 & 1 \end{pmatrix}, a > 0 b \in \mathbb{R}\right\}$ *de G ne l 'est pas.*

Théorème I-1-2-*12*
Soient G un groupe localement compact. Δ le module de G
et μ une mesure de Haar à gauche sur G. $\forall f \in \mathcal{K}(G), \int f(x^{-1})\Delta(x^{-1})d\mu(x) = \int f(x)d\mu(x)$.

Preuve :
Posons $v(f) = \int f(x^{-1})\Delta(x^{-1})d\mu(x)$. γ est une forme linéaire positive non identiquement nulle sur $\mathcal{K}$(G) et on a pour tout p ∈ G et pour toute f ∈ $\mathcal{K}$(G) :
$v({}_pf) = \int f(x^{-1})\Delta(x^{-1})d\mu(x) = \int \widetilde{f(xp)}\,\Delta(x^{-1})d\mu(x)$
$= \Delta(p^{-1}) \int \widetilde{f(x)}\,\Delta(px^{-1})d\mu(x) = \int f(x^{-1})\,\Delta(x^{-1})d\mu(x) = v(f)$.
Donc v est une mesure de Haar à gauche.
Il existe donc une constante a > 0 elle que $\check{\mu} = a\Delta^{-1}\mu$ on en déduit $\mu = a(\Delta^{-1}\mu) = a\Delta\check{\mu} = a^2\mu$
d'où $a^2 = 1$ et puisque a > 0, a = 1.

Corollaire I-1-2-13
Soit μ une mesure de Haar à gauche sur un groupe localement compact G. Alors G est unimodulaire si et seulement si $\int f(x^{-1})d\mu(x) = \int f(x)d\mu(x) *$ pour toute fonction f ∈ $\mathcal{K}$(G.) .

Preuve :
Si G est unimodulaire, $\Delta(x)$= 1 pour tout x ∈ G.
Réciproquement si $\int f(x^{-1})d\mu(x) = \int f(x)d\mu(x)$ pour tout f ∈ $\mathcal{K}$(G) , G est unimodulaire puisque le premier membre est invariant à droite et le second membre est invariant à gauche par hypothèse.

Théorème I-1-2-14
Pour toute fonction f ∈ $\mathcal{K}$(G), l'application $f \longmapsto \mu(f) = \int f(x)|J(L_x)|^{-1}\,dx$
est une mesure de Haar à gauche sur G. De même l'application $f \longmapsto v(f) = \int f(x)|J(R_x)|^{-1}\,dx$ est une mesure de Haar à droite sur G.

Preuve :
L'intégrale de Riemann étant linéaire, μ est une forme linaire sur $\mathcal{K}(G)$ et si f ∈ $\mathcal{K}^+(G)$, alors μ (f) ≥ 0. Montrons que μ est invariante à gauche. Pour tout s ∈ G on a μ ($_s$f) $=\int f(s^{-1}x)|J(L_x)|^{-1}dx$. Faisons le changement de variables $s^{-1}x = y$, d'où x = sy. L_s étant un homéomorphisme de G, on a $L_s(G) = G$ et d'après la formule de changement de variables dans les intégrales multiples.
$\mu(\,_sf) = \int f(y)|J(L_{sy})|^{-1}|J(L_s)|dy = \int f(y)|J(L_{sy})|^{-1}|J(L_y)|^{-1}|J(L_s)|dy =$
$\int f(y)|J(L_y)|^{-1}dy = \mu(f)$. Donc μ est une mesure de Haar à gauche. On montrerait de même que ν est une mesure de Haar à droite.

Exemple I-1-2-15
Soit G l'ensemble des matrices carrées d'ordre 2 à coefficients réels de la forme $g = \begin{pmatrix} x & y \\ 0 & 1 \end{pmatrix}$ où x > 0 et y ∈ IR.
G est une groupe localement compact séparé isomorphe au demi-plan formé des x ≥ 0. Un élément g de G s'écrira don (x, y) avec (x, y) (u, v) = (xu, xv + y).
Si $s = \begin{pmatrix} a & b \\ 0 & 1 \end{pmatrix}$ ∈ G, on a $L_s = sg = \begin{pmatrix} a & b \\ 0 & 1 \end{pmatrix}\begin{pmatrix} x & y \\ 0 & 1 \end{pmatrix} = \begin{pmatrix} ax & ay+b \\ 0 & 1 \end{pmatrix}$ et $R_s = gs = \begin{pmatrix} x & y \\ 0 & 1 \end{pmatrix}\begin{pmatrix} a & b \\ 0 & 1 \end{pmatrix} = \begin{pmatrix} ax & by+y \\ 0 & 1 \end{pmatrix}$. D'où J (Ls) = a^2. J (Rs) = a.
Comme une fonction sur G s'identifie à une fonction des deux variables x et y, soit f(g) = f (x,y), les mesures de Haar à gauche et à droite sur G s'écrivent respectivement, pour toute f ∈ K (G) ;

$$\int f(g)d\mu(g) = \int_{-\infty}^{+\infty}\int_0^{+\infty}\frac{f(x,y)}{x^2}dxdy \; et \int f(g)d\nu(g) = \int_{-\infty}^{+\infty}\int_0^{+\infty}\frac{f(x,y)}{x}dxdy\ .$$

On constate au passage que le groupe G n'est pas unimodulaire.
Exemple I-1-2-16 Prenons G = GL(2,IR), Si $s = \begin{pmatrix} a_{11} & a_{12} \\ a_{21} & a_{22} \end{pmatrix}$∈ G, un calcul élémentaire montre que J(Ls) = J(Rs) = $(a_{11}a_{22} - a_{12}a_{21})^2$= $[\det(s)]^2$. Donc les mesures de Haar à gauche et à droite sont identiques et données par $\int f(g)d\mu(g) = \int_{\mathbb{R}^4}\frac{f(x_{11},x_{12},x_{21},x_{22})}{x_{11}x_{22}-x_{12}x_{21}}dx_{11}dx_{12}dx_{21}dx_{22}$. Ainsi GL(2,IR) est unimodulaire.
Soit maintenant u un automorphisme du groupe topologique G., il est clair que l'image $u^{-1}(\mu)$ d'une mesure de Haar à gauche μ sur G est encore une mesure de Haar à gauche, donc il existe un nombre a>0, indépendant du choix de μ, telque $u^{-1}(\mu)$ = a μ. On dit que a est le module de l'automorphisme u et on le note modG(u) ou mod(u). Pour toute fonction f ∈ K(G), on a donc :

$$\int f(u^{-1}(x)d\mu(x) = mod(u)\int f(x)d\mu(x)$$

et en particulier, pour tout ensemble μ- intégrable A, μ(u(A)) = mod(u)μ(A) . Pour tout p ∈ G, soit i_p l'automorphisme intérieur $x \longrightarrow p^{-1}xp$, on peut écrire $u_s^{-1}(\mu) = R_{(s)}\mu = \Delta_G(s)\mu$. Par conséquent mod ($i_s$) =Δ(s) .
Si G est compact ou discret, on a mod (u) = 1 pour tout automorphisme u de G, car u(G) =G et u({e}) = {e} . On a donc les propriétés suivantes :

1) Si u et v sont deux automorphismes de G on a mod (u ∘ v) =mod (u) . mod (v) .
2) Pour tout automorphisme u de l'espace vectoriel R^n, on a : mod u = |det(u)|

3) **Mesure invariante et quasi-invariante sur un espace homogène.**
Soient Γ un espace topologique et G un groupe topologique.

Définition I-1-2-17 :

G est un groupe de transformation (à gauche) topologique si les conditions suivantes sont vérifiées.

a) A tout $g \in G$, on associe un homéomorphisme $\gamma \longrightarrow g\gamma$ de Γsur Γ.

b) L'élément neutre e de G est l'homéomorphisme identique de Γ.

c) L'application $(g, \gamma) \longrightarrow g\gamma$ de $G \times \Gamma$ sur Γ est continue.

d) $(g_1g_2)\gamma = g_1(g_2\gamma)$, $\forall g_1, g_2 \in G$ et $\gamma \in \Gamma$. On dit que G opère transitivement sur Γ si pour tous $\gamma_1, \gamma_2 \in \Gamma$, il existe unélément $g \in G$ tel que $\gamma_2 = g\gamma_1$.

L'action de G sur Γ est dite effective, si on a : $g\gamma = \gamma \Leftrightarrow g = e$. Le sous-groupe de G qui laisse invariant $\gamma \in \Gamma$ est appelé le stabilisateur ou groupe d'isotropie de γ .

Théorème I-1-2-18

Le groupe G opère effectivement sur G/H si et seulement si H ne contient pas de sous-groupe distingué N de G.

Preuve :

Si $N \subset H$ est un sous-groupe distingué de G, $n \in N$ et $x \in G$ alors $x^{-1}nx = n \in N$ et $nxH = xnH = x H$ donc l'action de G sur G/H n'est pas effective. Réciproquement un ensemble N d'élément $n \in G$ qui vérifient $n xH = x H$ pour tout $x \in G$, engendre G. Pour tous $x, g \in G$, $n \in N$ et $h \in H$ on a $gng^{-1}x H = x H$ et $hnh^{-1}H = H$. Par conséquent N est un sous-groupe normal de G contenu dans H .

Cette construction montre que tout espace quotient G/H de G au dessus de H est un espace homogène. En particulier si $H = \{e\}$, on voit comme précédemment que G est un espace homogène.

Théorème I-1-2-19

Soit G un groupe topologique localement compact qui opère transitivement sur un espace localement séparé Γ. Soit $\gamma \in \Gamma$ et H un sous-groupe de G qui laisse invariant γ (le sous-groupe d'isotropie de γ). Alors :

1) H est fermé

2) L'application $gH \longrightarrow g\gamma$ est une homéomorphisme de G/H sur Γ.

Preuve :

Voir Helgason "Différential géométry and Symmetric Spaces".

Supposons que le groupe fondamental G de l'espace homogène est un groupe de Lie connexe.

Soit σ un automorphisme involutif de G ie ($\sigma^2 = 1$, $\sigma \neq 1$).

Soient $G_\sigma = \{g \in G \mid \sigma(g) = g\}$ le sous-groupe fermé de G et G_σ^0 la composante neutre de G_σ.Soit H un sous-groupe fermé de G tel que $G_\sigma^0 \subset H \subset G_\sigma$. On dit que G/H est un <u>espace homogène symétrique</u>.

Si on note σ est un automorphisme involutive de l'algèbre de Lie G de G induite par σ, on a $\mathcal{G} = \mathcal{K} \oplus \mathcal{P}$ où $\mathcal{K} = \{X \in \mathcal{G}, \sigma(X) = X\}$ $\mathcal{P} = \{X \in \mathcal{G}, \sigma(X) = -X\}$ et on a $[\mathcal{K}, \mathcal{K}] \subset \mathcal{K}$, $[\mathcal{K}, \mathcal{P}] \subset \mathcal{P}$ et $[\mathcal{P}, \mathcal{P}] \subset \mathcal{K}$

Cette décomposition est appelé décomposition de Cartan de $\mathcal{G}$.

Le rang d'un espace symétrique G/H est la dimension de la sous-algèbre abélienne maximale de P.

Soit X un espace homogène de groupe de transformation qui est un groupe localement compact séparable. X est isomorphe à H \ G ou G/H où H est le sousgroupe d'isotropie d'un point $x_0 \in X$.
Soit μ une mesure positive sur X . Soit μ_g une mesure définie par :
$\mu_g(f) = \int_X f(x)d\mu(xg) = \int_X f(xg^{-1})d\mu(x), \forall f \in \mathcal{K}(X)$.
On sait qu'il existe une mesure invariante sur tout groupe topologique localement compact. L'exemple suivant nous montre que sur un espace homogène, il n'existe pas toujours une mesure invariante.

Exemple I-1-2-20
Soit G le groupe des matrices triangulaire réelle de la forme :
$g = \begin{pmatrix} \alpha & 0 \\ \gamma & \alpha^{-1} \end{pmatrix}, \alpha > 0$ et $H = \left\{ \begin{pmatrix} \alpha & 0 \\ 0 & \alpha^{-1} \end{pmatrix} \right\}$, d'après la décomposition de Mackey, tout élément $g \in G$ peut s'écrire sous la forme : $g = \begin{pmatrix} \alpha & 0 \\ \gamma & \alpha^{-1} \end{pmatrix} \begin{pmatrix} 1 & 0 \\ \gamma\alpha & 1 \end{pmatrix}$ Ainsi tout élément de Hg peut être représente de façon unique par un point x = γα de la droite des nombres réels R., par conséquent
X = H\ G ≡ R. En identifiant tout élément x à un élément $\begin{pmatrix} 1 & 0 \\ x & 1 \end{pmatrix}$ du groupe, on obtient une action de G sur X par la formule : $\begin{pmatrix} 1 & 0 \\ x & 1 \end{pmatrix} \begin{pmatrix} \alpha & 0 \\ \gamma & \alpha^{-1} \end{pmatrix} = \begin{pmatrix} \alpha & 0 \\ \alpha x + \gamma & \alpha^{-1} \end{pmatrix} = \begin{pmatrix} \alpha & 0 \\ 0 & \alpha^{-1} \end{pmatrix} \begin{pmatrix} 1 & 0 \\ \alpha^2 x + \alpha\gamma & 1 \end{pmatrix}$
ou encore $g : x \longrightarrow \alpha^2 x + \alpha\gamma$.
La mesure invariante sur X est en particulier, invariante par la translation
$x \longrightarrow x + \gamma$ donc proportionnelle à la mesure de Lebesgue sur R.
D'autre part, une telle mesure ne peut pas être invariante par l'homothétie $x \longrightarrow \alpha^2 x$.
Par conséquent, il n'existe pas de mesure dμ (x) sur X invariante par G. Il existe par contre, des mesures sur les espaces homogènes appelés mesures quasi-invariantes.

Définition I-1-2-21
Une mesure positive μ sur X est dite quasi-invariante si la mesure μ_g et μ sont équivalentes pour tout g ∈ G. On rappelle que deux mesures positives μ_1 et μ_2 sont dites équivalentes si elles ont les mêmes ensembles négligeables.
D'après le théorème de Radon Nikodym, il existe alors une fonction positive ρ telle que $d\mu_1(x) = \rho(x)d\mu_2(x)$. La fonction $\rho : x \longrightarrow d\mu_1(x) / d\mu_2(x)$ est appelée dérivée de Radon Nikodym.
Nous allons donner quelques propriétés importantes des mesures quasi-invariantes
sur un espace homogène.

Théorème I-1-2-22
Soient G un groupe localement compact, H un sous groupe fermé de G et X = H \ G. Alors :
1) Il existe une mesure quasi-invariante sur X telle que la dérivée de Radon Nikodym $d\mu_g(x) / d\mu(x)$ soit une fonction continue sur G × X .
2) Deux mesures quasi-invariantes sur X sont équivalente.
3) Toute mesure quasi-invariante peut être obtenue de la fonction suivante :
Soit φ une fonction de Borel strictement positive et localement intégrable telle que
$\varphi(hg) = \frac{\Delta_H(h)}{\Delta_G(h)} \varphi(g), \forall h \in H$. où Δ_H et Δ_G sont les fonctions modules sur H et G respectivement.

Alors ф définit une mesure quasi-invariante μ sur X par la formule suivante. Pour toute f ∈ $\mathcal{K}$(G) $\int f(g)\varphi(g)dg = \int_X d\mu(\dot{g}) \int_H f(hg)dh, \dot{g} = Hg,$ La mesure μ vérifie la condition :

$$d\mu(\dot{g}g') = \frac{\varphi(\dot{g}g')}{\varphi(g')} d\mu(g')$$

et toute φ est uniquement déterminée à une constante près.

Preuve : *Voir Mackey 1952 et Loomis 1960.*

I-1-3 - Notions de paire de Guelfand

I. Généralités

Soient G un groupe localement compact, μ une mesure de Haar à gauche sur et K un sous-groupe compact de G. Notons $\mathcal{K}^\bullet$(G) l'espace des fonctions de $\mathcal{K}$(G) qui sont biinvariantes par K, c'est à dire des fonctions f qui vérifient : ∀k, k'∈ K , f(kxk')=f(x) . La convolution de deux fonctions f et g de $\mathcal{K}$(G) est définie par :

$$f * g(x) = \int f(y)g(y^{-1}x)d\mu(y) = \int f(xy^{-1})\Delta(y^{-1})g(y)d\mu(y)$$

L'espace K (G) muni de la multiplication définie par le produit de convolution est une algèbre et $\mathcal{K}^\bullet$(G) en est une sous algèbre.

Remarque I-1-3.1 –

Soit μ_K la mesure de Haar normalisée de K. Si l'on pose :

$f^*(x) = \iint_{K\times K} f(k \times k')d\mu_K(k)d\mu_K(k')$ pour toute fonction f ∈ $\mathcal{K}$(G), l'application f ⟶f* est un projecteur de l'espace $\mathcal{K}$(G) sur l'espace $\mathcal{K}^\bullet$(G).

Définition I-1-3-2

On dit que (G, K) est une paire de Guelfand si l'algèbre de convolution $\mathcal{K}^\bullet$(G) est commutative.

Proposition I-1-3-3

Soit (G,K) une paire de Guelfand. Alors le groupe G est unimodulaire.

Preuve :

D'après la proposition I. 1. 2.12, on a pour toute fonction f de $\mathcal{K}$(G) .

$$\int f(x)d\mu(x) = \int f(x^{-1})\Delta(x^{-1})d\mu(x).$$

Pour que G soit unimodulaire, il suffit de montrer que $\int f(x)d\mu(x) = \int f(x^{-1})d\mu(x)$ ∀f ∈ K•(G) .
Soit g une fonction de $\mathcal{K}^\bullet$(G) telle que g (x) = 1 sur le compact Suppf ∪ (Supp f)$^{-1}$
où (Suppf)$^{-1}$= {x−1|x ∈ Supp f } ,

$$\int f(x)d\mu(x) = \int f(x)g(x^{-1})\, d\mu(x) = f * g(e)$$

$$= g * f(e) = \int f(x^{-1})\, g(x)d\mu(x) = \int f(x^{-1})d\mu(x),$$ en vertu du fait que (G,K) est une paire de Guelfand.

Par conséquent, G est unimodulaire.

Théorème I-1-3-4

Soient G un groupe localement compact et K un sous groupe compact de G. Supposons qu'il existe un automorphisme continu involutif θ de G tel que pour tout $x \in G$, $x^{-1} \in K\,\theta(x)\,K$. Alors (G,K) est une paire de Guelfand.

Preuve :

Soit μ une mesure de Haar à gauche, θ étant un automorphisme involutif, $\int f(x)d\mu(x) = \mu(f)$ on a $\theta^2 = 1_G$ et $(\mathrm{mod}\ \theta)^2 = 1$, par suite $\mathrm{mod}\ \theta = 1$ à cause de I.1.12. Pour toute fonction f de $\mathcal{K}$G), on a : $\theta(\mu)f = \mu(f \circ \theta) = \int f \circ \theta(x)d\mu(x) = \int f(\theta(x))d\mu(x) = mod(\theta^{-1}) \int f(x)d\mu(x) = \int f(x)d\mu(x) = \mu(f)$ On en conclut que $\theta(\mu) = \mu$ d'où μ est laissé invariant par tout automorphisme Involutif.

Posons $f^{\theta}(x) = f(\theta(x))$ $\forall f \in \mathcal{K}(G)$. La relation $\theta(\mu)f = \mu(f)$ s'écrit :

$$\int f^{\theta}(x)d\mu(x) = \int f(x)d\mu(x)$$

et on a pour deux fonctions f et g de $\mathcal{K}(G)$

$$f^{\theta} * g^{\theta} = (f * g)^{\theta} \text{ et } \check{f} * \check{g} = \widetilde{g * f}.$$

En effet pour tout $x \in G$

a) $(f * g)^{\theta}(x) = f * g(\theta(x))$

$$= \int f(y)g(y^{-1}\theta(x))d\mu(y) = \int f(\theta(y))g(\theta(y)^{-1}\theta(x)d\mu(y) = f^{\theta} * g^{\theta}(x).$$

b) Si f est biinvariante par K on a $\check{f} = f^{\theta}$ et le groupe G est unimodulaire, ce qui implique que

$$(\check{f} * \check{g})^{\vee}(x) = \check{f} * \check{g}(x^{-1}) = \int \check{f}(y)\check{g}(y^{-1}x^{-1})d\mu(y) = \int f(y^{-1})g(xy)d\mu(y) = g * f(x)$$

Il reste à prouver que pour deux fonctions quelconques f et g de $K^{*}(G)$ on a : $f * g = g * f$.

Il résulte de a) et b) que : $f * g^{\theta} = f^{\theta} * g^{\theta} = \check{f} * \check{g} = (g * f)^{\vee} = (g * f)^{\theta}$, d'où $f * g = g * f$ et (G, K) est une paire de Guelfand. C.Q.F.D.

Soient G un groupe localement compact et K un sous-groupe compact de G

Supposons que l'espace homogène X = G/K est muni d'une distance invariante d :

$\forall x, y \in X, \forall g \in G, d(gx, gy) = d(x, y)$.

Définition I-1-3-5

On dit que le groupe G opère sur X de façon doublement transitive si $d(x, y) = d(x', y') \Longrightarrow \exists\, g \in G$, $x' = g\,x$ et $y' = g\,y$.

Proposition I-1-3-6

Si le groupe G opère sur X de façon doublement transitive alors (G, K) est une paire de Guelfand.

Preuve :

Soit x_0 l'élément eK de X. d $(x_0, gx_0) = d(g^{-1}x_0, x_0)$ car d est une distance invariante et d'après la double transitivité, il existe un élément k de G tel que $x_0 = kx_0$ et $gx_0 = kg^{-1}x_0$, $x_0 = kx_0$ (donc $k \in K$) et $k^{-1}gx_0 = g^{-1}x_0$. Par conséquent $g^{-1} \in K\, g\, K$ et d'après la théorème I.1.3.4, il suffit de prendre θ l'application identique. D'où (G, K) est une paire de Guelfand.

Définition I-1-3-7

Soient G un groupe localement compact et K un sous-groupe fermé de G. La paire (G, K) est appelée une paire symétrique s'il existe un automorphisme involutif θ de G tel que : $(K\theta)_0 \subset K \subset K\theta$ où $K_\theta = \{g \in G, \theta(g) = g\}$ et $(K\theta)_0$ est la composante connexe de l'élément neutre du groupe K_θ. On montre que $K\,\theta(g)\,K = Kg^{-1}K$ pour tout élément g de G. Le quotient G/K est appelé espace symétrique.

Théorème I-1-3-8

Soient G un groupe de Lie connexe et K un sous-groupe compact de G. Si la paire (G, K) est symétrique alors (G, K) est une paire de Guelfand.

Preuve :

Si (G, K) est une paire symétrique alors d'après I.1.3.4, pour tout élément g de G on a $K\theta(g)K = Kg^{-1}K$ où θ est un automorphisme involutif de G, et alors (G, K) est une paire de Guelfand.

Exemples I-1-3-9

1) - Le premier exemple d'une paire de Guelfand est celui où G est un groupe commutatif et où K est réduit à l'élément neutre, K = {e}. (G, {e}) est une paire de Guelfand.

2) - On considère sur R^n, la structure eucludienne définie par le produit scalaire :
$(x\,|y\,) = x_1y_1 + x_2y_2 + \ldots + x_ny_n$ si : $x = (x_1, x_2, \ldots, x_n)$, $y = (y_1, y_2, \ldots, y_n)$ et soit E_n l'espace euclidien obtenu. Considérons le groupe des déplacements $G = SO(n) \times R^n$ et le sous-groupe K =SO(n) des rotations sur R^n. On peut identifier l'espace euclidien E_n à l'espace G/K. Si g = (k, a) ∈ G, on définit l'action sur E_n par :

$$G \times E_n \longrightarrow E_n$$
$$(g, x) \longmapsto g.\, x = k.\, x + a.$$

Pour cette action, le groupe G opère sur l'espace E_n de façon doublement transitive et d'après la proposition I.3.5.$(SO(n) \times R^n, SO(n))$ est une paire de Guelfand.

Les fonctions sur G biinvariantes par K s'identifient aux fonctions sur En qui sont invariantes par K, c'est à dire radiales.

3) - Considérons le groupe des rotations G = SO(n +1) sur R^{n+1} et la sphère unité S^n. Le groupe SO(n +1) opère sur S^n. Son action étant transitive sur la sphère S^n, celle-ci est un espace homogène du groupe SO(n +1) .

Cherchons le groupe d'isotropie d'un point $e_0 = (1, 0, , \ldots, 0) \in S^n$; ce groupe est formé des matrices du type. $\begin{pmatrix} 1 & \cdots & 0 \\ \vdots & A & \\ 0 & \cdots & \end{pmatrix}$ où $A \in SO(n)$ et comme il existe une correspondance

biunivoque entre les points d'un espace homogène du groupe G et les classes à gauche G/H où H est le groupe d'isotropie, alors il vient donc qu'on peut identifier S^n à SO(n +1) / SO(n).
($S^n \equiv$ SO(n +1) /SO(n)) . Sur S^n, on considère la distance définie par : d (x, y) = r si cas
$r = xy = x_0y_0 + ... + x_ny_n$ avec $0 \leq r \leq \pi$ et SO(n+1) opère de façon doublement transitive sur S^n.

Par conséquent d'après la proposition I.1.3.6 (SO(n+1) , SO(n)) est une paire de Guelfand. Une fonction f définie sur G biinvariante par K peut être considérée commeune fonction sur S^n invariante par K. Une telle fonction est dite zonale, elle ne dépend que de la distance à e_0.

4) - Considérons le groupe
G = SL(n, ℂ) = {A∈GL(n, ℂ) , detA = 1} et le sous-groupe compact SU(n) . (SL(n, ℂ) , SU(n)) est une paire symétrique, par conséquent c'est une paire de Guelfand d'après le théorème I.1.3.8.

5) - Pour deux éléments quelconques x, y de C^{n+1}, Posons : $(x,y) = \overline{y_0}x_0 - \overline{y_1}x_1 - \cdots \overline{y_n}x_n$.
Soit G = U (1,n,C) le groupe des transformations C- linéaires g de C^{n+1} telle que (g (x) , g (y)) = (x, y).
En identifiant g à la matrice qui la représente dans la base canonique on a :
G =U(1,n, ℂ) ={g ∈ M (n+1, ℂ) / g^*Jg = J } . où $J = \begin{pmatrix} 1 & 0 & 0 \\ 0 & -1 & 0 \\ 0 & 0 & -1 \end{pmatrix}$ Soient θ l'automorphisme involutif de G défini par : θ(g) = JgJ et K le sous-groupe de G défini par : $K = \{g \in G \mid \theta(g)=g\}$.

On a alors : $K = U(1,n,\mathbb{C}) \cap U(1+n,\mathbb{C})$ où $U(1+n,\mathbb{C}) = \{g \in M(n+1,\mathbb{C}),\ g{*}g = Id\}$
Il en résulte que K est un sous-goupe compact de G isomorphe au produit U(1, ℂ) × U(n, ℂ) Composé des matrices de la forme : $\begin{pmatrix} u & 0 & 0 \\ 0 & A & 0 \\ 0 & 0 & 0 \end{pmatrix}$ où A ∈ U(n, ℂ) et u un nombre complexe de module 1.
(U(1,n, ℂ) , U(1, ℂ) × U(n, ℂ)) est une paire de Guelfand II. La paire (G,K) où K est un sous-groupe compact du groupe des automorphismes de G.

Soient G un groupe localement compact et K un sous-groupe compact du groupe
des automorphismes de G. Formons le produit semi-direct K△G dont la multiplication est définie par :
$(k_1, x_1)(k_2, x_2) = (k_1k_2, x_1k_1(x_2))$.

On notera e_K l'élément neutre de K et e celui de G.

Proposition I-1-3-*10*
L'algèbre L^1(K△G\\K) est isométriquement isomorphe à $L^1_K(G)$.

Preuve :
Soit l'application $\phi: F \mapsto f$ *de* $L^1(K \vartriangle G\backslash\backslash K)$ *vers* $L^1_K(G)$ *telle que* $f(x) = F((e_K, x))$, ∀x∈G.
Montrons que f est bien dans $L^1_K(G)$.
Pour F ∈ L^1(K △ G\\K) , x∈ G et pour tout k ∈ K on a :
$$F(k, x) = F((e_K, x)(k, e)) = F(e_K, x) \quad (1.2)$$
car F ∈ L^1(K △ G\\K) et (k, e) ∈ K.
Aussi $F(e_K,k(x)) = F(kk^{-1},ek(x)) = F((k,e)(k^{-1},x)) = F(k^{-1},x) = F(e_K,x)$ (1.3) grâce à (1.2).

Ainsi $\forall$ x $\in$ G, $\forall$ k $\in$ K, ${}^{k}f(x) = f(k(x)) = F(e_K, k(x)) = F(e_K, x) = f(x)$ car (1.3). Donc f est bien dans $L^1_K(G)$. Montrons ensuite que φ est une isométrie.

$\|F\|_1 = \int_K \int_G |F(k,x)|dkdx = \int_K \int_G |F(e_K,x)|dkdx = \int_G |f(x)|dx = \|f\|_1$, dk étant une mesure de Haar normalisée sur K. En outre, si F et F' sont deux éléments de $L^1(K \vartriangle G\backslash\backslash K)$ et $f = \phi(F')$; $f' = \phi(F')$ alors :

$\forall x \in G$

$\phi(F) * \phi(F')(x) = f * f'(x) =$

$\int f(y)f'(y^{-1}x)dy = \int_K \int_G F(e_K,y)F'(e_K,y^{-1}x)dydk = \int_K \int_G F(k,y)F'(e_K,k^{-1}(y^{-1}x))dydk =$

$\int_K \int_G F(k,y)F'(k^{-1},k^{-1}(y^{-1}x))dydk = \int_K \int_G F(k,y)F'(k,y)^{-1}(e_K,x)dydk = F * F' (e_K,x) =$ $\phi(FF')(x)$

Ce qui achève la démonstration.

Définition I-1-3-11

Soit G un groupe localement compact, K un sous-groupe compact de Aut(G). (G, K) est une paire de Gelfand si $L^1_K(G)$ est commutative (pour la convolution). Cette définition est en accord avec la définition usuelle grâce à la Proposition I.1.3.10.

Proposition I-1-3-12

Soient K, L deux sous-groupes compacts de Aut (G) . Supposons qu'il existe un automorphisme u de G tel que $L = u \circ K \circ u^{-1}$. Alors (G, K) est une paire de Gelfand si et seulement si (G,L) est une paire de Gelfand.

Preuve

Soit $\phi: f \longmapsto mod_G(u) f \circ u$ de $L^1(G)$ vers $L^1(G)$. ϕ est un automorphisme d'espace vectoriel. Prenons ensuite f et g deux éléments de $L^1(G)$ et x∈G

$\phi(f) * \phi(g)(x) = \int \phi(f)(y)\phi(g)(y^{-1}xdy = \int mod_G(u)f(u(y))mod_G(u)g(u(y^{-1})u(x))dy =$

$mod_G(u)f * g(u(x)) = \phi(f * g)(x)$.

Ce qui montre que φ est un automorphisme d'algèbres.

En outre si $f \in L^1_L(G)$, alors $\phi(f) \in L^1_K(G)$

car pour x∈G et k∈K :

$\phi(f)(k(x)) = mod_G(u)f(u(k(x))) = mod_G(u)f(u(k(u^{-1}(u(x)))))$

$= mod_G(u)f(u \circ k \circ u^{-1}(u(x))) = mod_G(u)f(u(x)) = \phi(f)(x)$

car $u \circ k \circ u^{-1} \in L$ et $f \in L^1_L(G)$.

Ainsi $\phi/L^1_L(G): L^1_L(G) \longmapsto L^1_K(G)$ définie par $\phi(f) = mod_G(u) f \circ u$ est un isomorphisme d'algèbres.

Par conséquent $L^1_L(G)$ est commutative si et seulement si $L^1_K(G)$ est commutative. Ce qui achève la démonstration.

Remarque I-1-3-13

Soient K et L deux sous-groupes compacts de Aut(G) tels que $K \subset L$. Si (G, K) est une paire de Gelfand alors (G, L) est une paire de Gelfand.

En effet, pour toute $f \in L^1_L(G)$ on a ${}^{l}f = f$, $\forall$ l∈ L. Comme $K \subset L$, alors ${}^{k}f = f$, ∀k∈K donc $f \in L^1_K(G)$. Par conséquent $L^1_L(G) \subset L^1_K(G)$. Ainsi si $L^1_K(G)$ est commutative, alors $L^1_L(G)$ l'est aussi.

Remarque I-1-3-14

Pour toute f ∈ $L^1(G)$, posons $f^K(x) = \int_K f(k(x))dk$ où dk est une mesure de Haar normalisée sur K. Alors on a $f^K \in L^1_K(G)$. En effet, ${}^{k'}f^K(x) = f^K(k'(x)) = \int_K f(kk'(x))dk = \int_K f(k(x))dk$ pour tout k'∈ K car dk est invariante à droite.

D'où ${}^{k'}f^K(x) = f^K(x)$.

Supposons maintenant que G soit un groupe de Lie. Soit $\mathcal{E}'(G)$ l'espace des distributions à support compact de G. (C'est le dual de $C^\infty(G)$). Pour tous D_1 et $D_2 \in \mathcal{E}'(G)$ on définit la convolution par : $< D_1 * D_2, f >=< D_1(x), < D_2, x^{-1} f >>$.

Muni de cette convolution $\mathcal{E}'(G)$ est une algèbre.

Notons $\mathcal{E}'_K(G) = \{D \in \mathcal{E}'(G): D^K = D\}$; où $< D^K, f >=< D, f^K > \forall f \in C_c^\infty(G)$ l'espace des distributions à support compact K–invariantes. $\mathcal{E}'_K(G)$ est une sousalgèbre de $\mathcal{E}'(G)$

Proposition I-1-3-15

Soient G un groupe de Lie connexe et K un sous-groupe compact de Aut (G). Si (G,K) est une paire de Gelfand alors l'algèbre $\mathcal{E}'_K(G)$ est commutative. Pour la démonstration de la proposition I.2.6, nous avons besoin du Lemme suivant :

Lemme I-1-3-16

$C_K^\infty(G)$ est dense dans $\mathcal{E}'_K(G)$, où $C_K^\infty(G)$ est l'ensemble des fonctions de classe C^∞, K– invariantes à support compact.

Preuve

Soit $D \in \mathcal{E}'_K(G)$, comme $D \in \mathcal{E}'(G)$ il existe une suite $(f_n)_{n\geq 1}$ d'éléments de $C_c^\infty(G)$ tel que $(f_n)_{n\geq 1}$ converge vers D. Les f_n^K forment une suite d'éléments de $C_K^\infty(G)$. Ainsi, pour toute $\varphi \in C_c^\infty(G)$, on a :

$$\lim_{n\to+\infty} < f_n^K, \varphi > = \lim_{n\to+\infty} < f_n, \varphi^K >=< D, \varphi^K >=< D^K, \varphi >=< D, \varphi >$$

car $D \in \mathcal{E}'_K(G)$. Donc $\{f_n^K\}_{n\geq 1}$ converge vers D.

Preuve de la proposition I-1-3-15

Supposons que (G,K)est une paire de Gelfand et soit D_1et D_2 deux éléments de $\mathcal{E}'_K(G)$. alors d'après le Lemme I.1.3.16, il existe une suite $\{f_n^K\}_{n\geq 1}$ d'éléments de $C_K^\infty(G)$ qui converge vers D_1et il existe une suite $\{g_n\}_{n\geq 1}$ d'éléments de $C_K^\infty(G)$ qui converge vers D_2.

Comme $C_K^\infty(G) \subset L^1_K(G)$

on a $f_n * g_n = g_n * f_n$, ∀ n ≥ 1 alors $\lim_{n\to+\infty} f_n * g_n = \lim_{n\to+\infty} g_n * f_n$

soit $D_1 * D_2 = D_2 * D_1$.

Ce qui achève la démonstration.

Soit δ_x la mesure de Dirac en x ∈ G et pour toute $f \in K(G)$ $< \delta_x^K, f >=< \delta_x, f^K >= f^K(x) = \int_K f(k(x))dk$ δ_x^K est une distribution K– invariante à support compact (le support étant K.x). On va terminer ce paragraphe par le théorème suivant qui sera très utile pour la suite.

Théorème I-1-3-17
Soient G un groupe de Lie connexe et K un sous-groupe compact de Aut(G). Si (G, K) est une paire de Gelfand alors pour tous x, y ∈ G; xy ∈ (K.y)(K.x).

Preuve.
Pour tous x, y ∈ G et f $\in C_c^\infty(G)$, $< \delta_x^K * \delta_y^K, f >= \int\int f(k_1(x)k_2(y)dk_1dk_2$ et

$$\langle \delta_x^K * \delta_y^K, f\rangle = \int\int f(k(x)k'(y)dkdk'.$$

Supposons que (G, K) soit une paire de Gelfand et supposons que pour un certain x et un certain y on ait xy∈(K.y)(K.x). On peut trouver une fonction positive f ∈ K(G) telle que :
f (xy) =1; f ((K.y)(K.x)) = {0} et ailleurs 0 < f < 1. Ainsi $\langle \delta_x^K * \delta_y^K, f\rangle > 0$ *et* $\langle \delta_y^K * \delta_x^K, f\rangle = 0$ et par suite $\delta_x^K * \delta_y^K \neq \delta_y^K * \delta_x^K$.
ce qui est en contradiction avec le fait que (G, K) est une paire de Gelfand en vertu
de la Proposition I.2.6. On a la réciproque de ce théorème si G est unimodulaire. En effet, supposons xy ∈(K.y)(K.x) pour tous x, y ∈ G.

Soient f et g $\in L_K^1(G)$ alors $f * g(x) = \int f(xy)g(y^{-1})dy = \int f(k(y)k'(x)g(y^{-1})dy$ or k(y)k'(x) = $(k'\circ (k')^{-1}\circ k(y))k'(x) = k'(((k')^{-1}\circ k)(y)x) = k'(k_1(y)x)$ en posant $k1= (k')^{-1}\circ k$. Ainsi $f * g(x) = \int f(k'(k_1(y)x)g(y^{-1})\, dy = \int f(k_1(y)x)g(y^{-1})dy$
car f est K−invariante.

Pour toute f $\in L_K^1(G)$, on a : $f^K(x) = \int f(k(x))dk = \int f((x))dk = f(x)$ on peut donc écrire : $f((k_1(y)x) = \int f(k(k_1(y)x)dk$ et :

$$\begin{aligned} f * g(x) &= \int\int f(k(k_1(y)x)g(y^{-1})dkdy \\ &= \int\int f(yk\big(k_1^{-1}(x)\big)g(y^{-1})dkdy \\ &= \int\int f(yk(x))g(y^{-1})dkdy = \int(\int f(yk(x))g(y^{-1})dy)dk \\ &= \int(\int g(y)f(y^{-1}k(x))dy)dk = \int g * f(k(x)dk = \int g * f(x)dk = g * f(x) \end{aligned}$$

car $g * f \in L_K^1(G)$.

Donc $L_K^1(G)$est commutative. D'où la conclusion.

III **Exemples**
– (1) (R^n, {0}) est une paire de Gelfand
– (2) C^*le groupe multiplicatif et T = {z ∈ C : |z | = 1} . (C^*, T) est une paire de Gelfand.
– (3) $G = SL_2(\mathbb{R}) = \left\{\begin{pmatrix} a & b \\ c & d\end{pmatrix} \in M_2(\mathbb{R}): ad - bc = 1\right\}$ le groupe spécial linéaire réel d'ordre 2 et P = {z ∈ C, Im(z) > 0} le demi-plan supérieur de Poincaré. G opère continûment et transitivement sur P , l'opération étant de G × P ⟶ P par $\left(\begin{pmatrix} a & b \\ c & d\end{pmatrix}, z\right) \longmapsto \frac{az+b}{cz+d}$. En effet pour tout z = x + iy ∈ P on a

$$z = x + iy = \begin{pmatrix} e^{\frac{1}{2}\log(y)} & 0 \\ 0 & e^{-\frac{1}{2}\log(y)} \end{pmatrix} \begin{pmatrix} 1 & x \\ 0 & 1 \end{pmatrix} i$$

c'est-à-dire z appartient à l'orbite de i. Soit K le stabilisateur de i.

$$K = \left\{ \begin{pmatrix} a & b \\ c & d \end{pmatrix} \in G: ai + b = i(ci + d) \right\} = \left\{ \begin{pmatrix} a & b \\ c & d \end{pmatrix} \in G: ai + b = (-c + id) \right\}$$

$$= \left\{ \begin{pmatrix} a & b \\ c & d \end{pmatrix} \in G: a = d) \text{ et } b = -c \right\} = \left\{ \begin{pmatrix} a & b \\ c & d \end{pmatrix} \in G: a^2 + b^2 = 1 \right\} \simeq T.$$

rappelons le théorème suivant :

Théorème :I-1-3-18

Soit *G* un groupe localement compact dénombrable à l'infini. *X* un espace localement compact sur lequel G opère continûment et transitivement. Si S_a est le stabilisateur de a ∈ X , alors la bijection $G/S_a \longrightarrow X$ est bicontinue. C'est à dire G/Sa≃X, on a donc G/K≃P .

Ainsi

K(G\\K)≃K(K\P)≃ K(T \P) donc (G, K) est une paire de Gelfand puisque K(T \P) est commutatif.

– (4) G = S0(n)ΔR^n le groupe des déplacements et K = S 0(n). Considérons sur R^n, la structure euclidienne définie par le produit scalaire : $< x, y >= \sum_{i=1}^{n} x_i y_i$ où $x = (x_1, \dots\dots\dots, x^n)$, $y = (y_1, \dots\dots\dots, y_n)$. L'espace euclidien ($R^n$, < . >) s'identifie à l'espace homogène G/K = X . Si g = (k, a) avec k ∈ S0(n) ; a ∈ R^n et x ∈ R^n alors : $gx = kx + a$. pour x, y ∈ (R^n,< . >)

$$d(x, y) = \|x - y\| = \left(\sum_{i=1}^{n} (x_i - y_i)^2 \right)^{1/2}$$

On montre que d est une distance invariante.Si n ≥ 2, le groupe des déplacements opère sur l'espace euclidien (R^n, < . >) de façon doublement transitive ; donc (G, K) est une paire de Gelfand.

§ I-2 Groupes de Lie

I-2-1 **Variétés différentiables**

Dans cet paragraphe nous introduisons la notion de variété différentiable et analytique.

Soit M un espace topologique séparé. Une carte sur M est une paire (U, φ) où U est un ouvert de M et φ un homéomorphisme de U sur un ouvert de R^n, espace Euclidien réel de dimension n. Le nombre n est appelé la dimension de la carte et U le domaine de la carte. Un espace topologique séparé M est dit localement euclidien si à chaque point p ∈ M , il existe une carte (U, φ) où U est un voisinage de p dans M . Un espace topologique séparé localement euclidien est appelé variété topologique.

Exemple I-2-1-1

L'espace euclidien R^n, la sphère S^n, les espaces projectifs réels ou complexes, le groupe orthogonale (comme sous-espace de R^n) sont des variétés topologiques.

Définition I-2-1-2

Une structure différentiable de dimension n ou un atlas de classe C^∞ sur espace séparé M est une collection de carte $(U_\alpha, \varphi_\alpha)_{\alpha \in A}$ sur M telle que les conditions suivantes sont vérifiées.

1) $M = \cup_{\alpha \in A} U_\alpha$ (i.e. les domaines des cartes recouvrent M)

2) Pour tous $\alpha, \beta \in A$, l'application $\varphi_\beta \circ (\varphi^{-1})$ est une application différentiable de $\varphi_\alpha(U_\alpha \cap U_\beta)$ sur

$\varphi_\beta(U_\alpha \cap U_\beta)$.

Une carte $(U_\alpha, \varphi_\alpha)$, $\alpha \in A$, définit un système de coordonnées locales sur la variété M .

Les coordonnées locales au point p sont les composantes de la fonction $\varphi_\alpha(p) =(x^1(p) , ...x^n(p))$.

Si dans la définition I-2-12, l'application $\varphi_\beta \circ \varphi_\alpha^{-1}$ est analytique, on parle de variété analytique.

Une variété différentiable (resp. analytique) de dimension n est un espace topologique séparé M muni de la structure différentiable (resp. analytique) de dimension n.

L'espace euclidien R^n est une variété analytique. Une carte $(U_\alpha, \varphi_\alpha)$ est définie par un ouvert $U_\alpha = IR^n$ et l'homéomorphime φ_α est tel que

$\varphi_\alpha(p) = (x^1(p) , ...x^n(p))$ pour tout $p \in U_\alpha$.

En remplaçant IR^n par C^n dans la définition d'une carte et la condition

2) de la définition par la condition que $\varphi_\beta \circ \varphi_\alpha^{-1}$ est une fonction holomorphe de coordonnée $z^i(p)$, $i = 1, 2...n$ au point $p \in U_\alpha \cap U_\beta$, on obtient une variété analytique complexe.

Pour la suite, toutes les variétés analytiques sont réelles. Une fonction réelle f sur une variété analytique M est dite analytique au point $p \in M$, s'il existe une carte $(U_\alpha, \varphi_\alpha)$ avec $p \in U_\alpha$ telle que $f \circ \varphi_\alpha^{-1}$ est une fonction analytique sur l'ensemble $\varphi_\alpha(U_\alpha)$.

La fonction f est dite analytique s'il est analytique en tout point $p \in M$.

Définition I-2-1-3

Soient deux variétés analytiques M et N . La variété N est une sous-variété analytique de M si :

1/ $N \subset M$.

2/ Pour chaque carte $(U_\alpha, \varphi_\alpha)_{\alpha \in A}$ avec $\varphi_\alpha(p) = (x^1(p) , ...x^n(p))$, les fonctions x^i/N sont analytique dans N et à chaque point $p \in N$ où elles sont définies, on peut choisir un sous-ensemble $(x^i/N, x^i/N, ...x^i/N)$ qui forme une carte en p.

Exemple R^mest une sous-variété analytique de R^n pour $m < n$.

La sphère unité S^2de dimension 2, est une sous-variété de IR^3.

Soient M une variété analytique de dimension n, p un point de M et A(p) la classe des fonctions analytiques au point p.

Défintion :I-2-1-4

L'application L de A(p) dans IR est appelée vecteur tangent en p si les conditions suiantes sont vérifiées :

1) $L(\alpha f+\beta g) = \alpha L(f)+\beta L(g)$, $\alpha, \beta \in R$, $f, g \in A(p)$

2) $L(fg) = L(f)g(p)+f(p)L(g)$. (ie L est une fonctionnelle linéaire et une dérivation).

L'ensemble des vecteurs tangents est un espace vectoriel réel appelé espace tangent.

Soit (U, ϕ) une carte en p. Si la fonction f est analytique en p alors la fonction $f^* = f \circ \varphi^{-1}$est analytique sur un voisinage de $(x^1(p) , ...x^n(p)$. $\frac{\partial f^*}{\partial x^i} \|_{x^i=x^i(p)}$ sera noté $\frac{\partial f}{\partial x^i}$ ou $\partial^i f$.

Théorème :I-2-1-5

L'application L:f (p)⟼R, f∈A(p) est un vecteur tangent en p si seulement si $Lf = \sum_{i=1}^{n} \frac{\partial f}{\partial x^i} L(x^i)$ (1) L'ensemble de tous les vecteurs tangents en p est un espace vectoriel de dimension n et les vecteurs tangents : $L_i(p)(f) = \frac{\partial f^*}{\partial x^i} \|_{x^i=x^i(p)}$ où i=1, ...n Ainsi la dimension forment une base de l'espace tangent en p de la variété M est égale à la dimension de l'espace vectoriel $T_p(M)$.

Preuve :

Si l'application L vérifie (1), L est un vecteur tangent (évident)

• Si f est une fonction alors Lf = 0. Comme f* est analytique. On a donc $f^* = a_0 + a_1(x^1 - x^1(p)) + a_2(x^2 - x^2(p)) + \cdots + a_n(x^n - x^n(p) + \sum_{i,\partial=1}^{n} (x^i - x^i(p))(x^j - x^j(p))g_{ij} + \cdots$

où $a_i = \frac{\partial f^*}{\partial x^i} \|_{x^i=x^i(p)}$ et g_{ij} ∈A(p) . On obtient $Lf^* = a_1 L(x^1) + \cdots + a_n L(x^n) = \sum_{i=1}^{n} \frac{\partial f}{\partial x^i} L(x^i)$ qui est équivalente à (1) L'ensemble des vecteurs $L_i(p)$ est une base de l'espace tangent en p.

En effet : $\sum_{i=1}^{n} \lambda_i L_i(p) = 0, \forall j = 1...n$, on a $\sum_{i=1}^{n} \lambda_i L(p^i)(x^j) = \lambda_j$ car $\partial_i x^j = \delta_{ij}$ donc $\{L_i(p)\}$ sont linéairement indépendants, d'autre part, si L(p) est un vecteur tangent, on a : $L(p)(x^i) = \sum_{i=1}^{n} L(x^i) L_i(p)(x^j)$, $j = 1,2, \ldots n$ et $L = \sum_{i=1}^{n} L(x^i) L_i(p)$.

Ainsi l'espace tangent en p est un espace vectoriel de dimension n.L'élément $\partial_i(p) \in T_pM$ est défini pour toute f ∈A(p) par

$\partial_i(p)f = \partial_i f(p)$.

Définition I-2-1-6

Un champ de vecteurs sur une ouvert U de M est une application X qui à tout point p ∈ U associe un vecteur tangent X(p) en p de T_pM . Un champ de vecteur est aussi appelé une transformation infinités imale. Le champ de vecteur X sur M est dit analytique en p si X f est analytique en p pour toute fonction f analytique en p. Il est dit analytique sur M s'il est analytique en tout p ∈ M . L'opérateur L_i est un exemple de champ de vecteurs.

En effet, soit (U, φ) une carte en p ∈ M et f une fonction analytique en p. Alors en exprimant $f^* = f \circ \varphi^{-1}$ comme une fonction $f^*(x^1, x^2, \ldots x^n)$ de coordonnée $\varphi(q) = \{x^1(q), x^2(q), \ldots x^n(q)\}$, q ∈ U et en posant $L_i(p)f = \frac{\partial f^*}{\partial x^i} \backslash_{x^i=x^i(p)}$, l'application $p \longrightarrow L_i(p)$ est analytique.

Si A est un champ de vecteur sur U alors $A(p) = \sum_{i=1}^{n} a^i(p) L_i(p)$ où a^i, i = 1, 2, ...n sont des fonctions définies sur U telles que $a^i = Ax^i$.

Réciproquement, si a^i, i =1, 2, ...n sont des fonctions analytiques sur U alors $A = \sum a^i L_i$ est un champ de vecteur analytique sur U et en chaque point p∈ U on a : $(Af)(p) = \sum a^i(p) \frac{\partial f^*}{\partial x^i} \backslash_{x^i=x^i(p)}$

Ainsi, un champ de vecteur A est reprséenté par la formule $\sum_{i=1}^{n} a^{*i} \frac{\partial}{\partial x^i}$ où les fonction $a^{*i} = a^i \circ \varphi^{-1}$ sont les composantes de A suivant les coordonnées $x^1, x^2, \ldots x^n$.

L'ensemble des champs de vecteurs est un espace vectoriel de dimension infinie. Un champ de vecteurs est considéré comme une application X de $C^\omega(M)$ dans $C^\omega(M)$.

Le produit XY de deux champs de vecteurs est bien défini mais n'est pas en général un champ de vecteur.

Exemple :I-2-1-7

Si $M = R^n$, $A = \partial/\partial x^1$ et $B = \partial/\partial x^2$ on a $ABf = \partial^2/\partial x^1 \partial x^2(f)$ et l'application $f \longrightarrow \frac{\partial^2 f^*}{\partial x^1 \partial^2} \|_{x^i = x^i(p)}$ n'est pas un vecteur tangent à R^n. Il est possible de définir un produit dans l'espace des champs de vecteurs analytiques ce qui permet de munir cet espace d'une structure d'algèbre de Lie. IL s'agit du produit de Lie défini pour tous champs de vecteurs analytiques $A = \sum a^i L_i$ et $B = \sum b^i L_i$ par : $[A, B] = AB - BA$.

En système de coordonnées locales $\{x^1, x^2, x^3, ...x^n\}$ en p. On a :

$$Af^* = \sum a^{*i}(x)\frac{\partial f^*}{\partial x^i};\ Bf^* = \sum b^{*i}(x)\frac{\partial f^*}{\partial x^i};\ \text{et } [A,B]f^* = \sum_{i,\partial=1}^{n}\left(b^{*i}\frac{\partial a^{*j}}{\partial x^i} - a^{*i}\frac{\partial b^{*j}}{\partial x^i}\right)\frac{\partial f^*}{\partial x^{\gamma}}$$

Ainsi si A et B sont des champs, de vecteurs analytiques sur M, leur produit de Lie [A, B] est un champ de vecteur analytique sur M .

Le produit de Lie vérifie les propriétés suivantes :

1) $[\alpha A + \beta B, C] = \alpha [A, C] + \beta [B, C]\ \forall \alpha, \beta \in IR$

2) $[A, B] = -[B, A]$

3) $[A, [B, C]] + [C, [A, B]] + [B, [C, A]] = 0$ (identité de Jacobi).

On déduit donc que l'ensemble des champs de vecteurs analytiques sur une variété analytique est une algèbre de Lie réelle de dimension infinie.

Proposition I-2-1-8

Soit M une variété et $X \in T_pM$. Alors il existe un champ de vecteur $\widetilde{X}$ de classe C^∞ sur M tel que $\widetilde{X} = X$

Preuve :

On choisit une carte (U, φ) en p telle que $X = \sum b_i\, \partial_i(p)$.

On considère la fonction constante

a_i de U vers $\mathbb{R}$ telle que $a_i(q) = b_i$. $Y = \sum b_i\, \partial_i$ est un champ de vecteurs de classe C^∞ sur U tel que $X = Y(p)$. Soit $\varphi : M \longrightarrow R$ tel que :Pour tout $p \in D \subset U$, où D est un voisinage ouvert de p et φ la fonction de classe C^∞ telle que $0 \leq \varphi(x) \leq 1$ pour $x \in M$ et $\varphi(q)=1$ si $q \in D$ et $\varphi(x)=0$ si $x \in M - U$. Il suffit de considérer $\widetilde{X}$ l'application définie par : $\widetilde{X} = \begin{cases} \varphi Y, \text{sur } U \\ 0, \text{sur } M\backslash U \end{cases}$

I-2 -2 Struture de base d'un groupe de Lie

Défintion I-2-2-1-

Un groupe G est un groupe de Lie si

1) G est une variété analytique

2) L'application $(x, y) \longmapsto xy^{-1}$ de la variété produit $G \times G$ dans G est analytique.

La condition 2) équivaut aux conditions suivantes :

i) L'application $x \longmapsto x^{-1}$ de G dans G est analytique

ii) L'application $(x, y) \longmapsto xy$ de $G \times G$ dans G est analytique.

En effet, dans la condition 2) on pose $x = e$,donc $y \longmapsto y^{-1}$ est analytique et aussi $(x, y) \longmapsto xy = x(y^{-1})^{-1}$

Réciproquement supposant i) et ii), l'application $(x, y) \longmapsto (x, y^{-1})$ est analytique sur G × G et aussi $(x, y) \longmapsto (x, y^{-1}) \longmapsto xy^{-1}$. D'où la condition 2).

La dimension d'un groupe de Lie est la dimension commune de toutes les composantes connexes de G. Tout groupe de Lie est un groupe topologique où la topologie provient de sa structure analytique car une variété est un espace séparé et l'application $(x, y) \longmapsto xy^{-1}$ est continue. D'autre part, tout groupe de Lie est localement compact (une variété étant localement euclidien), localement connexe métrisable et complet.

Exemples I-2-2-2

Un groupe de Lie connexe est dénombrable à l'infini donc séparable.

1) La question de savoir quand est-ce qu'un groupe topologique est un groupe de Lie est le 5ème problème de Hilbert (posée en 1900). La solution a été donnée en 1956 par Montgomery et Zippin.

Un groupe topologique localement euclidien est isomorphe à un groupe de Lie. Une classe intéressante de groupes topologiques qui ne sont pas de groupes de Lie est la classe des groupes topologiques en dimension infinie qui intervient en physique quantique et classique. Par exemple le groupe abélien de , $A_\mu \longmapsto A_\mu + \partial_\mu \varphi$ où φ est une fonction scalaire de gauge, n'est pas un groupe de Lie car non localement euclidien.

Soit G un groupe localement compact, et soit F la famille des sous-groupes distingués compacts k de G tels que le groupe quotient G/k soit un groupe de Lie. Bruhat appelle un tel sous-groupe de G "un bon sous-groupe". La famille *F* ordonnée par inclusion est filtrante décroissante.

En effet si $k_1$et $k_2 \in F$, le groupe $k_1/k_1 \cap k_2 \simeq (G/k_1 \times k_1/k_1 \cap k_2)$ est extension du groupe de Lie G/k_1 par le sous-groupe $k_1/k_1 \cap k_1$ qui est topologiquement isomorphe à k_1k_2/k_2 car les k_i sont compacts. Or k_1k_2/k_2 est un groupe de Lie, comme sous-groupe compact du groupe de Lie G/k_2. On en déduit que $G/k_1 \cap k_2$ est un groupe de Lie, donc $k_1 \cap k_2$ est un bon sous-groupe. Supposons $\{\cap\{k\}, k \in F\} = \{e\}$.

C'est le cas, d'après Montgomery et Zippin, si le quotient G/G_0 de G par la composante connexe neutre G0 est compact.

Le groupe G est alors canoniquement isomorphe à la limite projective des groupes de Lie G/k pour $k \in F$. Si, de plus, G est métrisable, il existe une suite décroissante (k_n) de bons sous-groupes telle que $\cap k_n = \{e\}$. Le groupe G est alors canoniquement isomorphe à la limite projective des G/kn.

Exemple I-2-2-2

1) Les groupes additifs R^n et les groupes de matrices *GL(n,R)* ,*S0(n,R)*, etc... sont des groupes de Lie.

2) Si G est un groupe topologique discret, l'élément neutre e admet un voisinage ouvert {e} homéomorphe à $R^0=\{0\}$. Un groupe topologique discret peut-être considérer comme une groupe de Lie de dimension 0 et réciproquement.

3) Tous les sous-groupes fermés de *GL(n,IR)* sont des groupes de Lie. Par exemple le groupe spéciale linéaire *SL(n)*, les groupes othogonaux (des formes quadratiques non dégénérées), les groupes symplectique (groupe orthogonaux des formes bilinéaire alternées non dégénérées) et les groupes unipotents standards U_n, ...

Défintion I-2-2-3

Un morphisme *f* d'un groupe de Lie G_1 dans un autre G_2 est une application qui est à la fois un homomorphisme de groupe et une application analytique. Soit f : $G_1 \longrightarrow G_2$ un morphisme de groupes de Lie. Le noyau H de f est une sous-variété de groupe de G_1. Sur l'ensemble G_1/H, il existe une et une seule structure analytique telle que l'application canonique $p:G_1 \longrightarrow G_1/H$ sont une submersion. La structure de groupe de G/H et cette structure analytique fait de G_1/H un groupe de Lie qu'on appelle le groupe de Lie quotient de G1 par H . L'application *f* induit donc de manière unique une immersion injective $\tilde{f}: G_1/H \longrightarrow G_2$ qui est un morphisme du groupe de Lie.

$$f: G_1 \longrightarrow G_2, p: G_1 \longrightarrow \frac{G_1}{H} \text{et} \tilde{f} : \frac{G_1}{H} \longrightarrow G_2$$

Soit G un groupe de Lie connexe. La variété sous-jacente admet un revêtement simplement connexe $f: M \longrightarrow G$. Soit $\phi : M \times M \longrightarrow G$, $(m_1, m_2) \longrightarrow f(m_1)f(m_2)$, $\forall m_1, m_2 \in M$. ϕ est continue et comme $M \times M$ est simplement connexe, elle se relève en une application continue $\tilde{\phi}: M \times M \longrightarrow M$ telle que $\tilde{\phi}(e, e)= e$ et $f \circ \tilde{\phi} = \phi$ où e est choisi dans M tel que $f(e) = 1$.

Comme f est un revêtement, le noyau de f est nécessairement un sous-groupe invariant discret de M . Il existe alors sur M , une structure de groupe de Lie pour laquelle *f* soit un morphisme de groupes de Lie.

Ainsi, tout groupe de Lie connexe G admet un revêtement-groupe simplement connexe. Autrement dit, il existe un groupe de Lie simplement connexe M et un morphisme surjectif (à noyau discret) $f : M \longrightarrow G$ et donc G s'identifie au groupe de Lie quotient M/D.

Ce revêtement-groupe simplement connexe est unique à isomorphisme près.

On l'appelle le revêtement universel de G et est noté $\tilde{G}$.

Exemple I-2-2-4

1) Les groupes de Lie abeliens simplement connexes sont les groupes vectoriels.

2) Les groupes de Heisenberg, les groupes unipotents, le groupe ax + b sont des groupes de Lie simplement connexes ; dans chaque cas, l'espace topologique sous-jacent est un IR^m, m étant la dimension du groupe.

Si G un groupe de Lie. Un sous-ensemble $H \subset G$ est un sous-groupe analytique de G si H est un sous-groupe de G et une sous-variété analytique de G

Proposition I-2-2-5

Tout sous-groupe analytique H d'un groupe de Lie G est un groupe de Lie.

Preuve :

Soient a, b $\in$ H. Alors a b $\in$ H et il existe un système de coordonnées locales (U, ϕ) , $\phi(z) = (z^1, z^2, z^3...z^n)$ en ab dans G, tels que z^i/H, i : 1, 2, ...α =dimH forme un système de coordonnées locales en ab dans H .

L'élément xy $\in$ G tend vers ab si x et y tendent vers a et b respectivement. Les applications $(x, y) \longrightarrow xy$ et $x \longrightarrow x^{-1}$ sont analytiques donc le sous-groupe analytique H de G est un groupe de Lie.

Un homomorphisme $t \longrightarrow x(t)$ de IR dans un groupe de Lie G un sousgroupe à un paramètre de G.

Lemme I-2-2-6

Soient M et N deux variétés C^∞ (ou analytique) et f : M ⟶ N une application C^∞ (ou analytique) telle que f(M) est contenu dans une sous-variété P . Si l'application f : M ⟶ P est continue, alors elle est aussi de classe C^∞ (analytique).

Preuve :
Considérons le diagramme commutatif suivant : $F: M \longrightarrow N, f: M \longrightarrow P$ *et* $i: P \longrightarrow N$ où f est C^∞, F continue et i une immersion (Car P est une sous-variété). Pour tout p ∈ P , il existe un voisinage U de p, un voisinage V de i(p)∈N et une application g de classe C^∞ telle que $g \circ i = id/U$.
Comme $f = i \circ F$, on a $F = id \circ F = g \circ (i \circ F) = g \circ f$. Donc F est C^∞ comme composée de fonctions C^∞. En particulier en posant F = f et i = id on a le résultat.

Proposition I-2-2-7
Soient G un groupe de Lie et H une sous-variété de G qui est aussi un sous-groupe de G. Si H est un groupe topologique (la topologie était déduite de la structure analytique). Alors H est un sous-groupe de Lie G.

Preuve :
L'application f : G × G ⟶ G, (x, y)⟶xy^{-1} est analytique et sa restriction f_H: $H \times H \longrightarrow G$ est aussi analytique. Comme H est un groupe topologique, l'application f_H: $H \times H \longrightarrow H$ est continue. D'après le lemme, I-2-2-6 , f_H est analytique donc H est un groupe de Lie.

Proposition I-2-2-8
Soit G un groupe de Lie et G_0 la composante neutre de G. Alors
a) G_0 est un sous-groupe de Lie ouvert normal de G
b) $T_eG = T_eG_0$ et dimG =dimG_0
c) G/G_0 est un groupe de Lie discret.

Remarque I-2-2-8
Si G est un groupe de Lie connexe et H un sous-groupe de Lie propre, alors dimH < dim G.
Nous allons montrer plus tard que si G est un groupe de Lie et si H est un sous-groupe fermé de G ; alors H est un sous-groupe de Lie de G.
Ainsi O(n) , SL(n) et Sp(n) sont des sous-groupes de Lie fermés de GL(n,R).

I-2-3 -L'Algèbre de Lie d'un groupe de Lie

Soit G un groupe de Lie, d'élément neutre e et soit Xe un vecteur tangent au point e. Pour tout a ∈ G, la translation à gauche La: x⟶ La(x) = ax est un difféomorphisme de G.

Le champ de vecteurs X sur G est dit **invariant à gauche** si pour tout a ∈, [T_e La]X(e)= X(a).

Proposition I-2-3-1

Soient G un groupe de Lie, $X \in T_e(G)$ et $\widetilde{X}$ une application de G dans l'espace fibré tangent T (G) de projection Π tels que, pour toute fonction analytique f sur G on ait $\widetilde{X}f(p) = X(f \circ Lp)\ \forall p \in G$. Alors $\widetilde{X}$ est l'unique champ de vecteurs invariant à gauche sur G tel que $\widetilde{X}(e) = X$ et tout champ de vecteur invariant à gauche est de la forme $\widetilde{X}$.

Preuve :

Posons $TL(p)=T_eL(p)$ on a $\tilde{X}f(p) =(TL(p)X)(f)$ donc $\tilde{X}(p) \in T_pG$ et $(\pi \circ \tilde{X})(p) = p$. Ainsi $\tilde{X}$ est un champ de vecteurs sur G et comme $\tilde{X}(p) = TL(p)X$ et $(T_eL(a))\,\tilde{X}(e) = \tilde{X}(a)$

Alors $\tilde{X}(e) = X$ et $\tilde{X}$ est invariant à gauche.

Soit Z un champ de vecteurs invariants à gauche avec $Z(e) = X$.

On a $Z(p) = T_eL(P)Z(E) = TeL(p)X = \tilde{X}(p)$ d'où l'unicité.

On pourra aussi utiliser le fait que l'application L_a est en particulier une immersion.

Montrons que $\tilde{X}$ est analytique. Soit $\alpha : I \longrightarrow G$ le chemin analytique $t \longrightarrow \alpha(t)$ sur un intervalle I contenant $0 \in R$.

Ainsi $\dot{\alpha}(0) = X = \tilde{X}(e)$ et $\alpha(0) = e$, $\tilde{X}f(p) = X(f \circ L_p) = \frac{d}{dt}(0)(f \circ L(p) \circ \alpha) = \frac{d}{dt}f(p\alpha(t))\|t=0$.

Par conséquent, comme f, α et le produit dans G sont analytiques, alors $\tilde{X}$ est un champ de vecteurs analytiques.

Soit L(G) l'ensemble des champs de vecteurs sur G invariants à gauche. L(G) est donc formé des vecteurs, de la forme $\tilde{X}$ pour $X \in T_eG$.

Comme $X(p) = TeL(p)X$, donc $T_eL(p)$ injective par conséquent,l'application $\varphi : L(G) \longrightarrow T_eG$ telle que $\varphi(\tilde{X}) = X$ est un isomorphisme d'espace vectoriel et donc $\dim_{IR}L(G) = \dim_{IR}G$ est fini.

Proposition I-2-3-2

Soient $\widetilde{X}$ et $\widetilde{Y}$ deux champs de vecteurs invariants. Si $\widetilde{X}$ et $\widetilde{Y} \in L(G)$ alors $[\widetilde{X}, \widetilde{Y}] \in L(G)$

Preuve :

Il suffit de montrer que $[\widetilde{X}, \widetilde{Y}]$ est invariant à gauche.

Soient $a \in G$ et $\varphi \in A(a)$. On a $[dL(a)][\widetilde{X}, \widetilde{Y}]_e\varphi = [\widetilde{X}, \widetilde{Y}]_e(\varphi \circ L_a) = \widetilde{X}_e(\widetilde{Y}(\varphi \circ L_a) - \widetilde{Y}_e(\widetilde{X}(\varphi \circ L_a) = \widetilde{X}_e(\widetilde{Y}\varphi) \circ L_a - \widetilde{Y}_e(X\varphi) \circ L_a = dL(a)\widetilde{X}_e(\widetilde{Y}\varphi) - dL(a)Y_e(\widetilde{X}\varphi) = \widetilde{X}_a(\widetilde{Y}\varphi) - \widetilde{Y}_a(\widetilde{X}\varphi) = [\widetilde{X}, \widetilde{Y}]_a\varphi$

d'où a $[dL(a)][\widetilde{X}, \widetilde{Y}]_e = [\widetilde{X}, \widetilde{Y}]_a$

L'ensemble L(G) des champs de vecteurs invariants à gauche est donc une sous-algèbre de Lie de l'agèbre des champs de vecteurs C^∞. L (G) est appelé algèbre de Lie de G. On la note G . T_eG est aussi muni d'une structure d'algèbre de Lie en posant pour tousX, $Y \in T_e(G)$, $[X, Y] = [\widetilde{X}, \widetilde{Y}]_e$.

Par conséquent l'application $\varphi : L(G) \longrightarrow T_eG$ telle que $\varphi(\widetilde{X}) = X$ est un isomorphisme d'algèbre de Lie.

L'algèbre de Lie T_eG est aussi appelé l'algèbre de Lie de G.

Exemple :
Dans les paragraphes suivants, nous allons voir comment déterminer l'algèbre de Lie des groupes de Lie linéaires.

Exemple :
Soit G = GL(n,R) . L'application φ : L (G)⟶T_I(G) est un isomorphisme d'algèbre de Lie où le produit est [X, Y] =$[\tilde{X}, \tilde{Y}]_g(I)$ dans T_I(G). On montre que L (G) est isomorpheà gl(n,R).

I-2-4 - Groupes de Lie linéaires

1. Exponentielle d'une matrice.

-L'exponentielle d'une matrice X ∈M(n, K) (K = IR ou ℂ) est définie par la série $\exp(X) = \sum_{k=0}^{\infty} \frac{X^k}{k!}$
Puisque $\|X^k\| \leq \|X\|^k$, la série converge normalement pour toute matrice X , et uniformément sur tout compact de M(n,K). Si X et Y commutent, XY = YX ,alors exp(X+Y) = expX expY . Ainsi exp(X) est inversible, et $(\exp X)^{-1}=\exp(-X)$. De plus det(exp X) = $e^{tr(X)}$. En effet posons f (t) = det(exptX) . Alors f(t + s) = f (t) f (s) , f (0) = 1, f'(0) = trX, donc f (t) = e^{trX}. Pour g∈GL(n,K) ,
$g\exp Xg^{-1}= \exp(gXg^{-1})$. Si X est diagonalisable, $X = g\begin{pmatrix} \lambda_1 & \cdots & 0 \\ \vdots & \ddots & \vdots \\ 0 & \cdots & \lambda_n \end{pmatrix} g^{-1}$, alors

$$\exp(X) = g\begin{pmatrix} e^{\lambda_1} & \cdots & 0 \\ \vdots & \ddots & \vdots \\ 0 & \cdots & e^{\lambda_n} \end{pmatrix} g^{-1}$$

Si K = ℂ, on peut utiliser la réduction de Jordan. Considérons le cas d'un bloc de Jordan d'ordre k, X = $\lambda I + N$, où $N = \begin{pmatrix} 0 & 1 & 0 \\ \vdots & \ddots & 1 \\ & \cdots & 0 \end{pmatrix}$ La matrice N est nilpotente, $N^k= 0$, donc

$$\exp(tX) = e\lambda t\exp(tN) = e^{\lambda t}\sum_{j=0}^{k-1} \frac{t^j}{j!} N^j = e^{\lambda t}\begin{pmatrix} 1 & t\cdots & \frac{t^{k-1}}{(k-1)!} \\ \vdots & \ddots & t\,\vdots \\ & \cdots & 1 \end{pmatrix}.$$

Pour K = R, l'application exponentielle est une application de M(n,R) dans GL(n,IR).
Elle n'est pas injective. En effet $\exp\begin{pmatrix} 0 & \theta \\ -\theta & 0 \end{pmatrix} = \begin{pmatrix} \cos\theta & \sin\theta \\ -\sin\theta & \cos\theta \end{pmatrix}$, donc $\exp\begin{pmatrix} 0 & 2k\pi \\ -2k\pi & 0 \end{pmatrix} = I$, (k ∈ ℤ) .
Elle n'est pas surjective non plus. Soient λ et μ les valeurs propres de X ∈M (2, IR).
Les valeurs prores de expX sont e^{λ} et e^{μ}. Si λ et μ sont réelles alors e^{λ} et e^{μ} sont positifs.
Si λ et μ sont complexes conjugués, les nombres e^{λ} et e^{μ} sont complexes conjugués, et s'ils sont réels, ils sont égaux.
Par suite, si a et b sont deux nombres réels négatifs, a≠b, il n'existe pas de matrice X ∈ M (2, R) telle que $\exp X = \begin{pmatrix} a & 0 \\ 0 & b \end{pmatrix}$.

On note P_n l'ensemble des matrices n × n symétriques réelles définies positives.

Théorème I-2-4-1 L'application exponentielle est un homéomorphisme de Sym(n,R) sur P_n.

Preuve :
(a) Surjectivité. Soit p ∈ P_n, et $\lambda_1 > 0, ..., \lambda_n > 0$ ses valeurs propres. Il existe k ∈ 0 (n) telle que
$p = k\begin{pmatrix}\lambda_1 & 0 & 0\\ 0 & \ddots & 0\\ 0 & 0 & \lambda_n\end{pmatrix}k^{-1}$ Posons $X = k\begin{pmatrix}\log\lambda_1 & 0 & 0\\ 0 & \ddots & 0\\ 0 & 0 & \log\lambda_n\end{pmatrix}k^{-1}$. Alors expX = p.
(b) Injectivité. Soient X et Y ∈ Sym (n, R) telles que exp X = exp Y. Diagonalisons X et Y ,

$X = k\begin{pmatrix}\lambda_1 & 0 & 0\\ 0 & \ddots & 0\\ 0 & 0 & \lambda_n\end{pmatrix}k^{-1}$,k∈O(n), $\exp(X) = k\begin{pmatrix}e^{\lambda_1} & \cdots & 0\\ \vdots & \ddots & \vdots\\ 0 & \cdots & e^{\lambda_n}\end{pmatrix}k^{-1}$
$Y = h\begin{pmatrix}\mu^1 & 0 & 0\\ 0 & \ddots & 0\\ 0 & 0 & \mu^n\end{pmatrix}h^{-1}$, h ∈ O (n) , $\exp Y = h\begin{pmatrix}e^{\mu_1} & 0 & 0\\ 0 & \ddots & 0\\ 0 & 0 & e^{\mu_n}\end{pmatrix}h^{-1}$. Soit f un polynôme en une variable tel que $f(e^{\mu_i}) = \mu_i$, i = 1, ..., n, alors f (expY) =Y , donc
YX = f(expY)X=f(expX)X =Xf(exp X) = Xf(exp Y)= XY.
Il en résulte que X et Y sont diagonalisables dans une même base : on peut prendre h = k, et alors $e^{\lambda i} = e^{\mu i}$, donc $\lambda_i = \mu_i$.
(c) Continuité. L'application exponentielle est continue. Pour α > 0 soit E
la boule fermée $E = \{X \in Sym(n,R) \ / \ \|X\| \le \alpha\}$. L'image de E par l'application exponentielle est l'ensemble F défini par $F = \{p \in P_n / \ \|p\| \le e^{\alpha},\ \|p^{-1}\| \le e^{\alpha}\}$.

L'application exponentielle est une bijection continue du compact E sur le compact F , donc est un homéomorphisme de E sur F . Il en résulte que c'est un homéomorphisme de Sym (n, R) sur P_n.

Corollaire I-2-4-2
Toute matrice g ∈ GL(n, R) s'écrit g = k exp X,
k ∈ O (n) , X ∈ Sym (n, R), et l'application (k, X)↦k exp X, O (n) × Sym (n, R)⟶G L (n, R) ,
est une homéomorphisme. L'application exponentielle est analytique réelle, donc de classe C^∞.

Théorème I-2-4-3
(i) La différentielle de l'application exponentielle en 0 est l'application identique,
$(D\exp)_0 = I$.
(ii) Il existe un voisinage U de 0 dans M (n, R) tel que la restriction de l'application exponentielle à U soit un difféomorphisme de U sur exp U .

Preuve :.
-(a) On peut écrire
exp X = I + X + R (X) , avec $R(X) = \sum_{k=2}^{\infty}\frac{X^k}{k!}$, $\|R(X)\| = \|X\|\varepsilon(X), \lim_{X\to 0}\varepsilon(X) = 0$.
(b) C'est une conséquence du théorème d'inversion locale. Nous allons calculer la différentielle de l'application exponentielle en tout point X .

Introduisons les notations suivantes, pour A, X ∈ M (n, R), $L_AX = AX$, $R_AX = XA$, adA X = [A, X] = AX − XA. Les applications L_A, R_A, ad A sont des endomorphismes de l'espace vectoriel M (n, R).

Notons que $L_ARA = R_ALA$, $adA = L_A - R_A$.

Théorème I-2-4-4

- La différentielle de l'application exponentielle en A est égal à

$(Dexp)_A = expA\sum_{k=0}^{\infty}\frac{(-1)^k}{(k+1)!}(adA)^kX.$

Remarquons que $\sum_{k=0}^{\infty}\frac{(-1)^k}{(k+1)!}z^k = \frac{1-e^{-z}}{z}$, si bien que le résultat peut s'écrire

$(Dexp)_A = L_{expA} \circ \frac{I-Exp(-adA)}{adA}.$

Preuve :

(a) Considérons les applications F_k: M (n,R)⟶M (n, R) , $X\mapsto X^k$. Calculons la différentielle de F_k en A, $(DF)_{k_A} = \frac{d}{dt}(A + tX)^k\backslash_{t=0} = \sum_{j=0}^{k-1} A^{k-j-1}XA^j = \sum_{j=0}^{k-1} L_A^{k-j-1} R_A^jX$ On peut écrire $R_A^j = (L_A - adA)^j = \sum_{i=0}^{j}(-1)^i\binom{j}{i}L_A^{j-i}(adA)^i$, car L_A et adA commutent, d'où

$$(DF_k)_AX = \sum_{j=0}^{k-1} L_A^{k-j-1}\left(\sum_{i=0}^{j}(-1)^i\binom{j}{i}L_A^{j-i}(adA)^i\right)X = \sum_{i=0}^{k-1}(-1)^i\left(\sum_{i=0}^{k-1}\binom{j}{i}L_A^{k-i-1}(adA)^i\right)X$$

Nous démontrerons plus loin l'identité $\sum_{j=i}^{k-1}\binom{j}{i} = \binom{k}{i+1}$.

Ainsi $(DF_k)_AX = \sum_{i=0}^{k-1}(-1)^i\binom{k}{i+1}L_A^{k-i-1}(adA)^i$.

(b) Puisque $\|(DF_k)_A\| \le k\|A\|^{k-1}$, la série des différentielles $\sum_{k=1}^{\infty}\frac{1}{k!}(DF_k)_A$ converge uniformément sur toute boule de M (n, R). Par suite la différentielle de l'application exponentielle est donnée par $(Dexp)_AX = \sum_{k=1}^{\infty}\frac{1}{k!}(DF_k)_A = \left(\sum_{j=0}^{\infty}\frac{1}{j!}L_A^j\right)\left(\sum_{k=0}^{\infty}\frac{(-1)^k}{(k+1)!}(adA)^k\right)X = expA\sum_{k=0}^{\infty}\frac{(-1)^k}{(k+1)!}(adA)^kX.$ (c) Démontrons maintenant l'identité $\sum_{j=i}^{k-1}\binom{j}{i} = \binom{k}{i+1}$.

Pour k fixé posons

$a_i = \sum_{j=i}^{k-1}\binom{j}{i}$. Ainsi $\sum_{i=0}^{k-1}a_iz^i = \sum_{i=0}^{k-1}\sum_{j=i}^{k-1}\binom{j}{i}z^i = \sum_{j=0}^{k-1}\sum_{i=0}^{j}\binom{j}{i}z^i = \sum_{j=0}^{k-1}(z+1)^j = \frac{(z+1)^k-1}{z} = \frac{1}{z}\sum_{i=1}^{k}\binom{k}{i}z^i = \sum_{i=0}^{k-1}\binom{k}{i+1}z^i$.

Donc $a_i = \binom{k}{i+1}$.

2. Logarithme d'une matrice.

On veut définir une application inverse de l'application exponentielle dans un voisinage de I . On sait que la boule B (I, 1) est contenue dans GL(n,R). Si $\|g - I\|<1$, on pose $\log g = \sum_{k=1}^{\infty}\frac{(-1)^{k+1}}{k}(g - I)^k$.

Théorème I-2-4-5

(i) Pour g ∈ B (I, 1), exp(log g) = g.

(ii) Pour X ∈ B (0, log 2), log (exp X) = X. Soit $f(X) = \sum_{k=0}^{\infty}a_kz^k$ une série entière de rayon de convergence R > 0, et soit X ∈ M (n, R). Si $\|X\|> R$

on peut définir $f(X) = \sum_{k=0}^{\infty} a_k X^k$. L'application qui à f associe f (X) ∈ M (n, R) est un homomorphisme d'algèbre.

Soit $g(z) = \sum_{m=1}^{\infty} b_m z^m$ une autre série entière, avec $g(0) = b_0 = 0$. La fonction $f \circ g$ est développable en série entière au voisinage de 0,

$$f \circ g(z) = \sum_{p=0}^{\infty} c_p z^p.$$

<u>Lemme</u> I-2-4-6
Si $\sum_{m=1}^{\infty} |b_m| \|X\|^m < R$, alors g (X) , f (g (X)) et (f ∘ g) (X) sont bien définis, et $(f \circ g)(X) = f(g(X))$, c'est à dire que $\sum_{p=0}^{\infty} c_p X^p = \sum_{k=0}^{\infty} a_k (\sum_{m=1}^{\infty} b_m X^m)^k$

<u>Preuve</u> :
Ce lemme se démontre comme dans le cas d'une variable complexe.
Nous pouvons écrire
$g(z)^k = \sum_{m=k}^{\infty} b_{m,k} z^m$, et $\sum_{m=k}^{\infty} |b_{m,k}| r^m \leq (\sum_{m=1}^{\infty} |b_m| r^m)^k$.
Nous avons $f \circ g(z) = \sum_{m=0}^{\infty} c_m z^m$,
avec
$\sum_{m=0}^{\infty} |c_m| r^m \leq \sum_{m=0}^{\infty} (\sum_{k=0}^{m} |a_k| |b_{m,k}|) r^m = \sum_{k=0}^{m} |a_k| \sum_{m=k}^{\infty} |b_{m,k}| r^m \leq \sum_{k=0}^{m} |a_k| (\sum_{m=1}^{\infty} |b_m| r^m)^k$.
Supposons que $\sum_{m=1}^{\infty} |b_m| \|X\|^m$ R, alors la série $\sum_{m=0}^{\infty} |c_m| \|X\|^m$ est convergente et
$(f \circ g)(X) = \sum_{m=0}^{\infty} c_m X^m = \sum_{m=0}^{\infty} (\sum_{k=0}^{\infty} a_k b_{m,k}) X^m$. Puisque $\sum_{m=0}^{\infty} \sum_{k=0}^{\infty} |a_k| |b_{m,k}| \|X\|^m < \infty$,
on peut intervertir les sommations et
$(f \circ g)(X) = \sum_{k=0}^{\infty} (\sum_{m=k}^{\infty} a_k b_{m,k}) X^m = \sum_{k=0}^{\infty} a_k (\sum_{m=1}^{\infty} b_m X^m)^k$.

<u>Preuve du théorème</u> I-2-4-5
Pour démontrer (i) on pose
$f(z) = \exp(z)$, $g(z) = \log(1 + z)$. La condition (*) est alors équivalente à $\|X\| < 1$.
Pour démontrer (ii) on pose $f(z) = \log(1 + z)$, $g(z) = \exp(z) - 1$.
Puisque R = 1, la condition (*) s'écrit $\sum_{m=1}^{\infty} \frac{\|X\|^m}{m!} < 1$ c'est à dire $\exp(\|X\|) - 1 < 1$, ou $\|X\| < \log 2$.

Proposition I-2-4-7
Pour X, Y ∈ M (n, R),
(i) $\exp(tX) \exp(tY) = \exp t(X + Y) + \frac{t^2}{2}[X, Y] + O(t^3)$,
(ii) $\exp(tX) \exp(tY) \exp(-tX) \exp(-tY) = \exp(t^2[X, Y] + O(t^3))$.

<u>Preuve</u> :
Posons $F(t) = \exp(tX) \exp(tY)$,
$F(t) = (I + tX + \frac{t^2}{2}X^2 + O(t^3))(I + tY + \frac{t^2}{2}Y^2 + O(t^3)) = I + t(X + Y) + \frac{t^2}{2}(X^2 + 2XY + Y^2) + 0(t^3)$.
Pour t assez petit $\|F(t) - I\| < 1$, et
$\log F(t) = t(X + Y) + \frac{t^2}{2}(X^2 + 2XY + Y^2) - \frac{t^2}{2}(X + Y)^2 + O(t^3) = t(X + Y) + \frac{t^2}{2}[X, Y] + O(t^3)$.
Ceci démontre (i), et (ii) en est une conséquence.

<u>Corollaire</u> I-2-4-8
Pour X, Y ∈ M (n, R),

(i) $\lim_{k\to\infty}(\exp\frac{X}{k}\exp\frac{Y}{k})^k = \exp(X + Y)$,

(ii) $\lim_{k\to\infty}\left(\exp\frac{X}{k}\exp\frac{Y}{k}\exp-\frac{X}{k}\exp-\frac{Y}{k}\right)^{k^2} = \exp([X,Y])$.

Preuve :

- De la proposition précédente on déduit $\exp\frac{X}{k}\exp\frac{Y}{k} = \exp\left(\frac{1}{k}(X + Y) + 0\left(\frac{1}{k^2}\right)\right)$; $\left(\exp\frac{X}{k}\exp\frac{Y}{k}\right)^k = \exp((X + Y) + 0\left(\frac{1}{k}\right))$ ce qui démontre (i). De même

$\left(\exp\frac{X}{k}\exp\frac{Y}{k}\exp-\frac{X}{k}\exp-\frac{Y}{k}\right)^{k^2} = \exp\left([X,Y] + 0\left(\frac{1}{k}\right)\right)$, ce qui démontre (ii).

Définition :

Un groupe de Lie linéaire est un sous-groupe fermé de GL (n, R).

Nous en avons vu plusieurs exemples précédemment. Observons que GL (n, C) est groupe de Lie linéaire car il peut être considéré comme un sous-groupe fermé de GL(2n, R).

En effet à une matrice Z = X + iY de M (n, C), on associe la matrice $\tilde{Z} = \begin{pmatrix} X & -Y \\ Y & X \end{pmatrix}$ de M (2n, R), et l'application Z ⟶ $\tilde{Z}$ est un homomorphisme d'algèbre.

3. Sous-groupes à un paramètre.

Soit G un groupe toplogique.

Un sous-groupe à un paramètre de G est un homomorphisme continu de groupes. γ : IR ⟶G, IR étant muni de la structure additive.

Théorème I-2-4-9

Soit γ : IR ⟶ GL (n, R) un sous-groupe à un parmètre de GL(n, R). Alors γ est de classe C^∞, même analytique réel, et γ (t) = exp (tA) , avec A = γ'(0).

Preuve : -

Supposons que γ soit de classe C^1.

Alors $\gamma'(t) = \lim_{s\to 0}\frac{\gamma(t+s)-\gamma(t)}{s} = \gamma(t)\lim_{s\to 0}\frac{\gamma(s)-\gamma(0)}{s} = \gamma(t)\gamma'(0) = \gamma'(0)\gamma(t)$.

Posons A = γ'(0). Alors γ'(t) = Aγ(t) . Cette équation différentielle admet une solution unique γ telle que γ (0) = I , donnée par γ (t) = exp (tA) . Il nous reste à montrer que γ est de classe C^1. Soit α une fonction de classe C^∞ sur IR à support compact, et considérons la convolution

$f(t) = \int_{-\infty}^{+\infty}\alpha(t-s)\gamma(s)ds$.

La fonction f : R⟶ M (n, R) est de classe C^∞, et

$$f(t) = \int_{-\infty}^{+\infty}\alpha(t-s)\gamma(s)ds = f(t) = \int_{-\infty}^{+\infty}\alpha(s)\gamma(-s)ds.\gamma(t).$$

Nous allons choisir la fonction α de telle sorte que la matrice $B = \int_{-\infty}^{+\infty}\alpha(s)\gamma(-s)ds$ soit inversible. Il en résultera que γ est de classe C^∞. Pour cela il suffit que $\|B - I\|<1$. Soit α ≥ 0, d'intégrale égale à un. Alors

$\|B - I\| \leq \int_{-\infty}^{+\infty}\alpha(s)\|\gamma(-s) - I\|ds$. Puisque γ est continu en 0, pour tout ε > 0 il existe η > 0 tel que, si |s| ≤η, $\|\gamma(-s) - I\| \leq$ ε. Si le support de α est contenu dans [−η, η], alors $\|B - I\| \leq$ ε.

4) Algèbre de Lie d'un groupe de Lie linéaire.

- Soit G un groupe de Lie linéaire, c'est à dire un sous-groupe fermé de GL(n,R). On lui associe l'ensemble $\mathcal{G}$ = Lie (G) = {X ∈ M(n,R) |∀t ∈ R, exp (tX) ∈ G } .

Théorème I-2-4-10

(i) $\mathcal{G}$ est un sous-espace vectoriel de M (n, R). $\sqrt{t}$

(ii) Si X, Y ∈ $\mathcal{G}$, alors [X, Y] = XY − X X ∈ $\mathcal{G}$.

Preuve :

(a) Si X, Y ∈ $\mathcal{G}$, alors $\left(\exp\frac{tX}{k}\exp\frac{tY}{k}\right)^k$ ∈ G, et, puisque G est fermé, à la limite quand k → ∞, exp (t (X + Y)) ∈ G

d'après le corollaire II.2.8, donc X + Y ∈ $\mathcal{G}$.

(b) De la même façon, pour t > 0,

$$\lim_{k\to\infty}\left(\exp\frac{\sqrt{t}X}{k}\exp\frac{\sqrt{t}Y}{k}\exp-\frac{\sqrt{t}X}{k}\exp-\frac{\sqrt{t}Y}{k}\right)^{k^2} = \exp(t[X,Y]).\in G,$$

donc (X, Y) ∈ $\mathcal{G}$.

Une algèbre de Lie réelle (resp. complexe) est un espace vectoriel G sur R (resp. C) muni d'une application bilinéaire $\mathcal{G}\times\mathcal{G}\to\mathcal{G}$, (X, Y) → [X, Y] , telle que

(1) [X, Y] = − [Y, X] ,

(2) [X, [Y, Z]] = [[Y, X] , Z] + [Y, [X, Z]] .

La relation (2) s'appelle identité de Jocobi. Si on note ad X . Y = [Y, X] , l'identité de Jacobi exprime que ad X est une dérivation. L'espace M (n, R) muni du produit [X, Y] = XY − Y X est une algèbrede Lie. Si G est un sous-groupe fermé de GL (n, R), alors $\mathcal{G}$ =Lie (G) est une sous-algèbre de Lie de M (n, R), c'est l'algèbre de Lie de G.

Exemples I-2-4-11-

Lie (GL(n, R)) = M (n,R) ,

Lie (S L (n, R)) = {X ∈ M (n, R)| trX = 0} ,

Lie (SO (n)) ={X ∈ M (n,R)| $X^T = -X$} ,

Lie (Sp (n, R)) ={$\begin{pmatrix} A & B \\ C & -A^T \end{pmatrix}$|A ∈ M (n, R) , B, C ∈ Sym (n, R)},

Lie (U(n)) = {X ∈ M (n, C)| $X^* = -X$ } .

Soient G = SL(2, R) et $\mathcal{G}$ = sl (2, R) son algèbre de Lie. Une base de g est constituée des matrices $H = \begin{pmatrix} 1 & 0 \\ 0 & -1 \end{pmatrix}, X = \begin{pmatrix} 0 & 1 \\ 0 & 0 \end{pmatrix}, T = \begin{pmatrix} 0 & 0 \\ 1 & 0 \end{pmatrix}$ et

[H, X] = 2X, [H, Y] = −2Y, [X, Y] = H.

Soit G le groupe des déplacements de R^2, c'est à dire des transformations affines de la forme (x, y) → (x cos θ − y sin θ + a, x sin θ + y cos θ + b) .

Le groupe G peut être identifié au sous-groupe de GL (3, R) des matrices $\begin{pmatrix} \cos\theta & -\sin\theta & a \\ \sin\theta & \cos\theta & b \\ 0 & 0 & 1 \end{pmatrix}$

Son algèbre de Lie $\mathcal{G}$ est de dimension 3. Une base de G est constituée des matrices

$X_1 = \begin{pmatrix} 0 & -1 & 0 \\ 1 & 0 & 0 \\ 0 & 0 & \end{pmatrix}, X_2 = \begin{pmatrix} 0 & 0 & 1 \\ 0 & 0 & 0 \\ 0 & 0 & 0 \end{pmatrix}, X_3 = \begin{pmatrix} 0 & 0 & 0 \\ 0 & 0 & 1 \\ 0 & 0 & 0 \end{pmatrix}$, et

$[X_1, X_2] = X3$, $[X_1, X_3] = -X_2$, $[X_2, X_3] = 0$.

Soient G un groupe de Lie linéaire, c'est à dire un sous-groupe fermé de GL (n, R), et $\mathcal{G}$ = Lie (G) son algèbre de Lie.

Par définition de l'algèbre de Lie de G, l'application exponentielle applique $\mathcal{G}$ dans G, exp : $\mathcal{G} \to$ G.

Pour g ∈ G, X ∈ $\mathcal{G}$, t ∈ R, g exp (tX) g^{-1}= exptgXg−1.

Ainsi $gXg^{-1} \in \mathcal{G}$. L'application Ad (g) : X → Ad (g) X = gXg^{-1} est un automorphisme de l'algèbre de Lie g,

Ad (g) [X, Y] = [Ad (g) X, Ad (g) Y] (X, Y ∈ $\mathcal{G}$) . De plus Ad (g_1g_2) = Ad (g_1) ∘ Ad(g_2) .

Proposition I-2-4-12

(i) Pour X ∈ $\mathcal{G}$, $\frac{d}{dt}\mathrm{Ad}(\exp X)\backslash_{t=0} = \mathrm{ad}X$.

(ii) Notons Exp l'application exponentielle de End ($\mathcal{G}$) dans GL($\mathcal{G}$). Exp (adX) = Ad (expX) (X∈ G) .

Preuve :

(a) $\frac{d}{dt}\mathrm{Ad}(\mathrm{exptX})\backslash_{t=0} = \frac{d}{dt}\exp(tX)\exp(-tX)\backslash_{t=0} = [X, Y]$.

(b) Posons $\gamma_1(t)$ = Exp (tad X) , $\gamma_2(t)$ = Ad(exptX) .

Ce sont deux sous-groupes à un paramètre du groupe GL($\mathcal{G}$). De plus γ'_1 (0) = ad X, $\gamma'_2(0)$ = (D Ad)I∘ $(D\ \exp)_0X$ = ad X, donc $\gamma_1(t) = \gamma_2(t)$ (t ∈ R).

5 - Les groupes de Lie linéaires sont des sous-variétés.

Théorème I-2-4-13

Soient G un groupe de Lie linéaire et G = Lie (G) son algèbre de Lie. Il existe un voisinage U de 0 dans $\mathcal{G}$ et un voisinage V de I dans G tel que exp : U → V soit un homéomorphisme.

Preuve :

Soient G un groupe de Lie linéaire, c'est à dire un sous-groupe fermé de GL(n, R), et $\mathcal{G} \subset$ M (n, R) son algèbre de Lie. Soit U_0 un voisinage de 0 dans M (n, R) et V_0 un voisinage de I dans GL (n, R) pour lesquels exp : $U_0 \to V_0$ soit un difféomorphisme. Alors $U_0 \cap$ G est un voisinage de 0 dans G , la restriction de l'exponentielle à $U_0 \cap \mathcal{G}$ est injective et applique $U_0 \cap$ G dans $V_0 \cap$ G, mais on ne sait pas si exp $(U_0 \cap \mathcal{G}) = V_0 \cap$ G, même si on suppose que G est connexe.

Lemme I-2-4-14

Soit g_k une suite d'éléments de G qui converge vers I . On suppose que, pour tout k, $g_k \neq I$. Alors les points d'accumulation de la suite $X_k = \frac{\log g_k}{\|\log g_k\|}$ appartiennent à $\mathcal{G}$.

Preuve :

On peut supposer que $\lim_{k\to\infty} X_k = X \in$ M (n, R) . Posons Y_k= log g_k, et, pour t ∈ R, $\lambda_k = \frac{t}{\|log g_k\|}$, alors $\exp(tX) = \lim_{k\to\infty} \exp(\lambda_k Y_k)$. Notons [$\lambda_k$] la partie entière de λ_k. Nous pouvons écrire exp ($\lambda_k Y_k$) = (exp $Y_k)^{[\lambda k]}$exp ((λ_k − [λ_k]) Y_k) ,et $\|\lambda_k - [\lambda_k]Y_k\| \leq \|Y_k\| \to 0$, donc $\exp(tX) = \lim_{k\to\infty}(expY_k)^{[Y_k]} \in$ G, ce qui démontre que X appartient à G .

Lemme I-2-4-15

Soit m un sous-espace supplémentaire de G dans M (n,IR). Il existe un voisinage U de 0 dans m tel que exp U∩ G = {I }.

Preuve :

On raisonne par l'absurde. Dans le cas contraire il existerait une suite X_k ∈ m de limite 0 telle que g_k= expXk, g_k≠I, g_k ∈ G. Soit Y un point d'accumulation de la suite $X_k/\|X_k\|$. D'après le lemme III-4-14, Y∈ $\mathcal{G}$ ∩ m = {0}, ce qui est impossible puisque $\|Y\|$= 1.

LemmeI-2-4-16

Soient E et F deux espaces vectoriels supplémentaires dans M(n,IR). Alors l'application

φ : E × F → GL(n, R) ,

(X,Y) → expXexp Y est différentiable, et $D\varphi_{(0,0)}$(X, Y) = X + Y.

La démonstration est laissée au lecteur. Nous pouvons maintenant terminer la démonstration du théorème II-2-4-13. Soit M un sous-espace supplémentaire de G dans M(n,R) et considérons l'application

$$\varphi : \mathcal{G} \times M \to GL(n, R),$$
$$(X,Y) \to \exp X \exp Y.$$

Il existe un voisinage U de 0 dans $\mathcal{G}$, un voisinage V de 0 dans M et un voisinage W de I dans GL (n, R) tels que la restriction de φ à U × V soit un difféomorphisme sur W . Notons que expU = φ = (U × {0}) ⊂ W ∩ G. D'après le lemme II-2-4-14 on peut choisir le voisinage V de telle sorte que exp V∩G = {I } .

Montrons que exp U = W ∩ G. Soit g ∈ W ∩ G. On peut écrire g = expXexpY (X ∈ U, Y ∈ V), et expY = exp(−X) g ∈ exp V ∩ G = {I } , donc g = exp X.

Une sous-variété de dimension m de R

N est un sous-ensemble V possédant la propriété suivante : pour tout x ∈ V il existe un voisinage U de 0 dans R^N, un voisinage W de x dans R^N et un difféomorphisme φ de U sur W tel que

φ (U ∩ R^m) = W ∩ V.

Corollaire I-2-4-17

Un groupe de Lie linéaire, sous-groupe fermé de GL(n, R), est une sous-variété de M (n, R) de dimension m = dim $\mathcal{G}$.

Preuve : -

Soit g ∈ G et soit L(g) l'applicationL (g) : GL(n, R) → GL (n,R) , h → gh.

Soit U un voisinage de 0 dans M (n,R) et W_0 un voisinage de I dans GL(n,R) tels que l'application exponentielle soit un difféomorphisme de U sur W_0 qui applique U∩G sur W_0∩G. L'application composée φ = L(g)∘exp applique U sur W = gW_0,et U ∩ G sur W ∩ G.

Corollaire I-2-4-18

Si deux sous-groupes fermés G_1 et G_2 de GL(n,R) ont même algèbre de Lie, alors les composantes neutres de G_1et G_2 sont identiques.

Preuve :

Soit G un groupe topologique, et U un voisinage connexe de l'élément neutre, alors $\bigcup_{k=1}^{\infty} U^k = G^0$, où G^0 est la composante connexe de l'élément neutre dans G. Ainsi le résultat annoncé est une conséquence du théorème I.2.4.13.

6 - Formule de Campbell-Hausdorff.

- Soient G un groupe de Lie linéaire et $\mathcal{G}$ = Lie (G) son algèbre de Lie. La formule de Campbell-Hausdorff exprime log (exp X exp Y) (X, Y ∈ G) à l'aide d'une série dont chaque terme est un polynôme homogène en X et Y faisant intervenir des crochets successifs. Introduisons les fonctions

$\Phi(z) = \sum_{k=0}^{\infty} \frac{(-1)^k}{(k+1)!} z^k = \frac{1-e^{-z}}{z} \ (z \in C)$,

$\Psi(z) = z\sum_{k=0}^{\infty} \frac{(-1)^k}{(k+1)} (z-1)^k = \frac{z\log z}{z-1} \ (|z-1| < 1)$.

Si $|z| < \log 2$, alors $|e^z - 1| \leq e^{|z|} - 1 < 1$, et $\Psi(e^z)\,\Phi(z) = \frac{e^z z}{e^z-1}\frac{1-e^{-z}}{z} = 1$. Par suite si L est un endomorphisme tel que $\|L\| < \log 2$, alors Ψ (Exp L) Φ (L) = Id.

Théorème I-2-4-19

Si $\|X\|, \|Y\| < r = \frac{1}{2}\log\left(2 - \frac{1}{2}\sqrt{2}\right)$, alors

$\log(\exp X \exp Y) = X + \int_0^1 \Psi(\mathrm{Exp}(\mathrm{ad}\,X)\mathrm{Exp}(t\,\mathrm{ad}\,Y))Y dt$

Lemme I-2-4-20 –

Si $\|X\|, \|Y\| \leq \alpha$, alors

$\|\exp X \exp Y - I\| \leq e^{2\alpha} - 1$.

Preuve :

$\exp X\exp(Y - I) = (\exp X - I)(\exp Y - I) + (\exp X - I) + (\exp Y - I)$,et, puisque $\|\exp X - I\| \leq e^{\|X\|} - 1 \leq e^{\alpha} - 1$, $\|\exp X \exp Y - I\| \leq (e^{\alpha} - 1)^2 + 2(e^{\alpha} - 1) = e^{2\alpha} - 1$.

Lemme I-2-4-21

- Si $\|g - I\| \leq \beta < 1$, alors $\|\log g\| \leq \log\frac{1}{1-\beta}$.

Preuve :

$\|\log g\| \leq \sum_{k=1}^{\infty} \frac{\|(g-I)^k\|}{k} \leq \sum_{k=1}^{\infty} \frac{\beta^k}{k} = \log\frac{1}{1-\beta}$.

Démontrons maintenant le théorème I-2-4-19. Pour $\|X\|, \|Y\| < \frac{1}{2}\log 2$, posons

F(t) = log (exp X exp tY) . D'après le lemme II-4-20, la fonction F est définie pour $|t| \leq 1$. Si de plus $\|X\|$, $\|Y\|$ <r notons que r $<\frac{1}{2}\log 2$, alors, d'après les lemmes précédents,
$\|F(t)\| < \frac{1}{2}\log 2$, De l'inégalité

$$\|XY - YX\| \leq 2\|X\|\|Y\|$$

on déduit que $\|adX\| \leq 2\|X\|$, et donc

$$\|adF(t)\| < \log 2.$$

Montrons que la fonction F vérifie l'équation différentielle
F'(t) = Ψ(Exp (ad F (t))) Y. On peut écrire expF(t) = expXexptY.
Donc, d'après le théorème,

$$D\,\exp_{F(t)}(F'(t)) = \exp X \exp_{tY}(Y) = expXexptY\,\frac{I-\exp(-tad(y))}{tadY}Y,$$

et, puisque ad Y.Y = 0,

$$D\,\exp F(t)(F'(t)) = (\exp X \exp tY)\, Y,$$

ou Φ (ad F (t)) F'(t) = Y.
Puisque $\|ad\, F(t)\| < \log 2$, cela s'écrit

$$F'(t) = \Psi\, (\mathrm{Exp}\, ((ad\, F(t))))\, Y.$$

Nous pouvons aussi écrire
F'(t) = Ψ (Ad (exp F) (t)) Y = Ψ (Ad (exp X) Ad exp (tY)) Y
= Ψ (Exp (ad X) Exp (ad tY)) Y. De plus F(0) = log (exp X) = X , et
$F(1) = F(0) + \int_0^1 F'(t)dt$, donc
$\log(\exp X \exp Y) = X + \int_0^1 \Psi\,(\mathrm{Exp}\,(ad\,X)\,\mathrm{Exp}\,(ad\,Y))\,Y\,dt$.

Théorème I-2-4-22 - (Formule de Campbell-Hausdorff)
Si $\|X\|$, $\|Y\| < \frac{1}{2}\log\left(2 - \frac{1}{2}\sqrt{2}\right)$,
$\log(\exp X \exp Y) = X + \sum_{k=0}^{\infty}\frac{(-1)^k}{k+1}\sum_{\varepsilon(k)}\frac{1}{q_1+\cdots q_k+1}\frac{adX^{p_1}adY^{q_1}...adX^{p_k}adY^{k}adX^{m}}{p_1!q_1!...p_k!q_k!m!}Y$ avec $\varepsilon(0) = \{m \in N\}$
et, pour $k \geq 1$, $\varepsilon(k) = \{p_1, q_1, ..., p_k, q_k, m \in N \mid p_i + q_i > 0, i = 1, ..., k\}$.

Preuve :
- Si A et B sont deux endomorphismes
$(\exp A \exp B - I)^k \exp A = \sum_{\varepsilon(k)}\frac{A^{p_1}B^{q_1}...A^{p_k}B^{k}A^{m}}{p_1!q_1!...p_k!q_k!m!}$.
Puisque $\Psi(z) = z\sum_{k=0}^{\infty}\frac{(-1)^k}{(k+1)}(z-1)^k = \frac{z\log z}{z-1}$ ($|z-1| < 1$) . Nous avons
$\Psi(\mathrm{Exp}(adX)\,\mathrm{Exp}\,(t\,ad\,Y))Y = \sum_{k=0}^{\infty}\frac{(-1)^k}{(k+1)}(\mathrm{Exp}(ad\,X)\,\mathrm{Exp}\,(t\,ad\,Y) - I)^k\mathrm{Exp}\,(ad\,X)\mathrm{Exp}\,(tadY)Y$.
En remarquant que Exp (t ad Y) Y = Y, nous obtenons
$\Psi\,(\mathrm{Exp}\,(ad\,X)\,\mathrm{Exp}\,(t\,ad\,Y))\,Y = \sum_{k=0}^{\infty}\frac{(-1)^k}{(k+1)}\sum_{\varepsilon(k)}\frac{1}{q_1+\cdots q_k+1}\frac{adX^{p_1}adY^{q_1}...adX^{p_k}adY^{k}adX^{m}}{p_1!q_1!...p_k!q_k!m!}Y$
La convergence de la série est uniforme lorsque t varie dans [0, 1]. Le résultat annoncé est obtenu par intégration terme à terme puisque

Corollaire I-2-4-23

$\log(\exp X \exp Y) = X + Y + \frac{1}{2}[X, Y] + \frac{1}{12}[X, [X, Y]] + \frac{1}{12}[Y, [Y, X]] +$ termes de degre ≥ 4.

Preuve :

- Les termes non nuls de degré 2 et 3 sont indiqués dans le tableau suivant.

k	p_1	q_1	p_2	q_2	m	
0					1	$[X, Y]$
0					2	$\frac{1}{2}[X, [X, Y]]$
1	1	0			0	$-\frac{1}{2}[X, Y]$
1	1	0			1	$-\frac{1}{2}[X, [X, Y]]$
1	0	1			1	$-\frac{1}{4}[Y, [X, Y]]$
1	2	0			0	$-\frac{1}{4}[X, [X, Y]]$
2	1	0	1	0		$\frac{1}{3}[X, [X, Y]]$
2	0	1	1	0	0	$\frac{1}{6}[Y, [X, Y]]$

Chapitre 2

LES ALGEBRES DE LIE

Dans tout le chapitre, K désignera un corps commutatif de caractéristique 0.

Toutes les algèbres de Lie et tous les espaces vectoriels considérés seront de dimension finie sur K sauf mention du contraire.
Ce chapitre définit les notions fondamentales qui seront constamment utilisées dans la suite.
Nous avons jugé utile de faire un rappel sur le produit tensoriel d'espaces vectoriels et d'applications linéaires en raison de l'importance de cette notion dans l'étude des algèbres de Lie. Nous en profitons pour examiner le problème de l'extension du corps des scalaires, ce qui nous permet d'introduire la complexifiée d'une algèbre de Lie réelle.
Enfin la notion de L-module si utile en théorie des représentations est introduite.

II-1-1. Définitions et Exemples

Défintion II-1-1-1

On appelle algèbre de Lie sur K, un K - espace vectoriel L muni d'une application bilinéaire $(x, y) \to [x, y]$ de $L \times L$ dans L, appelée crochet ou commutateur de x et de y et qui vérifie les axiomes suivants :

(i) $[x, x] = 0$ pour tout $x \in L$.

(ii) $[x, [y, z]]+[y, [z, x]]+[z, [x, y]] = 0$ (identité de Jacobi) quels que soient $x, y, z \in L$

On parlera d'algèbre de Lie réelle si K est le corps des nombres réels et d'algèbre de Lie complexe si K est le corps des nombres complexes.

Deux éléments x et y d'une algèbre de Lie sont dits permutables si $[x, y] = 0$.

On dit que deux sous-ensembles d'une algèbre de Lie sont permutables si tout élément de l'un est permutable à tout élément de l'autre.

On dit qu'une algèbre de Lie L est abélienne ou commutative si $[x, y] = 0$ quels que soient $x, y \in L$.

Notons que dans une algèbre de Lie L, le crochet est antisymétrique : $[x, y] = -[y, x]$ quels que soient $x, y \in L$. En effet d'après (i), on a $0 = [x + y, x + y] = [x, x] + [x, y] + [y, x] + [y, y]= [x, y] + [y, x]$

Exemple II-1-1-2

Soit $\mathfrak{G}$ une algèbre associative sur K munie de la multiplication $(x, y) \to xy$. On munit a d'une structure d'algèbre de Lie sur K en posant $[x, y] = xy - yx$. On notera $\mathfrak{G}_L$ l'algèbre de Lie obtenue et on dit que $\mathfrak{G}_L$ est associée à l'algèbre associative $\mathfrak{G}$.

Exemple II-1-1-3

Si V est un espace vectoriel sur K (de dimension finie m), l'ensemble L(V) des endomorphismes de V est une algèbre associative, isomorphe à l'algèbre $M_m(IK)$ des matrices carrées d'ordre m. L'algèbre de Lie associée à L (V) est notée gl(V) ou gl(m,IK).

Définition II-1-1-4

On dit qu'une partie A de L est une sous-algèbre de Lie de L si A est un sous espace vectoriel de L et si $[x, y] \in A$ quels que soient $x, y \in A$. Soit L une algèbre de Lie.

On dit qu'une partie B de L est un idéal de L si

(i) B est un sous-espace vectoriel de L

(ii) les relations $x \in B$ et $y \in L$ entraînent $[x, y] \in B$.

On dit qu'une partie A de L est une sous-algèbre de Lie de L si A est un sousespace vectoriel de L et si $[x, y] \in A$ quels que soient $x, y \in A$.

Il est clair que tout idéal de L est une sous-algèbre de L ; par ailleurs, comme $[x, y] = -[y, x]$ la notion d'idéal à gauche coïncide avec celle d'idéal à droite.

On voit facilement que toute intersection d'idéaux de L est un idéal de L et que si I et J sont des idéaux de L, alors $I + J = \{x + y : x \in I \text{ et } y \in J\}$ est un idéal de L.

Exemple II-1-1-5

Si L est une algèbre de Lie, {0} est L sont des idéaux de L dits triviaux.

Le centre Z (L) = {z ∈ L : [x, z] = 0 pour tout x ∈ L} est un idéal de L. Cela résulte immédiatement de l'identité de Jacobi. Notons que L est abélienne si et seulement si Z (L) = L.

Exemple II-1-1-6

Soit s` (n, K) le sous-ensemble de $M_n(K)$ formé des matrices de trace nulle. Comme

$$Tr(A + B) = Tr(A) + Tr(B) \text{ et } Tr(AB) = Tr(BA),$$

sl(n, K) est une sous-algèbre de Lie de g` (n, K) ;

sl(n, K) est aussi un idéal de gl(n, K). De même le sous-ensemble sl(n, K) de $M_n(K)$ formé des matrices antisymétriques A (i.e.${}^tA = -A$, où t_A est la transposée de A) est une sous-algèbre de Lie de gl(n,IK).

Théorème II-1-1-7

Soient L une algèbre de Lie sur K, I un idéal de L et L'= L/I l'espace vectoriel quotient.Si $\dot{x}$= x + I ∈ L et $\dot{y}$= y + I ∈ L', posons $[\dot{x}, \dot{y}]$ = [x + I, y + I] = [x, y] + I.

Alors, L' muni de crochet $[\dot{x}, \dot{y}]$ est une algèbre de Lie sur K appelée algèbre de Lie quotient de l'algè bre de Lie L par l'idéal I .

Preuve :

Montrons que le crochet $[\dot{x}, \dot{y}]$ ne dépend pas des représentants

x ∈ $\dot{x}$ et y ∈ $\dot{y}$ choisis. Si en effet $x_1 \in \dot{x}$ et y1 ∈ $\dot{y}$, on a $x_1 - x = u \in I$ et $y_1 - y = v \in I$. Alors

$[x_1,y_1] = [x + u, y + v] = [x,y] + [x,v] + [u, y] + [u, v] \in [x, y] + I$

puisque I est un idéal.Par suite $[x_1,y_1] + I = [x, y] + I$.

On vérifie ensuite facilement que le crochet $[\dot{x}, \dot{y}]$ satisfait aux conditions (i) et (ii) de la définition II.1.1.1.

Définition II-1-1-8

Soient L_1 et L_2 deux algèbres de Lie sur K. On appelle algèbre de Lie produit de L_1 et L_2 l'espace vectoriel produit $L_1 \times L_2$ muni du crochet

$[(x_1, x_2), (y_1, y_2)] = ([x_1, y_1], [x_2, y_2])$.

On vérifie facilement qu'on définit bien ainsi une structure d'algèbre de Lie sur $L_1 \times L_2$. De plus, en identifiant x ∈ L_1 à (x, 0) et y ∈ L_2 à (0, y) , L_1 et L_2 s'identifient à des sous-algèbres de Lie de L1 × L_2. L_1 et L_2 sont même des idéaux de $L_1 \times L_2$ puisque, par exemple

$[(x, 0), (y_1, y_2)] = ([x, y_1], 0) \equiv [x,y_1] \in L_1$.

De plus tout élément de L1 est permutable à tout élément de L2: [(x, 0) , (0, y)] = (0, 0) .

Soit L une algèbre de Lie sur K et soit $(e_1, ..., e_n)$ une base de l'espace vectoriel L.

Les éléments [ei, ej] de L s'écrivent de façon unique sous la forme $[e_i, e_j] = \sum_{k=1}^{n} C_{ijk} e_k$.

Les nombres C_{ijk} sont appelés constantes de structure de l'algèbre de Lie L par rapport à la base $(e_1, ..., e_n)$.

Il résulte immédiatement que les constantes de structures vérifient les conditions suivantes :

$C_{ijk} = 0$ si i = j quel que soit k ; $C_{ijk} = -C_{ijk}$;

$(C_{ijk} C_{klm} + C_{jlk} C_{kim} + C_{lik} C_{kjm}) = 0.\sum_{k=1}^{n}(C_{ijk}C_{klm} + C_{jlk}C_{kim} + C_{lik}C_{kjm}) = 0$

§ II-1-2. Homomorphismes d'Algèbres de Lie

Défintion II-1-2-1

Soient L_1 et L_2 deux algèbres de Lie sur K. On dit qu'une application linéaire $f : L_1 \to L_2$ est un homomorphisme (d'algèbres de Lie) si $f([x, y]) = [f(x), f(y)]$ quels que soient $x, y \in L_1$. On dit que f est un isomorphisme de L_1 sur L_2 si f est un homomorphisme bijectif ; on dit alors que L_1 et L_2 sont isomorphes.

On dit que f est un automorphisme de l'algèbre de Lie L si f est un isomorphisme de L sur L.

Définition II-1-2-2-

Soit L une algèbre de Lie sur K et soit V un K- espace vectoriel. On appelle représentation linéaire (ou simplement représentation) de L dans V , un homomorphisme π de l'algèbre e Lie L dans l'algèbre de Lie gl(V) .La dimension de l'espace vectoriel V s'appelle la dimension de la représentation π. On notera souvent (π, V) la représentation π de L dans V .

Si π est injective, on dit que π est une représentation fidèle de L dans V .

Exemple II-1-2-3

Soientt L une algèbre de Lie, I un idéal de L et L'= L/I

l'algèbre de Lie quotient. L'application canonique $\pi : L \to L/I$ est un homomorphisme surjectif (mais non injectif). Cela résulte de la définition du crochet dans L'.

Exemple II-1-2-4

Soit L une algèbre de Lie. Pour chaque $x \in L$, désignons par ad x l'application de L dans L qui, à tout $y \in L$, fait correspondre le crochet $[x, y]$:$(\mathrm{ad}\, x)(y) = [x, y]$. Montrons que l'application $x \to \mathrm{ad}\, x$ est un homomorphisme de L dans gl(L), i.e. une représentation de L dans L. Il est claire que ad x est un endomorphisme de L. En écrivant l'identité de Jacobi sous la forme $[[x, y], z] = [x, [y, z]] - [y, [x, z]]$, on voit que, quels que soient $x, y, z \in L$,

$(\mathrm{ad}\,[x, y])(z) = (\mathrm{ad}x \circ \mathrm{ad}y)(z) - (\mathrm{ad}y \circ \mathrm{ad}x)(z) = [\mathrm{ad}x, \mathrm{ad}y](z)$. Donc $\mathrm{ad}\,[x, y] = [\mathrm{ad}\, x, \mathrm{ad}\, y]$

ce qui montre que $x \to \mathrm{ad}\, x$ est bien un homomorphisme d'algèbres de Lie. Son noyau est l'ensemble des $x \in L$ tels que $[x, y] = 0$ pour tout $y \in L$. C'est le centre de L. La représentation $x \to \mathrm{ad}\, x$ de L dans L s'appelle la représentation adjointe de L. Cet exemple est très important pour toute la suite du cours.

Théorème II-1-2-5

Soient L_1 et L_2 deux algèbres de Lie sur K et f un homomorphisme de L_1 dans L_2. Alors $\mathrm{Im}(f) = f(L_1)$ est une sous-algèbre de Lie de L_2, $\mathrm{Ker}(f) = f^{-1}(\{0\})$ est un idéal de L_1 et $L_1/\mathrm{Ker}(f)$ est isomorphe à $\mathrm{Im}(f)$.

Preuve : On sait déjà que Im (f) et Ker (f) sont des sous-espaces vectoriels de L_2 et L_1 respectivement. Si $y, z \in \mathrm{Im}(f)$, il existe $x, x' \in L1$ tels que $f(x) = y$ et $f(x') = z$, d'où

$[y, z] = [f(x), f(x')] = f([x, x']) \in \mathrm{Im}(f)$et par suite Im (f) est une sous-algèbre de Lie de L_2

.De même, si $x \in \mathrm{Ker}(f)$ et $a \in L_1$, alors $f([a, x]) = [f(a), f(x)] = [f(a), 0] = 0$.

Donc $[a, x] \in \mathrm{Ker}(f)$ et Ker(f) est un idéal de L_1.

On sait que l'application $\bar{f}$: L_1/Ker (f) → Im(f) définie par $\bar{f}(\dot{x}) = f(x)$ est un isomorphisme d'espacesvectoriels ; comme
$\bar{f}$ ([$\dot{x}$, $\dot{y}$]) = f ([x, y]) = [f (x) , f (y)] = $[\bar{f}(\dot{x}), \bar{f}(\dot{y})]$, on voit que $\bar{f}$ est un isomorphisme d'algèbres de Lie.

Théorème II-1-2-6
Soient L une algèbre de Lie, I un idéal de L et A une sousalgèbre de Lie de L. Alors A + I est une sous-algèbre de Lie de L, A ∩ I est un idéal
de A et A/A ∩ I est isomorphe à (A + I) /I .

Preuve :
Il est clair que A + I est un sous-espace vectoriel de L. Soient x, x'∈ A et y, y'
∈ I ; on a [x + y, x'+ y'] = [x, x'] + [x, y'] + [y, x'] + [y, y'] ∈ A + I ;il
s'ensuit que A + I est une sous-algèbre de Lie de L. Il est évident que I est un idéal de A + I . pour tout x ∈ A, posons σ (x) = x + I.
On voit facilement que σ est une application linéaire de A sur l'espace vectoriel quotient (A + I) /I dont le noyau est A ∩ I . Comme σ ([x, y]) = [x, y] + I = [x + I, y + I] = [σ (x) , σ (y)] , on voit que σ est un homomorphisme d'algèbres de Lie. Il résulte alors du théorème
I.2.5 que A ∩ I est un idéal de A et que A/A ∩ I est isomorphe à (A + I) /I.

§ II-1-3. Dérivations

Défintion II-1-3-1 :
Soit L une algèbre de Lie sur K. On appelle dérivation de L, toute application linéaire d de L dans L telle que d ([x, y]) = [d (x) , y] + [x, d (y)] quels que soient x, y ∈ L.

Théorème II-1-3-2
Soit L une algèbre de Lie sur K.
(a) L'ensemble Der(L) des dérivations de L est une sous-algèbre de Lie de l'algèbre de Lie gl(L), appelée algèbre des dérivations de L.
(b) Pour tout x ∈ L, l'application adx est une dérivation de L, appelée
dérivation intérieure.
(c) L'image ad(L) de la représentation adjointe est un idéal de Der (L).

Preuve
(a) : Si $d_1$et d_2 sont des dérivations de L et si λ ∈ K, $d_1 + d_2$, λd_1 et
$[d_1, d_2] = d_1\circ d_2 - d_2\circ d_1$ sont des endomorphismes de L. D'autre part, quels que soient x, y ∈ L,on a
$(d_1 + d_2) ([x, y]) =d_1([x, y]) + d_2([x, y]) = [d_1(x) , y] + [x, d_1(y)] + [d_2(x) , y] + [x, d_2(y)]$
$= [(d_1+d_2) (x) , y] + [x, (d_1 + d_2) (y)]$.$(\lambda d_1) ([x, y]) = \lambda d_1([x, y]) = \lambda ([d1(x) , y] + [x, d_1(y)])$
$= [\lambda d_1(x) , y] + [x, \lambda d_1(y)]$.$[d_1, d_2] ([x, y]) = (d_1\circ d_2 - d_2\circ d_1) ([x, y])$
$= d_1([d_2(x) , y] + [x, d_2(y)]) - d_2([d_1(x) , y] + [x, d_1(y)])$
$= [d_1d_2(x) , y] + [d_2(x) , d_1(y)] + [d_1(x) , d_2(y)] + [x, d_1d_2(y)]- [d_2d_1(x) , y] - [d_1(x) , d_2(y)] - [d_2(x) , d_1(y)] - [x, d_2d_1(y)]= [(d_1\circ d_2 - d_2\circ d_1) (x) , y] + [x, (d_1\circ d_2 - d_2\circ d_1) (y)]$
$= [[d_1, d_2] (x) , y] + [x, [d_1, d_2] (y)]$.
On a ainsi démontré que Der (L) est bien une sous-algèbre de Lie de gl(L) .

(b) : Nous savons déjà que ad x est un endomorphisme de L. D'après l'identité de Jacobi et l'antisymétrie du crochet, on a, quels que soient
$x, y, z \in L$: $(adx)([y, z]) = [x, [y, z]] = -[y, [z, x]] - [z, [x, y]] = [[x, y], z] + [y, [x, z]]$
$= [(adx)(y), z] + [y, (adx)(z)]$ ce qui montre que ad x est une dérivation de L.

(c) : L'application $x \rightarrow ad\, x$ est un homomorphisme de L dans Der (L) d'après l'exemple I.2.4. ad (L) est un idéal de Der (L) si pour toute dérivation $d \in Der(L)$ et pour tout $x \in L$, $[d, ad\, x] \in ad(L)$.
Mais pour tout $y \in L$, on a
$[d, ad\, x](y) = (d \circ ad\, x - ad\, x \circ d)(y) = d((ad\, x)(y)) - (ad\, x)(d(y)) = d([x, y]) - [x, d(y)]$
$= [d(x), y] + [x, d(y)] - [x, d(y)] = [d(x), y] = (ad(d(x)))(y)$ c'est-à-dire $[d, ad\, x] = ad(d(x))$.
Par suite ad (L) est un idéal de Der (L) .

Corollaire II-1-3-3
Le centre Z(L) est stable pour toute dérivation de L.

Preuve :
Soit $d \in Der(L)$ .Nous devons démontrer que si $x \in Z(L)$, alors $d(x) \in Z(L)$.
Or la relation $x \in Z(L)$ équivaut à $ad\, x = 0$ et $ad(d(x)) = [d, ad\, x] = 0$; donc $d(x) \in Z(L)$.

Remarque II-1-3-4
Si L est une algèbre de Lie, il est évident qu'un sous-espace vectoriel I de L est un idéal de L si et seulement si $ad\, x(I) \subset I$ pour tout $x \in L$. D'autre part, le Corollaire II.1.3.3 montre qu'il existe des idéaux de L qui sont stables pour toute dérivation de L. Cela permet de poser la définition suivante.

Définition II-1-3-5
Soit L une algèbre de Lie ; On dit qu'un sous-espace vectoriel I de L est un idéal caractéristique de L si I est stable pour toute dérivation de L.

Théorème II-1-3-6
Soient L une algèbre de Lie, I un idéal de L et J un idéal caractéristique de I . Alors:
(i) J est un idéal de L.
(ii) Si I est un idéal caractéristique de L, J est un idéal caractéristique de L.

Preuve :
(i) : Soit $x \in L$. I étant stable pour ad x, la restriction de ad x à I est une dérivation de I qui n'est pas nécessairement intérieure puisque, en général, $x \notin I$. Par hypothèse, J est stable pour cette dérivation de I , donc J est stable pour toute dérivation intérieure de L et par suite J est un idéal de L.

(ii) : Si I est un idéal caractéristique de L, le raisonnement précédent, qui est valable pour toute dérivation d de L, montre que J est un idéal caractéristique de L.

§ II-1-4. Produit Tensoriel

Défintion II-1-4-1 :

Soient E et F deux IK-espaces vectoriels de dimension finie. On appelle produit tensoriel de E et F , un couple (T, φ), où T est un IK-espace vectoriel et φ une application bilinéaire de E × F dans T , satisfaisant aux conditions suivantes :

(i) L'image φ (E × F) engendre T ;

(ii) Pour toute application bilinéaire β de E × F dans un K-espace vectoriel M , il existe une application linéaire unique h : T → M telle que le diagramme

Soit commutatif, i.e. h ∘ ϕ= β.

Ainsi, l'application bilinéaire β se factorise à travers l'application linéaire h et l'unique application bilinéaire "universelle" ϕ.

Théorème II-1-4-2

Soient E et F deux K-espaces vectoriels de dimension finie m et n respectivement.

(i) Il existe un produit tensoriel de E et F ;

(ii) Si (T, φ) et (T ; φ') sont deux produits tensoriels de E et F , alors il existe un isomorphisme unique h : T → T' tel que ϕ'= h ∘ ϕ.

(iii) Si (e_1, ..., em) est une base de E et si (f_1..., f_n) est une base de F ,
alors{$\phi(e_i, f_j)$: i ≤ i ≤ m, i ≤ j ≤n} est une base de T , donc T est de dimension finie et dim T = mn.

Ainsi deux K-espaces vectoriels E et F admettent toujours un produit tensoriel unique à un isomorphisme près. On le note $E \otimes F_K$ ou E ⊗ F. L'élément φ (x, y) de T se note x ⊗ y et on l'appelle le produit tensoriel de x et y.

Ainsi, les éléments de E ⊗ F sont les sommes finies $\sum_{i=1}^{r} x_i \otimes y_i$ avec $x_i \in E$, et $y_i \in F$ (la décomposition n'est pas unique). Nous allons définir maintenant la notion de produit tensoriel d'applications linéaires.

Théorème II-1-4-3

- Soient E_1, E_2, F_1et F_2 quatre espaces vectoriels de dimension finie sur K,
u_1: $E_1 \to F_1$ et u_2: $E_2 \to$ F2 deux applications linéaires. Il existe une application linéaire unique $u : E_1 \otimes E_2 \to F_1 \otimes F_2$ telle que $u (x \otimes y) = u_1(x) \otimes u_2(y)$ quels que soient $x \in E_1$, $y \in E_2$

Preuve :

- L'application (x, y) → $u_1(x) \otimes u_2(y)$ de $E_1 \times E_2$ dans $F_1 \otimes F_2$ est bilinéaire.
D'après la définition du produit tensoriel $E_1 \otimes E_2$, il existe une application linéaire unique $u : E_1 \otimes E_2 \to F_1 \otimes F_2$ telle que $u(x \otimes y) = u_1(x) \otimes u_2(y)$.

Défintion II-1-4-4 :

L'application linéaire u du Théorème I.1.4.3 s'appelle le produit tensoriel de u_1 et u_2; elle est notée $u_1 \otimes u_2$.

II-1-5. Extension du corps des scalaires et modules.

Soit E un espace vectoriel sur un corps commutatif K et soit K' un corps commutatif dont K est un sous-corps. Alors K' est un espace vectoriel de dimension finie sur K. On définit sur $K'\otimes_K E$ une structure de K'-espace vectoriel en posant $\lambda(\sum a_i \otimes x_i) = \sum(\lambda a_i) \otimes x_i$ où λ, $a_i \in K'$ et $x_i \in E$.
L'espace vectoriel $E'= K'\otimes_K E$ ainsi obtenu s'appelle l'amplifié de E ou l'amplication de l'espace vectoriel E par extension du corps de base K au corps K'.

<u>Théorème</u> II-1-5-1
Soit E un K -espace vectoriel de dimension finie. Si K' est une extension de K, la dimension de E sur K est égale à la dimension de l'espace vectoriel amplifié E' sur K'.

<u>Preuve :</u>
Soit $(e_1, ..., e_n)$ une base de E. Posons $e_i= 1\otimes e_i$ pour $1 \leq i \leq n$. Comme tout élément x de **E'** est de la forme $\sum \lambda_i \otimes e_i = \sum \lambda_i(1 \otimes e_i) = \sum \lambda_i e'_i$ avec $\lambda_i \in K'$, on voit que les e'_i
, $1 \leq i \leq n$, engendrent E' Il est clair que ces vecteurs sont K'-linéairement indépendants ; ils forment donc une base de E'et par suite $\dim_{K'} E'= n$.

<u>Remarque</u> II-1-5-2 1)
$E'= K'\otimes_K E$ est un K-espace vectoriel ; donc (Théorème I.1.4.2),
$\dim_K E'= (\dim_K K') (\dim_K E)$.

2) Soit $(e_1, ..., e_n)$ une base de E sur K et soit E_1 l'ensemble des combinaisons linéaires à coefficients dans K des éléments $1 \otimes e_1, ..., 1 \otimes e_n$ de E'.Alors E_1 est un sous-espace vectoriel de E' pour la structure vectorielle sur K. Comme l'application $x \to 1 \otimes x$ de E dans E_1 est un isomophisme de K-espaces vectoriels, E peut être identifié à un sous-K-espace vectoriel de E'. Soient maintenant E et F deux K-espaces vectoriels, $E'= K'\otimes E$ et $F'= K'\otimes F$ leurs amplifications par extension du corps K au corps K'. Soit $u : E \to F$ une application K-linéaire. On se propose de prolonger u une application K'-linéaire $\bar{u}$: E'→ F' Pour cela, il suffit de poser $\bar{u}= I \otimes u$ où I est l'application identique de K'.
$\bar{u}$ est donc définie par la formule $\bar{u} \sum \lambda_i \otimes x_i = \sum \lambda_i \otimes u(x_i)$, $\lambda_i \in K'$, $x_i \in E$.
Soit en particulier, u est un endomorphisme de E, et soient $(e_1, ..., e_n)$ une base de E, $(e'_1, ..., e'_n)$ la base correspondante de E'. Si $u(e_j) = \sum_{i=1}^{n} a_{ij}\, e_i$, on a $\bar{u}(e'_j) = 1\otimes u(e_j) = \sum_{i=1}^{n} a_{ij}\, e_i$.

Donc la matrice de l'application linéaire $\bar{u}$ par rapport à la base $(e'_i)_{1\leq i\leq n}$ est identique à la matrice de u par rapport à la base $(e_i)_{1\leq i\leq n}$. On utilise souvent les résultats précédents lorsque l'extension K'
du corps K est la clôture algébrique de.K. En particulier, lorsque le corps de base est le corps R des réels et l'extension est le corps des nombres complexes, nous allons construire le complexifié d'un espace vectoriel réel E et l'algèbre de Lie complexifiée d'une algèbre de Lie réelle L.

Pour construire le complexifié de l'espace vectoriel réel E, on peut considérer E et C comme des espaces vectoriels réels et former leur produit tensoriel $E'= C\otimes_R E$. Si $x, y \in E$, $x + i y \in E'$.
On peut donc identifier E' à l'ensemble $E^c=\{x + iy : x, y \in E \text{ et } i =\sqrt{-1} \}$.

Définissons la somme de deux éléments de E^c en posant $(x + iy) + (x'+ iy') =x + x'+ i (y + y')$ et le produit d'un élément de E^c par un nombre complexe a + ib, en posant :

$(a + ib)(x + iy) = ax - by + i(bx + ay)$. (II-1-5-3) On obtient ainsi sur E^c une structure d'espace vectoriel complexe et il est évident que E peut être identifié à l'ensemble des éléments de E^cde la forme
$x + iO$, où $x \in E$.

Définition II-1-5-3
L'espace vectoriel complexe E^c s'appelle le complexifié de
E. On peut définir de même l'algèbre de Lie complexifiée d'une algèbre de Lie réelle L.

Définition II-1-5-4
Soit L une algèbre de Lie réelle. On appelle algèbre de Lie complexifiée de L, l'algèbre de Lie L^c vérifiant les conditions suivantes :
(i) L^c est l'espace vectoriel complexifié de l'espace vectoriel réel L ;
(ii) Le crochet dans L^c est donné par $[x + iy, x' + iy'] = [x, x'] - [y, y'] + i([x, y'] + [y, x'])$.

Notons qu'une algèbre de Lie complexe L de dimension n, dont une base est $(e_1, ..., e_n)$
peut être considérée comme algèbre de Lie réelle de dimension 2n, dont une base est
$(e_1, ie_1, ..., e_n, ie_n)$ .Cette algèbre de Lie réelle qu'on notera L^R
est appelée forme réelle de L.

Théorème II-1-5-5
Soit L une algèbre de Lie réelle et soit B une sous-algèbre
de Lie (resp. un idéal) de L. Alors la complexifiée B^c de B est une sous-algèbre de Lie (resp. un idéal) de la complexifiée L^c de L.

Preuve :
Si $x, y \in Bc$, on a $x = x_1 + ix_2$, $y = y_1 + iy_2$, avec $x_i, y_i \in B$.
Donc, si B est une sous-algèbre de Lie de L. $[x, y] = [x_1, y_1] - [x_2, y_2] + i([x_2, y_1] + [x_1, y_2]) \in B^c$ et B^c est une sous-algèbre de Lie de Lc.
De même, si $x \in L^c$, on a $x = x1 + ix_2$ avec $x_i \in L$. Soit $y = y_1 + iy_2 \in B^c$.
Si B est un idéal de L, le calcul précédent montre que $[x, y] \in B^c$ et par suite B^c est un idéal de L^c. La remarque suivante permet de ramener le plus souvent l'étude des représentations $\pi : L \to gl(V)$ à celle des représentations de l'algèbre de Lie complexifiée L^c.

Soient L une algèbre de Lie réelle, V un espace vectoriel réel et V^c le complexifié de V. Si π est une représentation linéaire de L dans V , la formule $(\pi^c(x + iy))(\xi + i\eta) = \pi(x)\xi - \pi(y)\eta + i(\pi(x)\eta + \pi(y)\xi)$,où $x, y \in L$ et $\xi, \eta \in V$, définit une représentation de l'algèbre de Lie L^c dans V^c.

On l'appelle la complexifiée de la représentation π.

Définition II-1-5-6
-Soient L une algèbre de Lie sur K et V un K -espace vectoriel.
On dit que V est L-module à gauche si l'on s'est donné une application bilinéaire
Notée $(x, v) \to x.v$ de $L \times V$ dans V telle que $[x, y]v = x(yv) - y(xv)$quels que soient $x, y \in L$, $v \in V$. On définit de même un L-module à droite.

Si V est un L-module à droite, en posant xv = −vx quels que soient x ∈ L, v ∈ V, on obtient un L-module à gauche. Ce L-module, noté V°, est appelé le L-module opposé de V . L'étude des L-modules à droite est donc équivalente à celle des L-modules à gauche. Ainsi désormais, L-module signifiera L-module à gauche.

Exemple II-1-5-7

1) Toute K-algèbre de Lie L est un L-module si on pose xv = [x, v] , x, v ∈ L.Ce L-module s'appelle le L-module adjoint de L.

2) Si π : L → gl(V) est une représentation de L dans V , en posant xv = π (x) v, x ∈ L, v ∈ V, (*) on voit que V est un L-module. Réciproquement, si V est un L-module à gauche, la formule (*) définit une représentation de L dans V .

Définition II-1-5-8-

Soient L une K-algèbre de Lie, V et W deux L-modules. On dit qu'une application linéaire f : V → W est un homomorphisme de L-modules si f (xv) = xf (v) quels que soient x ∈ L, v ∈ V. Il est clair que la composée de deux homomorphismes de L-modules est un homomorphisme de L-modules.

Définition II-1-5-9

Soient L une K-algèbre de Lie, et V un L-module. On appelle sous-L-module de V , un sous-espace vectoriel V' de V tel que xv ∈ V quels que soient x ∈ L, v ∈ V'. Par exemple, si L est une algèbre de Lie, les sous-L-modules du L-module adjoint de L sont les idéaux de L. Il est clair que toute intersection de sous-L-modules est un sous-L-module, ce qui permet de parler du sous-L-module engendré par une partie d'un L-module. Soient L une algèbre de Lie sur K, V et W deux L-modules et f : V → W un homomorphisme de L-modules. Alors l'image (resp. l'image réciproque) par f d'un sous-L-module de V (resp. W est un sous-L-module de W (resp. V).

Définition II-1-5-10

Soit L une K-algèbre de Lie.

On dit qu'un L-module V estsimple ou irréductible, si V 6 = {0} et si les seuls sous-L-modules de V sont {0} et V .

On dit que V est semi-simple ou complètement réductible si V est somme directe de sous-L-modules simples.

Il revient au même de dire que tout sous-L-module de V admet un sous-L-module supplémentaire.

On vérifie facilement que tout sous-Lmodule (resp. tout-L-module quotient) d'un L-module semi-simple est un L-module semi-simple.Si le L-module V est irréductible (resp. semi-simple), nous dirons que la représentation π : L → gl(V) définie par π (x) v = x.v, x ∈ L, v ∈ V est irréductible (resp. semi-simple).

§ II-2 ALGEBRES DE LIE NILPOTENTES ET RESOLUBLES

Dans ce paragraphe, nous étudions les algèbres de Lie nilpotentes et les algèbres de Lie résolubles et les théorèmes de Engel et de Lie.

II-2 Algèbres de Lie Nilpotentes Résolubles

II-2-1. Définition et propriétés des Algèbres de Lie Nilpotentes Résolubles

Définition II-2-1-1

Soient L une algèbre de Lie sur K, A et B deux sous-espaces vectoriels de L. On appelle crochet de A et B, et on note [A, B], le sous-espace vectoriel de L engendré par les éléments de la forme [x, y], où x ∈ A et y ∈ B. C'est l'ensemble des éléments de L de la forme $\sum_{i=1}^{n}[x_i, y_i]$, où x_i ∈ A et y_i ∈ B. Avec cette notation, un sous-espace vectoriel B de L est une sous-algèbre de Lie de L si [B, B] ⊂ B et B est un idéal de L si [L, B] ⊂ B.Si A est une sous-algèbre de Lie d'une algèbre de Lie L on appelle normalisateur de A, l'ensemble $N_L(A)$ des éléments x ∈ L tels que [x, A] ⊂ A.$N_L(A)$ est la plus grande sous-algèbre de Lie de L dans laquelle A est un idéal. On appelle centralisateur d'une partie M de L, l'ensemble $C_L(M)$ des éléments x ∈ L tels que [x, M] = 0; c'est une sous-algèbre de Lie de L et on a $C_L(L) = Z(L)$.

Théorème II-2-1-2

Soit L une algèbre de Lie. Si A et B sont des idéaux (resp. des idéaux caractéristiques) de L, alors [A, B] est un idéal (resp. un idéal caractéristique) de L.

Preuve :

Soit d une dérivation intérieure (resp. quelconque) de L. Puisque d est linéaire, il suffit de montrer que d([x, y]) ∈ [A, B] si x ∈ A et y ∈ B.

Comme d([x, y]) = [d (x) , y] + [x, d (y)] ∈ [A, B] , si A et B sont des idéaux et d une dérivation intérieure, [A, B] est un idéal. Le même raisonnement montre que si A et B sont des idéaux caractéristiques et d une dérivation quelconque, alors [A, B] est un idéal caractéristique.

Définition II-2-1-3

Soit L une algèbre de Lie sur K. Posons $C^0L = L$ et, par récurrence sur n,

$C^nL = [L, C^{n-1}L]$.

On voit, par récurrence sur n, que chaque C^nL est un idéal caractéristique de L. On appelle série centrale descendante de L, la suite décroissante

$L = C^0L \supset C^1L \supset \ldots \supset C^nL$...d'idéaux caractéristiques de L.

Définition II-2-1-4

On dit que l'algèbre de Lie L est nilpotente s'il existe un entier n tel que $C^nL = \{0\}$. Le plus petit entier n tel que $C^nL = \{0\}$ s'appelle la classe de nilpotence de L et on dit que L est nilpotente de classe n. Si L est une algèbre de Lie nilpotente, non nulle, de classe n, on a $C^{n-1}L \neq \{0\}$ et $C^nL = [L, C^{n-1}L] = \{0\}$; donc $C^{n-1}L$ est contenu dans le centre de L qui est par suite non nul. Toute algèbre de Lie abélienne est évidemment nilpotente.

Définition II-2-1-5

Soit L une algèbre, de Lie sur K. Posons $D^0L = L$ et, par récurrence sur n, $DnL =[D^{n-1}L, D^{n-1}L]$. On voit, par récurrence sur n, que chaque D^nL est un idéal caractéristique de $D^{n-1}L$, donc de L. On appelle série dérivée de l'algèbre de Lie L, la suite décroissante $L = D^0L \supset D^1L \supset ... \supset D^nL \supset$ ...d'idéaux carctéristiques de L. L'idéal $D^1L = [L, L]$ s'appelle l'idéal dérivé de L.

Définition II-2-1-6

On dit que l'algèbre de Lie L est résoluble s'il existe un entier n tel que $D^nL = \{0\}$. Le plus petit entier n tel que $D^nL = \{0\}$ s'appelle la classe de résolubilité de L et on dit que L est résoluble de classe n.

Si L est une algèbre de Lie résoluble non nulle de classe n, on a $D^{n-1}L\neq\{0\}$ et $D^nL = [D^{n-1}L,D^{n-1}L] = \{0\}$; donc L contient l'idéal abélien $D^{n-1}L$. Il est clair qu'une algèbre de Lie abélienne est résoluble.

Théorème II-2-1-7

Soit L une algèbre de Lie. Alors :

(i) $[C^nL, C^mL] \subset C^{n+m}L$ quels que soient les entiers n et m.

(ii) $D^nL \subset C^nL$ pour tout entier $n \geq 0$.

Preuve :

Nous allons démontrer (i) par récurrence sur n.

Pour n = 0, on a $[L, C^mL] = C^{m+1}L \subset C^mL$ par définition des C^kL. Supposons que$[C^nL, C^mL] \subset C^{n+m}L$ pour tout m ; alors d'après la définition II.1.3, l'identité de Jacobi et l'hypothèse de récurrence, on a $[C^{n+1}L, C^mL]= [L, C^nL, C^mL]\subset [[C^nL, C^mL] , L] + [[L, C^mL] , C^nL] \subset C^{n+m+1}L$, d'où notre assertion.(iii) se démontre aisément par récurrence sur n.

Corollaire II-2-1-8

Toute algèbre de Lie nilpotente est résoluble. Cela résulte aussitôt du Théorème II.2.1.7 (ii). La réciproque de cette assertion est fausse ; il existe des algèbres de Lie résolubles qui ne sont pas nilpotentes (voir l'exemple ci-dessous).

Exemple II-2-1-9

Soient L une algèbre de Lie non commutative de dimension 2 sur K et (e_1, e_2) une base de L. Le vecteur $[e_1, e_2] = e$ n'est pas nul puisque L n'est pas commutative.

Si $x = ae_1 + be_2 \in L$ et $y = \alpha e_1 + \beta e_2 \in L$, on a $[x, y] = (a \beta - \alpha b)e$; donc le crochet de deux éléments quelconques de L est proportionnel à e. Il s'ensuit que si e'_1 est un vecteur non nul et non proportionnel à e, on a $[e, e'_1] = \lambda e$ avec $\lambda\neq0$. Alors les vecteurs e et $e'_2=\frac{1}{\lambda}e'_1$ forment une base de L et on a $[c, e'_2] = e$. Ainsi, en posant $[e_1, e_2] = e_1$, on voit qu'il n'existe, à un isomorphisme près, qu'une algèbre de Lie non commutative de dimension 2.

L est résoluble car $D^1L = Ke_1$ et $D^2L = \{0\}$.

Mais L n'est pas nilpotente puisque $C^1L = Ke_1$, $C^2L = Ke_1$, d'où $C^kL = Ke_1\neq \{0\}$ pour tout entier k.

Exemple II-2-1-10

Soit $L = T_n(K)$ l'algèbre de Lie formée des matrices triangulaires supérieures d'ordre n à coefficients dans K : $T_n(K) = \{A = (aij) : aij= 0 \text{ si } i > j \}$. On a

$D^1L = [L, L] = \{M = (aij) : aij= 0 \text{ si } j < i + 1\}$ et plus généralement
$D^kL = \{M = (aij) : aij= 0 \text{ si } j < i +k\}$ .Comme $D^nL = \{0\}$, L est résoluble de classe n.
Notons que $D^1L = N_n(K)$ est la sous-algèbre de Lie de gl(n, K) formée des matrices trianglulaires supérieures de diagonale nulle ; les éléments de $N_n(K)$ sont appelés les matrices triangulaires supérieures strictes.

Théorème II-2-1-11
Soient L une algèbre de Lie sur K et I un sous-espace
vectoriel de L. Les conditions suivantes sont équivalentes :
(i) $D^1L \subset I$;
(ii) I est un idéal et l'algèbre quotient L/I est abélienne.

Preuve : (i) $\Rightarrow$ (ii) :
Supposons que $D^1L \subset I$. On a $[I, L] \subset [L, L] =D^1L \subset I$,donc I est un idéal de L.Si $\dot{x}= x + I \in L/I$ et $\dot{y}= y + I \in L/I$,on a $[\dot{x}, \dot{y}] = [x, y] + I \in D^1L + I = I =\dot{0}$, et l'agèbre quotient L/I est abélienne.
(ii) $\Rightarrow$ (i) : Si I est un idéal de L et si L/I est abélienne, alors pour tous $x, y \in L$,
$[x, y] + I = [x + I, y + I] =\dot{0}= I$. Donc $[x, y] \in I$ et par suite $D^1L \subset I$.

Corollaire II-2-1-12
Pour tout $n \geq 0$, l'algèbre quotient $D^nL/D^{n+1}L$ est abélienne.

Théorème II-2-1-13
Toute sous-algèbre de Lie A d'une algèbre de Lie nilpotente (resp. résoluble) L est nilpotente (resp. résoluble).

Preuve : Le Théorème résulte immédiatement des inclusions suivantes que l'on démontre facilement par récurrence : $C^nA \subset C^nL$ et $D^nA \subset D^nL$.

Théorème II-2-1-14
Soient L et L' deux algèbres de Lie sur K et φ un homomorphisme surjectif de L sur L'. Alors pour tout entier n, on a : $\varphi(C^nL) = C^nL'$et $\varphi(D^nL) = D^nL'$

Preuve :
Démontrons la première égalité. Le théorème est vrai si n = 0.
Supposons-le démontré pour les entiers $\leq$ n. Soient $x \in L$ et $y \in C^nL$; alors $\varphi(x) \in L'$, $\varphi (y) \in C^nL'$ et on a $\varphi ([x, y]) =[\varphi (x) , \varphi (y)] \in C^{n+1}L'$.
Donc, puisque φ est linéaire, $\varphi (C^{n+1}L) \subset C^{n+1}L'$. Inversement, soient $x_1 \in L'$ et $y_1 \in C_nL'$. D'après l'hypothèse de récurrence, on a $x_1=\varphi (x)$, $y_1 = \varphi (y)$ avec $x \in L$ et $y \in C^nL$.Alors $[x_1, y_1] = [\varphi (x) , \varphi (y)] =\varphi ([x, y])$d'où $C^{n+1}L'\subset \varphi (C^{n+1}L)$ et par suite $\varphi (C^nL) = C^nL'$. On démontrerait de même la deuxième égalité.

Corollaire II-2-1-15

Toute image par un homomorphisme (en particulier toute algèbre quotient) d'une algèbre de Lie nilpotente (resp. résoluble) est une algèbre de Lie nilpotente (resp. résoluble).Cela résulte directement du Théorème II.2.1.14.

Théorème II-2-1-16

Soit L une algèbre de Lie.

a) Si I est un idéal résoluble de L et si L/I est résoluble, alors L est résoluble.

b) Si I et J sont deux idéaux résolubles de L, alors I + J est un idéal résoluble de L.

Preuve :

a) : Supposons que $D^n(L/I) = \{0\}$ et $D^mI = \{0\}$. π désignant l'homomorphisme canonique de L sur L/I , on a; $\pi(D^nL) = \{0\}$d'où il résulte que $D^nL \subset Ker(\pi) = I$. Alors $D^m(D^nL) = D^{m+n}L \subset D^mI = \{0\}$,ce qui montre que L est résoluble.

b)$(I + J)/J$ est isomorphe à $I/I \cap J$ qui est résoluble d'après le Corollaire II.2.1.15 ;
donc $(I + J)/J$ est résoluble. Comme J est évidemment un idéal résoluble de I + J, I + J est résoluble d'après le a). Comme conséquence, nous allons voir que toute algèbre de Lie L sur K contient un idéal résoluble maximal. Soient, en effet, I et J deux idéaux résolubles de L. Alors I + J est un idéal résoluble. Puisque L est de dimension finie, la somme de tous les idéaux résolubles de L est égale à la somme d'un nombre fini d'idéaux résolubles de L ; cette somme est donc un idéal résoluble qui est évidemment le plus grand idéal résoluble de L. Ceci nous permet de poser la définition suivante :

Définition II-2-1-17

On appelle radical d'une algèbre de Lie L, et on note RadL, le plus grand idéal résoluble de L. Si L 6 = 0 et si Rad L = $\{0\}$, on dit que L est semi-simple. On dit qu'une algèbre de Lie L est simple si elle est non abélienne et si les seuls idéaux de L sont $\{0\}$ et L.

Lemme II-2-1-18

Soient L une algèbre de Lie et I un idéal de L. Toute sous algèbre de Lie (resp. tout idéal) A de l'algèbre de Lie L/I est de la forme H/I , où H est une sous-algèbre de Lie (resp. un idéal) de L contenant I .

Preuve :

Soit π l'homomorphisme canonique de L sur L/I et soit
$H = \pi^{-1}(A) = \{x \in L : \pi(x) \in A\}$. On voit facilement que H est une sous-algèbre de Lie de L si A est une sous-algèbre de Lie de L/I et $I \subset H$ puisque si $x \in I$, $\pi(x) = x + I = I = \dot{0} \in A$, i.e. $x \in H$.
On a $\pi(H)=A$ par construction et $\pi(H)=\{h+I: h\in H\}$.
Comme $I\subset H$, on peut former $H/I=\{h+I : h\in H\}$, ce qui montre que $H/I=\pi(H)=A$.
Supposons que A soit un idéal de L/I .
Alors quels que soient $x \in L$ et $y \in H$, $\pi([x, y]) = [\pi(x), \pi(y)] \in A$ puisque A est un idéal de L/I ; donc $[x, y] \in H$ et H est bien un idéal de L. Nous allons donner une application immédiate de ce lemme.

Théorème II-2-1-19

Soit L une algèbre de Lie sur K. Si R est le radical de L, l'algèbre de Lie L/R est semi-simple.

Preuve :

Soit π l'homomorphisme canonique de L sur L/R. Soit S le radical de L/R et supposons que $S\neq\{0\}$. D'après le Lemme II.2.1.18, $S'=\pi^{-1}(S)$ est un idéal de L et S contient R. Les algèbres R et S'/R = S sont résolubles. Donc, S' est résoluble et contient R, contrairement au fait que R est maximal ; donc S = {0} et pa suite L/R est semi-simple.

Théorème II-2-1-20

Le radical R d'une algèbre de Lie L est le plus petit idéal de L tel que l'algèbre quotient L-R soit semi-simple.

Preuve :

Nous venons de voir que l'algèbre de Lie L-R est semi-simple. Il reste donc à montrer que si A est un idéal de L et si l'algèbre de Lie L/A est semi-simple, alors $R \subset A$. Soit π l'homomorphisme canonique de L sur L-A supposée semi-simple ; l'image $\pi(R)$ est un idéal résoluble de L/A ; cet idéal est nécessairement nul puisque L/A est semi-simple ; donc $R \subset A$.

Les deux théorèmes précédents donnent ainsi une caractérisation du radical R d'une algèbre de Lie L : c'est l'idéal résoluble R de L tel que l'algèbre quotient L/R n'ait pas d'idéal résoluble non nul.

Théorème II-2-1-21

Soit L une algèbre de Lie et soit n un entier ≥ 0. Les conditions suivantes sont équivalentes :

(i) L est résoluble de classe n.

(ii) Il existe une suite décroissante$L = I_0 \supset I_1 \supset ... \supset I_n = \{0\}$ d'idéaux de L tels que, pour $0 \leq k \leq n-1$, les algèbres quotients I_k/I_{k+1} soient commutatives.

Preuve :

(i) $\Rightarrow$ (ii) : chaque D^kL est un idéal de L et l'algèbre quotient $D^kL/D^{k+1}L$ est commutative d'après le Corollaire II.2.1.12. Donc, si L est résoluble de classe n, on obtient (ii) en prenant $I_k = D^kL$.

(ii) $\Rightarrow$ (i) : Supposons qu'il existe une suite I_k d'idéaux de L tels que $L = I_0 \supset I_1 \supset ... \supset I_n = \{0\}$ et tels que l'algèbre quotient I_k/I_{k+1} soit commutative pour $0 \leq k \leq n-1$.

Nous allons montrer tout d'abord par récurrence sur k, que $D^kL \subset I_k$ si $0 \leq k \leq n$. L'algèbre de Lie L/I_1 étant abélienne, on a

$[x, y] + I_1= [x + I_1, y + I_1] = I_1 =\dot{0}$ quels que soient $x, y \in L$. Donc $[x, y] \in I_1$ et par suite $D^kL \subset I_1$ puisque D^1L est engendré par les éléments de la forme [x, y] où $x, y \in L$.

Supposons que $D^kL \subset I_k$ et montrons que $D^{k+1}L \subset I_{k+1}$.

L'algèbre de Lie I_k/I_{k+1} étant abélienne, on a d'après le Théorème II.1.11, $[I_k, I_k] = D^1I_k \subset I_{k+1}$. Comme $D^{k+1}L = D^kL$, $D^kL \subset [I_k, I_k] = D^1I_k$,il vient $D^{k+1}L \subset I_{k+}1$, donc $D^kL \subset I_k$ si $0 \leq k \leq n$. L'hypothèse, $I_n = \{0\}$, entraîne alors $D^nL = \{0\}$ et la condition (i) est vérifiée.

Soit maintenant L une algèbre de Lie sur K.

Nous nous proposons de construire une suite croissante d'idéaux de L. Pour cela, posons $C_0L = \{0\}$ et $C_1L = Z(L)$ le centre de L. C_1L est un idéal caractéristique de L. L-C1L est une algèbre de Lie dont le centre, qui est un idéal caractéristique, est de la forme C_2L/C_1L, où C_2L est un idéal caractéristique de L contenant C_1L .

Rappelons que C_2L est l'image réciproque du centre de L/C_1L par l'homomorphisme canonique $\pi : L \rightarrow L/C_1L$. Supposons qu'on ait défini C. L et démontré que c'est un idéal caractéristique de L.

On définit alors $C^{i+1}L/C_1L$ comme étant le centre de L/C_iL et $C_{i+1}L$ est l'image réciproque du centre de L/C_iL par l'homomorphise canonique$\pi : L \to L/C_iL$.

Définition II-2-1-22

On appelle série centrale ascendante de l'algèbre de Lie L, la suite croissante d'idéaux caractéristiques : $\{0\} = C_0L \subset C_1L \subset ... \subset C_iL...$

Théorème II-2-1-23

Soit L une algèbre de Lie sur K et soit n un entier ≥ 0. Les conditions suivantes sont équivalentes :

(i) L est nilpotente de classe n.

(ii) Il existe une suite décroissante $L = T_0 \supset I_1 \supset ... \supset I_n = \{0\}$ d'idéaux de L tels que $[L, I_k] \subset I_{k+1}$ pour $k = 0, 1, ..., n-1$.

(iii) $C_nL = L$.

(iv) $adx_1 \circ adx_2 \circ ... \circ adx_n = 0$ quels que soient les éléments $x_1, ..., x_n$ de L.

Preuve :

(i) $\Rightarrow$ (ii) : Chaque C^kL est un idéal de L et L, $C^kL = C^{k+1}L$. Donc si L est nilpotente de classe n, on obtient la condition (ii) en prenant $I_k = C^kL$.

(ii) $\Rightarrow$ (i) : Supposons la condition (ii) vérifiée et montrons par récurrence sur k, que $C^kL \subset I_k$. On a $C_1L = [L, I_0] \subset I_1$ Supposons que l'on ait $C^kL \subset I_k$. Alors $C^{k+1}L = L, C^kL \subset [L, I_k] \subset I_{k+1}$. L'hypothèse $I_n = \{0\}$ entraîne donc $C^nL = \{0\}$ et la condition (i) est vérifiée.

Ainsi (i) $\Leftrightarrow$ (ii).

(ii) $\Rightarrow$(iii) : Démontrons d'abord par récurrence sur r, que I_{n-r} C_rL. Cette relation est vérifiée si r = 0 d'après l'hypothèse. Supposons que pour l'indice r, on ait $I_{n-r} \subset C_rL$. Alors$[L, I_{n-r-1}] \subset I_{n-r} C_r L$.

Donc si π désigne l'homomorphisme canonique de L sur L/CrL, on aura $[\pi (L) , \pi (I_{n-r-1})] = \pi ([L, I_{n-r-1}]) \subset \pi (In-r) \subset \pi(C_rL) = C_rL$.

Comme $C_rL = 0$ dans L/C_rL, on voit que $\pi(I_{n-r-1}) \subset Z (L/C_rL) = \pi (Cr+1L)$. Donc In-r-1 < Cr+1Let la relation est démontrée pour l'indice r + 1.

Si on fait r = n dans la relation In−r Cr L, il vient $L = I_0 \subset C_nL$, d'où l'on conclutque $C_nL = L$ et la condition (iii) est vérifiée.

(iii) $\Rightarrow$(ii) :

Posons $I_r = C_{n-r}L$; on obtient une suite décroissante (I_i) $0 \leq i \leq n$ d'idéaux de L, avec $I_0 = L$ et $I_n = \{0\}$.

Il suffit donc de montrer que pour $0 \leq r \leq n-1$,on a $[L, C_{n-r}L] \subset$ Cn-r-1L. ou, en posant n-r = i, $[L, C_i L] \subset C_{i-1}L$.

Soient $x \in L$ et $y \in$ CiL; comme C_i $L/C_{i-1}L$ est le centre de $L/C_{i-1}L$, on a, en notant π l'homomorphisme canonique de L sur $L/C_{i-1}L$, $\dot{0} = [\pi(x) , \pi(y)] = \pi ([x, y])$ce qui montre que $[x, y] \in C_{i-1}L$ et par suite $[L, C_i L] \subset C_{i-1}L$.

La condition (ii) est donc vérifiée.

On a ainsi prouvé que (ii)$\Leftrightarrow$ (iii).

(i) $\Leftrightarrow$ (iv) : On voit facilement par récurrence que C^nL est engendré par l'ensemble des éléments de la forme $(adx_1 \circ adx_2 \circ ... \circ adx_n) (x)$ où $x_1, x_2, ..., x_n, x \in L$ Donc $C^nL = \{0\}$ équivant à $adx_1 \circ adx_2 \circ ... \circ adx_n = 0$ quels que soient les éléments $x_1, ..., x_n$ de L.

Exemple II-2-1-24

Soit L l'algèbre de Lie formée des matrices triangulaires supérieures d'ordre n à coefficients dans K telles que $a_{11} = a_{22} = ... = a_{nn}$. Soit I_1 la sous-algèbre de Lie formée des matrices de la forme

$\begin{pmatrix} 0 & \cdots & 0 \\ \vdots & \ddots & * \\ 0 & \cdots & 0 \end{pmatrix}$. Soit I_2 la sous-algèbre de Lie formée des matrices de la forme $\begin{pmatrix} 0 & \cdots & 0 \\ \vdots & \ddots & * \\ 0 & \cdots & 0 \end{pmatrix}$. et ainsi de suite. On vérifie facilement que $L = I_0 \supset I_1 \supset \ldots \supset I_n = \{0\}$ et $[L, I_k] \subset I_{k+1}$ pour k = 0, 1, ..., n− 1. Donc L est nilpotente de classe n. Nous allons voir dans le paragraphe qui va suivre, comment on peut représenter les éléments d'une algèbre de Lie d'endomorphismes par des matrices triangulaires.

§ II-2-2. Les Théorèmes d'Engel et de Lie

Lemme II-2-2-1

Soit V un espace vectoriel sur K et soit A ∈ L(V) . Si A est un endomorphisme nilpotent, l'opérateur adA : L (V) → L (V) est nilpotent.

Preuve :

Par définition, si A, X ∈ L(V) , (adA) (X) = AX − XA et on voit facilement par récurrence que $(adA)^n = \sum_{k=0}^{n}(-1)^{n-k}C_n^k A^k X A^{n-k}$. Si A est nilpotent, $A^m = 0$ pour m assez grand, donc $(adA)^{2m} = 0$ et l'opérateur adA est nilpotent.

Théorème II-2-2-2 (Engel).

- Soit V un espace vectoriel non nul de dimension finie sur K et soit L une sous-algèbre de Lie de g\` (V). Si tous les éléments de L sont des endomorphismes nilpotents, il existe un vecteur non nul v ∈ V tel que σ (v) = 0 pour tout σ ∈ L.

Preuve :

Nous allons faire la démonstration par récurrence sur la dimension n de L. Le théorème est évident si n = 0. Supposons-le vrai pour toute algèbre de dimension n et supposons que dim(L) = n. Montrons qu'il existe un idéal de L de codimension un.

Soit L_0 une sous-algèbre propre de L. Le sous-espace L_0 est stable par la représentation adjointe x→ adx de L_0 dans gl(L) : (adx) (y) = [x, y] ∈ L_0,. quels que soient x, y ∈ L_0. Notons ρ la représentation adjointe de L_0 dans gl(L) et considérons la représentation γ de L_0 dans L/L_0 définie par la relation $\gamma(x)\dot{y} = \widehat{\rho(x)}\dot{y}$ où $\dot{y}$ est la classe d'un élement y quelconque de L.

D'après le Lemme II.2.2.1, adx est nilpotent pour tout x ∈ L_0, donc les opérateurs γ (x) , x ∈ L_0, sont aussi nilpotents dans L/L_0 et ils forment une algèbre de Lie de dimension n.

D'après l'hypothèse de récurrence, il existe un élément non nul $\dot{z}$ de L/L_0 tel que $\gamma(x)\dot{z} = \dot{0}$ pour tout x ∈ L_0.

Soit z un représentant de $\dot{z}$; $z \notin L_0$ et $\rho(x)z \in L_0$ d'après ladéfinition de γ , donc $[x, z] \in L_0$ pour tout x ∈ L_0.

Le sous-espace vectoriel $L_1 = L_0 + K z$ est une sous-algèbre de Lie de L car $[L_1, L_1] \subset L_0 \subset L_0 + K z = L_1$ et $\dim(L_1) = \dim(L_0) + 1$ puisque $z \notin L_0$.

De plus L_0 est un idéal de L_1 car $[L_0, L_0 + K z] \subset L_0$.

Supposons maintenant que L_0 soit une sous-algèbre propre maximale de L (il en existe puisque L est de dimension finie). La sous-algèbre L_1 qu'on vient de construire contient L_0

comme sous-algèbre propre et comme L_0 est maximale, on a L0 + K z =L, donc L_0 est un idéal de codimension un dans L. Considérons le sous-espace W de V formé des vecteurs w ∈ V tels que $\sigma(w) = 0$ pour tout σ ∈ L0. D'après l'hypothèse de récurrence, $W \neq \{0\}$.
De plus, si v ∈W, σ ∈ L et τ ∈ L_0, on a $(\tau \circ \sigma)(v) = (\sigma \circ \tau)(v) + [\tau, \sigma](v) = 0$ puisque L_0 est un idéal. Donc W est stable par tout σ ∈ L.Si σ ∈ L et σ / ∈ L_0, on a $L = L_0 + K\sigma$.
Comme σ est nilpotent sur V et laisse W stable, σ est aussi nilpotent sur W .

Soit m le plus petit entier tel que $\sigma^m = 0$ dans W et soit v_0 ∈ W tel que $\sigma^{m-1}(v_0) \neq 0$;
$v = \sigma^{m-1}(v_0)$ ∈ W et $\sigma(v) = 0$. Alors le vecteur v est annulé par tout élément de L.

Corollaire II-2-2-3
Soit V un espace vectoriel non nul de dimension finie sur K et soit L une sous-algèbre de Lie de gl(V) dont les éléments sont des endomorphismes nilpotents de V . Alors
a) Il existe une base de V par rapport à laquelle les matrices des endomorphismes de L sont triangulaires supérieures strictes.
b) L est une algèbre de Lie nilpotente.
c) Si r ≥ dim (V) et si σ_i ∈ L, $1 \leq i \leq r$, on a $\sigma_1 \circ \sigma_2 \circ \dots \circ \sigma_r = 0$.

Preuve :
a) : D'après le Théorème d'Engel, il existe un vecteur non nul e_1 ∈ V tel que $\sigma(e_1)=0$ pour tout σ ∈ L. Si le sous-espace V1 = Ke_1est $\neq V$, tout élément σ ∈ L induit un endomorphisme nilpotent $\dot{\sigma}$ de l'espace vectoriel non nul V/V_1. On peut donc trouver un vecteur $\dot{e_2} = e_2 + V_1 \neq \dot{0}$ dans V/V_1 tel que $\dot{\sigma}(\dot{e_2}) = \dot{0}$ pour tout σ ∈ L ; autrement dit, il existe $e_2 \in V$, $e_2 \notin V_1$ tel que
$\sigma(e_2) = a_{12}e_1 + 0.\ e_2$ pour tout σ ∈ L. En continuant ainsi, on construit une base $(e_1, ..., e_n)$ de V telle que, pour tout σ ∈ L, on ait $\sigma(e_1) = 0$ et $\sigma(e_j) = 0 \bmod(e_1, ..., e_{j-1})$, $2 \leq j \leq n$ où $(e_1, ..., e_{j-1})$ est le sous-espace vectoriel engendré par les vecteurs $e_1, ..., e_{j-1}$. La matrice de σ par rapport à la base $(e_1, ..., e_n)$ est triangulaire supérieure stricte.

Corollaire II-2-2-4
Pour qu'une algèbre de Lie L soit nilpotente, il faut et il suffit que adx soit nilpotent pour tout x ∈ L.

Preuve :
Si L est nilpotente, alors d'après le Théorème II.2.1.23 (iv), adx est nilpotent pour tout x ∈ L. Réciproquement, si adx est nilpotent pour tout x ∈ L, alors d'après le Corollaire II.2.2.3, il existe une base de L par rapport à laquelle les matrices des opérateurs adx, x ∈ L, sont strictement triangulaires supérieures. Soit n = dim (L) .Si $x_1, ..., x_n$ sont des éléments arbitraires de L, il résulte du Corollaire II.33.3 c) que $adx_1 \circ \dots \circ adx_n = 0$, donc L est nilpotente.

Remarque II-2-2-5
Le Corollaire II.2.2.4 permet de montrer que l'algèbre de Lie $N_n(K)$ des matrices strictement triangulaires supérieures est nilpotente sans calculer la série centrale descendante. En effet toute matrice x ∈ $N_n(K)$ est nilpotente ; donc adx est nilpotent et par suite $N_n(K)$ est une algèbre de Lie nilpotente. On peut donner une autre version du Théorème d'Engel en termes de drapeaux dans un espace vectoriel. Donnons d'abord la définition des drapeaux.

Définition

II-2-2-6 Soit V un espace vectoriel de dimension finie n sur K. On appelle drapeau dans V , une suite décroissante de sous-espaces vectoriels "$(\{0\} = V_0 \subset V_1 \subset ... \subset V_n = V$ de V tel que $\dim(K_k) = k$.

On dit qu'un endomorphisme u de V stabilise le drapeau $(V_i)_{0 \le i \le n}$ ou que ce drapeau est invariant par u si $u(V_k) \subset V_k$ pour tout k.

Supposons que les hypothèses du Théorème d'Engel soient vérifiées et montrons par récurrence sur n =dim (V), qu'il existe dans V , un drapeau invariant par tout $\sigma \in L$. Si n = 1, le résultat est trivial ; supposons-le démontré pour les espaces vectoriels de dimension $\le n - 1$. Soit n = dim (V).

D'après le Théorème d'Engel, il existe un vecteur non nul $v \in V$ annulé par tout élément de L.

Posons $V_1 = Kv$. Tout élément de L induit un endomorphisme nilpotent sur V/V_1.

En vertu de l'hypothèse de récurrence, il existe dans V/V_1, un drapeau $\{\dot{0}\} \subset \dot{V_2} \subset \cdots \subset V = \dot{V}/V_1$ invariant par tout $\sigma \in L$.Soit $\pi : V \rightarrow V/V_1$ l'application canonique et posons $V_k = \pi^{-1}(\dot{V_k})$, $V_1 = \pi^{-1}(\dot{0})$.

Alors $\dim(V_k) = k$ et $\{0\} \subset V_1 \subset ... \subset V_n = V$ est un drapeau dans V , invariant par tout $\sigma \in L$.

Le Théorème d'Engel a été énoncé sans restriction sur le corps K.

Le théorème qui va suivre est semblable mais les endomorphismes considérés devant avoir des valeurs propres dans K, nous sommes amenés à supposer que K est un corps algébriquement clos.

Théorème de Lie II-2-2-7

Soit V un espace vectoriel non nul de dimension finie sur un corps K algébriquement clos, de caractéristique 0. Soit L une K-algèbre de Lie résoluble. Alors toute représentation π de L dans V admet un vecteur propre dans V , c'est-à-dire qu'il existe un vecteur non nul v de V qui est un vecteur propre de tous les $\pi(x)$, $x \in L$.

Preuve :

Nous allons démontrer le théorème par récurrence sur n=dim (L). Si n = 1, le théorème est immédiat. Supposons-le vrai pour les algèbres de Lie résolubles de dimension < n. Puisque L est résoluble, $D^1L = [L, L]$ est une sous-algèbre propre de L; L/D^1L étant commutative, tout sous-espace vectoriel de L/D^1L est un idéal. Alors l'image inverse par l'application canonique de L sur L/D^1L d'un idéal de codimension un dans L/D^1L est un idéal résoluble I de codimension un dans L tel que $D^1L \subset I \subset L$.

D'après l'hypothèse de récurrence, il existe un vecteur non nul $e_0 \in V$ tel que $\pi(y)e_0 = \gamma(y)e_0$ pour tout $y \in I$,où $\lambda : I \longrightarrow K$est une forme linéaire.

Fixons λ et soit $x \in L$ tel que $x \notin I$; alors $L = Kx + I$. Posons $e_k = \pi(x)^k e_0$ pour k = 0, 1, 2, ... Puisque V est de dimmension finie, il existe un entier $r \ge 0$ tel que les vecteurs $e_0, e_1, ..., e_r$ soient linéairement indépendants tandis que les vecteur $e_0, e_1, ...e_{r+1}$ sont linéairement dépendants.

Soit W le sous-espace vectoriel de V engendré par les vecteurs $e_0, e_1, ..., e_r$ W est stable par $\pi(x)$ car $\pi(x)e_k = e_{k+1}$ et e_{k+1}

est dans W quel que soit k. Montrons que W est stable par tout opérateur $\pi(y)$, si $y \in I$.

Pour cela, nous allons démontrer par récurrence sur k, la relation $\pi(y)e_k = \lambda(y)e_k + a_{k-1}e_{k-1} + ... + a_0e_0$ (II-3-2)

où aj $\in$ K. Si k = 0, le résultat est vrai par hypothèse.

Supposons-le vrai pour les entiers $\leq k$
Alors comme I est un idéal, $[y, x] \in I$; d'après l'hypothèse de récurrence, $\pi([y, x])e_k$ est combinaison linéaire de $e_0, e_1, ..., e_k$ et par suite
$\pi(y)ek+1 = \pi(x)(\lambda(y)e_k+a_{k-1}e_{k-1} + ... + a_0e_0) + \pi([y, x])e_k = \lambda(y)e_{k+1} + b_ke_k + ... + b_0e_0$.

Ainsi la relation est vraie pour l'entier $k + 1$ et W est stable par tout opérateur $\pi(y)$, $y \in I$.
Donc W est stable par tout opérateur $\pi(z)$, $z \in L$. Soit $\pi(y) | W$ la restriction de l'opérateur $\pi(y)$ au sous-espace vectoriel W .
D'après ce qui précède, la matrice de $\pi(y) | W$ par rapport à la base
$(e_0, e_1,..., e_r)$ de W est de la forme $\begin{pmatrix} \lambda(y) & 0 & 0 \\ 0 & \ddots & * \\ 0 & 0 & \lambda(y) \end{pmatrix}$
Donc $Tr(\pi(y) | W) = (r+1)\lambda(y)$ pour tout $y \in I$.
En particulier, puisque $Tr(AB) = Tr(BA)$ si A et B sont des endomorphismes, on a
$Tr(\pi([x, y]) | W) = (r + 1)\lambda([x, y]) = 0$.
Le corps K étant de caractéristique nulle, ceci entraîne
$\lambda([x, y]) = 0$. On en déduit, par récurrence sur k, la relation $\pi(y)e_k = \lambda(y)e_k$ et par suite
$\pi(y)w = \lambda(y)w$ pour tout $w \in W$, i.e. tout vecteur de W est vecteur propre des opérateurs $\pi(y)$ pour $y \in I$.
Le corps K étant algébriquement clos, la restriction de $\pi(x)$ à W possède un vecteur propre non nul $v \in W$.
Comme $L = Kx + I$, v est un vecteur propre commun à tous les opérateurs $\pi(z)$, $z \in L$ et le théorème est démontré.

Corollaire II-2-2-8
Soit V un espace vectoriel non nul de dimension finie sur un corps K algébriquement clos, de caractéristique nulle. Soient L une K-algèbre de Lie résoluble et une représentation linéaire de L dans V . Si π est irréductible, alors $\dim(V) = 1$.

Preuve :
Soit v un vecteur propre de π Le sous-espace Kv est stable par les $\pi(x)$, $x \in L$ et est non nul ; comme π est irréductible, on a donc $V = Kv$.

Corollaire II-2-2-9
Soit V un espace vectoriel non nul de dimension finie sur un corps K algébriquement clos, de caractéristique nulle. Soient L une K-algèbre de Lie résoluble et π une représentation linéaire de L dans V . Alors, il existe une base de V par rapport à laquelle la matrice de tout opérateur $\pi(x)$, $x \in L$, est triangulaire supérieure..

Preuve :
D'après le Théorème de Lie, les opérateurs $\pi(x)$, $x \in L$,admettent un vecteur propre $e_1 \neq 0$ dans V . Si le sous-espace $V_1 = Ke_1$ engendré par e_1 est différent de V , la représentation π induit une représentation $\dot{\pi}$ de L dans l'espace vectoriel quotient V / V_1. On peut donc trouver un vecteur $e_2 \in V$ tel que le vecteur $\dot{e_2} = e_2 + V_1 \in V/V_1$ soit un vecteur propre de tous les opérateurs $\dot{\pi}(x)$, $x \in L$. En continant ainsi, on construit une base $e_1, ..., e_n$ de V telle que, pour tout $x \in L$, on ait

$\pi(x)e_j$= 0mod(e1, e_2, ..., e_j). La matrice de π (x) par rapport à la base (e_1, ..., e_n) est triangulaire supérieure

Corollaire II-2-2-10

Soit L une algèbre de Lie sur un corps algébriquement clos. Pour que L soit résoluble, il faut et il suffit que D^1L soit nilpotente.

Preuve :

Si D^1L est nilpotente, alors D^1L est résoluble. Comme L/D^1L est une algèbre de Lie abélienne, donc résoluble, il s'ensuit que L est résoluble

Réciproquement, supposons que L soit résoluble. D'après le Corollaire II.2.2.9, il existe une base de L par rapport à laquelle les matrices des opérateurs adx, x ∈L, sont trianglulaires supérieures ; alors, quels que soient x, y ∈ L, ad ([x, y]) = adx, ady est représenté par une matrice strictement triangulaire supérieure, donc nilpotente.Comme tout z ∈ D^1L est de la forme $\sum_i[x_i, y_i]$ où x_i, y_i ∈ L,on voit que adz est nilpotent pour tout z ∈ D^1L. Donc D^1L est nilpotente d'après le Corollaire II.3.4.

Théorème II-2-2-11

Soit V un espace vectoriel non nul de dimension finie sur un corps K algébriquement clos Soient L une algèbre de Lie sur K et π une représentation de L dans V . Les conditions suivantes sont éauivalentes :

(i) L'algèbre de Lie π (L) = {π (x) ; x ∈ L} est résoluble.

(ii) Il existe dans V un drapeau invariant par tout opérateur π (x) , x ∈ L.

(iii) Il existe une base de V par rapport à laquelle les matrices des endomorphismes π (x) , x ∈ L, sont triangulaires supérieures.

Preuve :

(i) ⇒(ii) : Supposons que π (L) soit une algèbre de Lie résoluble. Si dim (V) = 1, la condition (ii) est évidemment vérifiée. Supposons que nous ayons démontré que (i) ⇒(ii) lorsque V est un espace vectoriel de dimension ≤ n − 1 et soit n = dim (V). D'après le Théorème de Lie, la représentation π possède un vecteur propre non nul v. Le sous-espace W = Kv est stable et la représentation π induit une représentation $\dot{\pi}$ de L dans l'espace quotient V /W .

D'après l'hypothèse de récurrence, il existe un drapeau $\{\dot{0}\} \subset \dot{V_2} \subset \cdots \subset \dot{V_{n-1}} = V/W$ de V/W , stable par tout opérateur $\dot{\pi(x)}$, x ∈ L.Soit ρ : V → V /W l'homomorphisme canonique. Posons V_1 = $\rho^{-1}(\dot{0})$ et $V_k = \rho^{-1}(\dot{V_k})$ si k = 2, ..., n − 1.Alors dim (V_k) = k et {0} ⊂ V_1 ⊂ ... ⊂ V_n = V est un drapeau dans V , stable par tout opérateur π (x) , x ∈L. (ii)⇒(iii) : Soit {0} ⊂ V_1... ⊂ V_n = V un drapeau dans V et soit (e_1, ..., e_n) une base de V telle que V1 = Ke_1, $V_2 = Ke_1 + Ke_2$, ..., V_n = V. Alors, puisque π (x)V_k ⊂ V_k si k = 1, 2, ..., n,la matrice de π (x) dans la base (e_1, e_2, ..., e_n) , est triangulaire supérieure ; ainsi (ii) entraîne (iii).

(iii)⇒(i) : Si la condition (iii) est vérifiée, π (L) est isomorphe à l'algèbre de Lie $T_n(K)$ qui est résoluble d'après l'Exemple II.1.10 ; donc π (L) est résoluble.

Corollaire II-2-2-12

Soit L une algèbre de Lie sur un corps K algébriquement clos. Les conditions suivantes sont équivalentes :
(i) L est résoluble.
(ii) Il existe dans L un drapeau $\{0\} \subset L_1 \subset \ldots \subset L_n = L$ où chaque L_k est un idéal de L.

Preuve :
Supposons que L soit une algèbre de Lie résoluble. Alors, comme $x \to adx$ est un homomorphisme de L dans gl(L) , ad (L) est une algèbre de Lie résoluble. D'après le Théorème II.2.2.11 (ii), il existe dans L, un drapeau $\{0\} \subset L_1 \subset \ldots \subset L_n = L$ stable par adx pour $x \in L$; donc chaque L_k est un idéal de L. Réciproquement si la condition (ii) est vérifiée, ad (L) est une algèbre de Lie Résoluble. ker(ad) est un idéal résoluble de L car c'est le centre de L.Comme ad (L) $\approx$ L- ker (ad)est résoluble, le Théorème II.2.2.11 montre que L est résoluble.

§ II-2-3. Formes bilinéaires invariantes

Soit L une algèbre de Lie sur un corps K et soit $\pi : L \to gl(V)$ une représentation linéaire de L dans un espace vectoriel V de dimension finie sur K. L'application $\beta : L \times L \to K$ donnée par
$\beta(x, y) = Tr(\pi(x) \circ \pi(y))$ pour $x, y \in L$, s'appelle la forme bilinéaire associée à π.
On dit qu'une forme bilinéaire $\beta : L \times L \longrightarrow K$ est invariante si $\beta([x, y]), z = \beta(x, [y, z])$
quels que soient $x, y, z \in L$.

Théorème II-2-3-1
Soient L une algèbre de Lie sur K et π une représentation de L dans un espace vectoriel V de dimension finie. La forme bilinéaire β associée à π est symétrique et invariante.

Preuve :
Il est clair que β est une forme bilinéaire symétrique. On a

$$\begin{aligned}\beta([x, y],z) &= Tr(\pi(x)\pi(y)\pi(z)-\pi(y)\pi(x)\pi(z))\\ &= Tr(\pi(x)\pi(y)\pi(z) - \pi(x)\pi(z)\pi(y))\\ &= Tr(\pi(x) \circ [\pi(y), \pi(z)]) = \beta(x, [y, z])\end{aligned}$$

Définition II-2-3-2
On appelle de Killing d'une K -algèbre de Lie L la forme bilinéaire symétrique invariante $\beta : L \times L \to K$ assoicée à la représentation adjointe de L :$\beta(x, y) = Tr(adx \circ ady)$.
Soit f est une forme bilinéaire sur un espace vectoriel V ; rappelons que deux éléments x et y de V sont dits orthogonaux par rapport à f si $f(x, y) = 0$; on appelle orthogonal d'un sous-espace W de V , le sous-espace $W^\perp=\{x \in V : f(x, y) = 0$ pour tout $y \in W\}$. On dit que f est non dégénérée si son noyau $V^\perp$ est nul : $V^\perp = \{0\}$.

Théorème II-2-3-3
Soient L une algèbre de Lie sur K, f une forme bilinéaire symétrique invariante sur L et soit I un idéal de L. Alors :
a) L'orthogonal $I^\perp$ de I (par rapport à f) est un idéal de L.
b) Si f est non dégénérée, $I \cap I^\perp$ est un idéal abélien de L.

Preuve :

a) : On doit démontrer que quels que soient

$x \in L$, $y \in I$ et $z \in I^{\perp}$, $[z, x] \in I^{\perp}$, i.e. . $f([z, x], y) = 0$. Or, I étant un idéal, $[x, y] \in I$, donc puisque f est invariante $f([z, x], y) = f(z, [x, y]) = 0$.

b) : Supposons que f soit non dégénérée ; il suffit de montrer que quels quesoient $x, y \in I \cap I^{\perp}$ et $z \in L$, $f([x, y], z) = 0$. Or $f([x, y], z) = f(x, [y, z]) = 0$.car d'une part $x \in I$, $[y, z] \in I \cap I^{\perp} \subset I^{\perp}$ et d'autre par I et $I^{\perp}$ sont orthogonaux.

Lemme II-2-3-4

Soit L une algèbre de Lie et soit I un idéal de L. La restriction de la forme de Killing de L à I est la forme de Killing de I .

Preuve :

Soit $\mathcal{E}$ une base de I ; complètons-la de façon à obtenir une base $\mathcal{E}'$ de L. Pour tout $x \in I$, la matrice de adx par rapport à la base $\mathcal{E}'$ est de la forme $\begin{pmatrix} A & * \\ 0 & 0 \end{pmatrix}$ où A est la matrice de la restriction de adx à I . Soit $y \in I$. Si B désigne la matrice de la restriction de ady à I , la matrice de $adx \circ ady$ par rapport à la base $\mathcal{E}'$ est de la forme $\begin{pmatrix} AB & * \\ 0 & 0 \end{pmatrix}$

Théorème : II-2-3-5

La forme de Killing d'une algèbre de Lie nilpotente est nulle.

Preuve :

Soit L une algèbre de Lie nilpotence et soit $\beta(x, y) = Tr(adx \circ ady)$ sa forme de Killing. D'après le Théorème II.2.1.13 (iv), $adx \circ ady$ est un opérateur nilpotent.

Comme un tel opérateur peut toujours être représenté par une matrice triangulaire supérieure stricte, on voit que $\beta(x, y) = 0$ quels que soient $x, y \in L$.

§ II-2-4. Critère de Cartan pour les algèbres de Lie résolubles.

Avant d'aborder le critère de Cartan relatif à la résolubilité d'une algèbre de Lie, nous allons rappeler quelques notions importantes sur les endomorphismes d'un espace vectoriel de dimension finie.

Défintion II-2-4-1

Soient V un espace vectoriel (de dimension finie) sur K et $u \in L(V)$ .On dit que u est diagonalisable, s'il existe une base de V formée de vecteurs propres de u.On dit que u est semi-simple si pour tout sous-espace vectoriel E de V stable par u, il existe un sous-espace vectoriel F supplémentaire de E dans V stable par u. Si K est algébriquement clos, u est semi-simple si et seulement si u est diagonalisable.Le théorème suivant est fort utile dans l'étude des endomorphismes d'un espace vectoriel.

Théorème : II-2-4-2

Soit V un espace vectoriel de dimension finie sur un corps K algébriquement clos, de caractéristique zéro et soit u ∈ L (V) . Alors, il existe, un couple unique (s,n), d'endomorphismes de V satisfaisant aux conditions suivantes :

(i) Les endomorphismes s et n sont permutables et u = s + n.

(ii) L'endomorphisme s est semi-simple et l'endomorphisme n est nilpotent.

(iii) Il existe des polynômes P(X) et Q(X) dans K[X] sans termes constants, tels que s =P(u) et n=Q (u) . En particulier s et n commutent à tout endomorphisme qui commute à u.

Preuve :

Existence de s et n.Soit $P_u(X) =(\lambda_1 - X)^{\alpha 1} \ldots (\lambda r - X)^{\alpha r}$ le polynôme caractéristique de u, où $\lambda_1, \ldots, \lambda_r$ sont les valeurs propres distinctes de u et $\alpha_1, \ldots, \alpha_r$ leurs ordres de multiplicité.

Posons

$Vj = Ker((u - \lambda_j I)^{\alpha j})$, $1 \leq j \leq r$ où I est l'identité de L (V).Alors $u(V_j) \subset V_j$, $\dim(V_j) = \alpha_j$ et $V = \oplus_{j=1}^{r} V_j$.

Si u_j désigne la restriction de u au sous-espace V_j, le polynôme caractéristiquede u_j est $(\lambda_j - X)^{\alpha j}$.

En effet, si $\lambda \neq \lambda_j$, $\lambda - X$ et $(\lambda_j - X)^{\alpha j}$ sont premiers entre eux ; d'après l'identité de Bezout, il existe deux polynômes $U_1(X)$ et $U_2(X)$ dans K[X] tels que $(\lambda - X)U_1(X) + U_2(X)(\lambda_j - X)^{\alpha j} = 1$. Si $v \in V_j$, on a $(\lambda I - u) \circ U_1(u)(v) + U_2(u) \circ (\lambda_j I - u)^{\alpha j}(v) = v = (\lambda I - u) \circ U_1(u)(v)$.

Donc $(\lambda I - u)$ est inversible dans V_j et par suite la seule valeur propre de u_j est λ_j. Il existe donc une base de V_j par rapport à laquelle la matrice de u_j est triangulaire supérieure : $A_j = \begin{pmatrix} \lambda_j & \cdots & * \\ \vdots & \ddots & \vdots \\ 0 & \cdots & \lambda_j \end{pmatrix}$. Posons $S_j = \begin{pmatrix} \lambda_j & \cdots & 0 \\ \vdots & \ddots & \vdots \\ 0 & \cdots & \lambda_j \end{pmatrix}$

Et $N_j = A_j - S_j = \begin{pmatrix} 0 & \cdots & * \\ \vdots & \ddots & \vdots \\ 0 & \cdots & 0 \end{pmatrix}$. Alors $A_j = S_j + N_j$, où S_j est semi-simple, N_j est nilpotente et $[S_j , N_j] = 0$. Comme $V = \oplus_{j=1}^{r} V_j$, on obtient une base de V en réunissant des bases de $V_1, \ldots, V_r$; par rapport à cette base, la matrice de u est de la forme $A = \begin{pmatrix} A_1 & \cdots & 0 \\ \vdots & \ddots & \vdots \\ 0 & \cdots & A_r \end{pmatrix}$. où A_j est la matrice de la restriction de u à V_j. En posant $S = \begin{pmatrix} S_1 & \cdots & 0 \\ \vdots & \ddots & \vdots \\ 0 & \cdots & S_r \end{pmatrix}$ et $N = \begin{pmatrix} N_1 & \cdots & 0 \\ \vdots & \ddots & \vdots \\ 0 & \cdots & N_r \end{pmatrix}$ il vient que

A = S +N, où S est une matrice semi-simple, N est une matrice nilpotente et [S, N] =0.

Si s et n sont les endomorphisme dont les matrices sont S et N respectivement, s est semi-simple, n est nilpotent, [s, n] = 0 et on a u = s + n, ce qui démontre (i) et (ii).

Posons $f_i(X) = P_u(X)/(\lambda i - X)^{\alpha i}$. Comme les λ_i sont deux à deux distincts, les plynômes $f_i(X)$, $1 \leq i \leq r$, sont premiers entre eux dans leur ensemble ; d'après l'identité de Bezout, il existe des plynômes $g_i \in K[X]$ tels que $\sum_{j=1}^{r} f_j(X) g_j(X) = 1$. D'où $\sum_{j=1}^{r} f_j(u)\left(g_j(u)\right)(v) = v$ pour tout ∈V. Si, en particulier $v \in V_i$, il vient $\sum_{j=1}^{r} f_j(u)\left(g_j(u)\right)(v) = v = f_j(u)\left(g_j(u)\right)(v)$. En effet, si $i \neq j$, le polynôme $f_j(X)$ contient le facteur $(\lambda i - X)^{\alpha i}$, donc $f_j(u)(v) = 0$ et par suite $f_j(u) \circ g_j(u)(v) = g_j(u) \circ f_j(u)(v) = g_j(u)(0) = 0$. Posons

$P(X) = \sum_{j=1}^{r} \lambda_j f_j(X) g_j(X)$; $Q(X) = X - P(X)$. Alors pour tout $v \in V_i$, on a $P(u)(v) = \lambda_i v$ pour $1 \leq i \leq r$, donc P(u) =s sur chaque sous-espace V_i. Comme $V = \oplus_{i=1}^{r} V_i$, il s'ensuit que P(u) =s. On a d'autre part, Q (u) = u − P (u) = u − s = n. Montrons que P (donc Q) n'a pas de terme constant. Si u est inversible, son polynôme caractéristique P_u possède un terme constant non nul et le Théorème de Hamilton-Cayley montre que I est un polynôme en u sans terme constant.

Donc si I apparaît dans P (u) = s, en substituant ce polynômeà I , on voit que l'on peut choisir P (0) = 0, d'où Q (0) = 0.Si u n'est pas inversible, Ker $(u) \neq \{0\}$et est stable par n ; donc la restriction de n à Ker (u) est nilpotente.

On en conclut qu'il existe un vecteur non nul $x \in$ Ker (u) tel que u (x) = n (x) =0. La relation n = Q(u) montre alors que Q (0)=0, d'où P(0) = 0.

Comme s et n sont de splynômes en u, s et n commutent à tout endomorphisme qui commute à u. Il reste à prouver l'unicité de la décomposition.

Supposons qu'il existe deux couples (s, n) et (s', n') d'endomorphismes de V satisfaisant aux conditions (i),
(ii) et (iii). On a donc s-s'= n'-n. Comme s' et n' commutent à u, ils commutent à s =P(u) et à n =Q(u) . Ainsi les endomorphismes s et s' sont semi-simples et ils commutent ; donc s –s' est semi-simple. Cela résulte du fait que si deux endomorphismes diagonalisables (donc semi-simples) sont permutables, il sont simultanément diagonalisables (c'est-à-dire, il existe une base formée de vecteurs propres communs).

De même les endomorphismes n et n' sont nilpotents et ils commutent ; donc n'- n est nilpotent comme on le voit facilement à l'aide de la formule du binôme de Newton.

Ainsi s - s'-n'-n = 0 puisqu'un endomorphisme à la fois semi-simple et nilpotent est nul.

<u>Définition</u> II-2-4-3

La décompositon u = s + n s'appelle la décomposition de Jordan de u. Les endomorphismes s et n s'appellent respectivement la composante semi-simple et la composante nilpotente de u.

<u>Corollaire</u> II-2-4-4

Soit V un espace vectoriel de dimension finie n sur un corps Kalgébriquement clos de caractéristique zéro et soit $u \in L(V)$. Si u = v +w est la décomposition de Jordan de u, où v est semi-simple et w nilpotent, alors adu = adv + adw est la décomposition de Jordan de adu.

<u>Preuve :</u>

Comme [v, w] = 0, on a ad [v, w] = [adv, adw] = 0; donc les endomorphismes adv et adw commutent. D'après le Lemme II-2-2-1, adw est nilpotent. Montrons que adv est semi-simple. Soit $(e_1, \ldots, e_n)$ une base de V formée de vecteurs propres de v et considérons la base canonique (Eij) $1 \leq i, j \leq n$. de L (V) définie par les égalités. Soit λi la valeur propre de v associée au vecteur propre e_i. Nous avons $(adv)E_{ij} = vE_{ij} - E_{ij}v$, $(vE_{ij} - E_{ij}v)\, e_k = 0$ si $k \neq j$, $(vE_{ij} - E_{ij}v)\, e_j - v(e_i) - \lambda_j e_i = (\lambda_i - \lambda_j)\, e_i$. Donc $(adv)\, E_{ij} = (\lambda_i - \lambda_j)\, E_{ij}$, ce qui montre que les E_{ij} sont les vecteurs propres de adv associés aux valeurs propres $\lambda_i - \lambda_j$.

Ainsi adv est diagonalisable, i e. semi-simple.Voici maintenant le dernier pas avant d'arriver au Théorème de Cartan.

Lemme II-2-4-5 :
Soit V un espace vectoriel de dimension finie m sur un corps K algébriquement clos de caractéristique zéro. Soient A et B deux sous-espaces vectoriels de gl(V) tels que $B \subset A$. Posons
$M = \{u \in gl(V) : [u, A] \subset B\}$. Si l'élément u de M est tel que Tr(uv)=0 pour tout $v \in M$, u est nilpotent.

Preuve :
Soit u = s + n la décomposition de Jordan de u, où s est semisimple et n nilpotent.
Soit $(e_i, ..., e_m)$ une base de V telle que $s(e_i) = \lambda_i e_i$ avec $\lambda_i \in K$. K étant de caractéristique zéro, son corps premier est isomorphe au corps Q des nombres rationnels et K peut être considéré comme espace vectoriel sur Q.
Soit $E \subset K$ l'espace vectoriel sur Q engendré par les λ_i.
Pour montrer que u est nilpotent, il suffit de montrer que s = 0, donc que E = {0} ou encore que le dual *E*= {0}.*
Pour cela, considérons une forme Q-linéaire f sur E et soit v l'endomorphisme semi-simple de V défini par
$v(e_i) = f(\lambda_i) e_i$, $1 \leq i \leq m$. (II-5-3) Si $(E_{ij})1\leq j\leq m$ est la base canonique de gl(V) associée à la base $(e_i, ..., e_m)$, on a :$(ads)^k E_{ij} = (\lambda_i - \lambda_j)^k E_{ij}$, k = 0, 1, ..., (adv) $E_{ij}=(f(\lambda_i) - f(\lambda_j))$ Eij.
Il existe un polynôme P (X) ∈ K [X] sans terme constant tel que $P(\lambda_i - \lambda_j) = f(\lambda_i) - f(\lambda_j)$ quels que soient i et j car si $\lambda_i - \lambda_j = \lambda_k - \lambda_r$ on a : $f(\lambda i) - f(\lambda_j) = f(\lambda_k) - f(\lambda_r)$ et si $\lambda_i - \lambda_j = 0$, $f(\lambda_i) - f(\lambda_j) = 0$.
Utilisant l'expression de (ads) E_{ij}, nous voyons que $(adv)E_{ij} = f(\lambda_i - \lambda_j) E_{ij} = P(\lambda_i - \lambda_j) E_{ij} = P(ads)E_{ij}$; d'où adv =P(ads) .
Comme ads est un polynôme en adu sans terme constant, adv est un polynôme en adu. Donc, puisque (adu) (A) ⊂ B,on aaussi (adv) (A) ⊂B, c'est-à-dire v ∈ M .
D'après l'hypothèse, on a 0 = Tr(uv) =Tr(sv + nv) =Tr(sv) $=\sum_{i=1}^{m} \lambda_i f(\lambda_i)$ puisque nv est nilpotent, donc de trace nulle. On en déduit 0 = $f(\sum_{i=1}^{m} \lambda_i f(\lambda_i))$=$\sum_{i=1}^{m} f(\lambda_i)^2$, ce qui entraîne $f(\lambda_i) = 0$ pour tout i,donc f = 0 ∈ E* ,
Comme f est arbitraire, on a bien E*= {0} et le lemme est démontré.

Théorème II-2-4-6 (Critère de Cartan)
Soient V un espace vectoriel de dimension finie sur un corps K algébriquement clos de caractéristique zéro, et L une sous-algèbre de Lie de gl(V). Alors L est résoluble si et seulement si Tr(uv) = 0 quels que soient u ∈ L et $v \in D^1L$.

Preuve :
Supposons d'abord que L soit résoluble. D'après le Corollaire II.3.9, il existe une base de V par rapport à laquelle la matrice de chaque élément de L est triangulaire Supérieure.
Donc tout élément y de D^1L admet une matrice strictement triangulaire supérieure dans la base considérée.
Alors pour tout u ∈ L et pour tout $v \in D^1L$, la matrice de uv est triangulaire supérieure stricte ; d'où Tr(uv) = 0. Réciproquement, supposons que Tr(uv) = 0 quels que soient u ∈ L et $v \in D^1L$.
Appliquons le Lemme II.2.4.5 en prenant A = L et $B = D^1L$. Alors $M = \{u \in gl(V) : [u, L] \subset D^1L\}$.
Si u ∈ M et si x et y sont dans L, on a $[u, x] \in D^1L$ donc, d'après l'hypothèse, $T r(u \circ [x, y]) = Tr([u, x] \circ y) = 0$. Par linéarité, on conclut que T r (uv) = 0pour tout u ∈ M et pour tout $v \in D^1L$.
Comme on le voit facilement, $D^1L \subset M$; donc tout élément de D^1L est nilpotent.
Il s'ensuit que D^1L est

une algèbre de Lie nilpotente, L est résoluble.

Remarque II-2-4-7

Le Théorème II.2.4.6 reste vrai si le corps IK n'est pas algébriquement clos.
En effet, si IK n'est pas algébriquement clos, soit $\overline{IK}$ sa clôture algébrique. Soient $V' = \overline{IK} \oplus_{IK} V$ et $L' = \overline{IK} \oplus_{IK} L$ les amplifications de V et L par extension de IK à $\overline{IK}$. On déduit de T r (uv) =0 pour tout u ∈ L et pour tout v ∈ D^1L, que Tr(u'v') = 0 quels que soient u'∈ L' et v'∈ D^1L, donc L' est résoluble et par suite L est résoluble.

Corollaire II-2-4-8

Soit L une algèbre de Lie sur un corps K algébriquement clos de caractéristque zéro et soit π une représentation linéaire de L dans le K –espace vectoriel V . Alors l'algèbre de Lie π (L) est résoluble si et seulement si L et D^1L sont orthogonaux pour la forme bilinéaire β associée à π.

Preuve :

En effet, π (L) est résoluble si et seulement si Tr(u ∘ v) = 0 quels que soient u ∈ π (L) et v ∈ $D^1\pi(L)$,donc si et seulement si L et D^1L sont orthogonaux pour la forme bilinéaire β comme le montre la relation $\beta (x, [y, z]) = Tr(\pi (x) \circ \pi ([y, z])) = T r (\pi (x) \circ [\pi (y) , \pi (z)])$.

Corollaire II-2-4-9

Soit L une algèbre de Lie sur un corps K algébriquement clos de caractéristique zéro. Alors L est résoluble si et seulement si L et D^1L sont orhogonaux pour la forme de Killing sur L.

Preuve :

C'est une conséquence immédiate du Corollaire II-2-4-8. Il suffit de prendre pour la représentation adjointe de L et de remarquer que π (L) =ad (L) est isomorphe à L/Z , où Z , le centre de L, est résoluble car c'est une algèbre de Lie commutative. Donc ad (L) est résoluble si et seulement si L est résoluble.

Corollaire II-2-4-10

Soit L une albèbre de Lie sur un corps K algébriquement clos, de caractéristique zéro. Alors, L est résoluble si et seulement si la forme de Killing est nulle sur D^1L.

Preuve :

Soit β la forme de Killing de L. Si L est résoluble, on a $\beta(L,D^1L) =0$ (Corollaire II-2-4-9),d'où $\beta (D^1L, D^1L) = 0$.
Réciproquement, si $\beta (D^1L, D^1L) =0$, on a $\beta (D^1L, D^2L) =0$, donc ad (D^1L) est résoluble. Comme ad $(D^1L) = D^1ad(L)$, ad (L) est résoluble et par suite L est résoluble.

§ II-3 ALGEBRES DE LIE SEMI-SIMPLES

Dans ce chapitre, nous allons étudier les algèbres de Lie semi-simples sur un corps commutatif K de caractéristique nulle. Cette classe d'algèbres de Lie joue un rôle essentiel dans l'étude de la structure et de la classification des algèbres de Lie.

II-3-1. Propriétés élémentaires des algèbres de Lie semi-simples.

Rappelons qu'une algèbre de Lie L sur K est dite semi-simple si son radical est nul. Une algèbre de Lie L est dite simple si $[L, L] \neq \{0\}$ et si les seuls idéaux de L sont $\{0\}$ et L.

Théorème II-3-1-1
Soit L une algèbre de Lie sur K. Les conditions suivantes sont équivalentes :
(i) L est semi-simple ;
(ii) Tout idéal abélien de L est nul.

Preuve :
(i) ⇒ (ii) : Comme tout idéal abélien est résoluble, la conditon (i) entraîne (ii).
(ii) ⇒ (i) : Supposons que tout idéal abélien de L soit nul et que le radical R de L soit non nul. Comme R est résoluble, il existe un entier n tel que $R \supset D^1R \supset \ldots \supset D^nR = \{0\}$ avec $D^{n-1}R \neq \{0\}$ ..Alors $D^{n-1}R$ est un idéal abélien non nul de L, ce qui est absurde donc $R = \{0\}$ et (ii) ⇒ (i). On déduit immédiatement de ce théorème les propirétes suivantes :
a) Le centre d'une algèbre de Lie semi-simple L est nul, donc la représentation adjointe de L est fidèle.
b) Une algèbre de Lie résoluble non nulle ne peut être semi-simple.

Exemple II-3-1-2
Une algèbre de Lie simple est semi-simple. Soit en effet ; l une algèbre de Lie simple. Si L n'est pas semi-simple, elle contient un idéal abélien non nul I qui coïncide avec L puisque L est simple.
Donc L est abélienne et par suite tout sous-espace vectoriel de L est un idéal, contrairement à l'hypothèse.

Théorème II-3-1-3
Soient L une algèbre de Lie semi-simple, A et B deux idéaux de L. Les conditions suivantes sont équivalentes :

(i) $A \cap B = \{0\}$;
(ii) $[A, B] = \{0\}$;
(iii) A et B sont orthogonaux pour la forme de Killing β de L.

Démonstration
(i) ⇒ (ii) : On a $[A, B] \subset A \cap B$; donc (i) entraîne (ii).
(ii) ⇒ (iii) : Supposons la condition (ii) vérifiée.Si $x \in A$, $y \in B$, $z \in L$, alors $[y, z] \in B$ et $[x, [y, z]] \in [A, B] = \{0\}$;donc $adx \circ adz=0$ et par suite $\beta(x, y) = 0$, d'où la condition (iii).
(iii) ⇒(i); Si la condition (iii) est vérifiée, la forme de Killing est identiquement nulle sur l'idéal $A \cap B$ qui est donc résoluble. Comme L est semi-simple, on a $A \cap B = \{0\}$ ce qui prouve la condition (i).

Théorème II-3-1-4

Pour qu'une algèbre de Lie L soit semi-simple, il faut et il suffit que sa forme de Killing soit non dégénérée.

Preuve :

Notons R le radical de L et β la forme de Killing de L.Supposons R≠{0} et β non dégénérée.

Nous allons montrer qu'il existe un idéal abélien non nul contenu dans le noyau de β .

Comme ce noyau est nul puisque β est non dégnénérée, cela conduit à une contradiction. Donc si β est non dégénérée, R = {0} et L est semi-simple.

Comme R est résoluble, il existe un entier $n \geq 0$ tel que $D^nR=\{0\}$ et $D^{n-1}R\neq\{0\}$.

Alors $I = D^{n-1}R$ est un idéal abélien non nul de L.

Montrons que I est contenu dans le noyau de β . Soient a, x ∈ L et y ∈ I, y ≠ 0; alors [y, a] ∈ I, [x, [y, a]] ∈ I, [y, [x, [y, a]]] = 0 car I est abélien.

On en déduit. ady ∘ adx ∘ ady = 0; d'où $(adx \circ ady)^2 = 0$.

Autrement dit, adx ∘ ady est nilpotent, donc T r (adx ∘ ady) = 0,i.e. β (x, y) = 0 quels que soient x ∈ L, y ∈ I. Comme x est un élément arbitraire de L, y est bien dans le noyau de β , donc I est contenu dans ce noyau.

Réciproquement, supposons L semi-simple.

Le noyau N de β est un idéal de L et on a par définition de N, Tr (adx ∘ ady) = β (x, y) =0 quels que soient x ∈ N et y $\in D^1N$.

Donc, d'après le Corollaire II-2-4-8 adN est résoluble ; la représentation adjointe étant fidèle, l'idéal N est résoluble et par suite N ⊂ Rad L = {0}ce qui montre que β est non dégénérée.

Corollaire II-3-1-5

Soit L une algèbre de Lie semi-simple sur un corps K de caractéristique nulle et soit π une représentation fidèle de L dans un K-espace vectoriel V de dimension finie.

Alors la forme bilinéaire associée à π : (x, y) → Tr(π (x) ∘ π (y)) est non dégénée.

Preuve :

Le noyau N de de la forme bilinéaire β associée à π est un idéal de L et la démonstration du théorème précédent montre que π (N) est une sous-algèbre résoluble de gl(V). Alors, π éétant fidèle, N est résoluble et par suite N = {0}, i.e. β est non dégénérée.

Théorème II-3-1-6

Soit L une algèbre de Lie semi-simple. Soient I un idéal de L et $I^\perp$ l'orthogonal de I par rapport à la forme de Killing β de l.Alors :

(i) L est somme directe de I et $I^\perp$;

(ii) Les algèbres de Lie I et L/I sont semi-simples.

Preuve :

(i) : β étant non dégénérée, $I \cap I^\perp$ est un idéal abélien de L donc $I \cap I^\perp = \{0\}$ comme dim (L) = dim (I) + dim $I^\perp$, on a $L = I \oplus I^\perp$.

(ii) : D'après le Lemme II.4.4, la restriction de β à l'idéal I est la forme de Killing de I . β est non dégénérée sur I car si un vecteur x de I est tel que β(x, y) = 0 sur tout y ∈ I,alors β (x, z) = 0 pour tout z ∈ L puisque L = $I \oplus I^{\perp}$ et I et $I^{\perp}$ sont orthogonaux. Comme L est semi-simple, β est non dégénérée, donc x = 0. Par suite la forme de Killing de I étant non dégénérée, l'algèbre de Lie I est semi-simple. On démontrerait de même que $I^{\perp}$ est semi-simple. Puisque L/I est isomorphe à $I^{\perp}$, on voit que L-I est semi-simple.

Théorème II-3-1-7

Soit L une algèbre de Lie semi-simple. Alors $D^1L = L$.

Preuve :

L'algèbre de Lie L/D^1L est semi-simple et comme elle est abélienne, donc résoluble, on a nécessairement $L/D^1L = \{0\}$,c'est-à-dire
$L = D^1L$. Notons que la réciproque de ce théorème est fausse .

Théorème II-3-1-8

Soit L une algèbre de Lie sur K. Les conditins suivantes sont équivalentes :

(i) L est semi-simple ;

(ii) $L = L_1 \oplus L_2 \oplus \ldots \oplus L_m$ où les L_i sont des idéaux de L qui sont des algèbres de Lie simple. De plus, cette décomposition d'une algèbre de Lie semi-simple est unique.

Preuve :

(i) ⇒ (ii) : Supposons L semi-simple et démontrons (ii) par récurrence sur la dimension de L. Si L est simple, le théorème est évident. Si L n'est pas simple, soit L_1 un idéal minimal non nul de L. D'après le Théorème II-3-1-6., on a $L = L_1 \oplus L_1^{\perp}$
avec L_1 et $L_1^{\perp}$ semi-simples. Comme $[L_1, L_1^{\perp}] = [L_1^{\perp}, L_1] = \{0\}$, tout idéal de L_1 est un idéal de L, donc L_1 est simple car un idéal minimal d'une algèbre de Lie semi-simple n'est pas commutatif.

Par récurrence sur la dimension, nous avons une décomposition $L_1^{\perp} = L_2 \oplus \ldots \oplus L_m$, où les L_i, $2 \leq i \leq m$, sont des idéaux de $L_1^{\perp}$ (donc de L) qui sont des algèbres simples.

Donc on a L $= L_1 \oplus L_2 \oplus \ldots \oplus L_m$. (ii) = ⇒ (i) : Supposons que L $= L_1 \oplus L_2 \oplus \ldots \oplus L_m$,où les L_i sont des idéaux simples.

Comme

$[L_i , L_j] \subset L_i \cap L_j = \{0\}$,le Théorème III.1.3 montre que les idéaux L_i sont deux à deux orthogonaux par rapport à la forme de Killing qui est non dégénérée sur chacun d'eux. Donc la forme de Killing de L est non dégénérée et par suite, L est semi-simple. Pour montrer que la décomposition
L $= L_1 \oplus L_2 \oplus \ldots \oplus L_m$.

D'une algèbre de Lie semi-simple L est unique, il suffit de démontrer que si I est un idéal simple de L, alors I coïncide avec l'un des Li. Soit donc I un idéal simple de L.

Alors [I, L] est un idéal non nul de I puisque Z(L) = {0} .

Donc [I, L] = I puisque I est simple. Mais comme $[I, L] = [I, L_1] \oplus \ldots \oplus [I, L_m]$, on a nécessairement $[I, L_k] = I$ pour un k ∈ [1, m].

Alors la relation $I = [I, L_k] \subset I \cap L_k$ montre que $I \subset L_k$, donc $I = L_k$ car L_k est simple.

Les idéaux simples d'une algèbre de Lie semi-simple L s'appellent les composantes simples de L.

Corollaire II-3-1-9

Soit L une algèbre de Lie semi-simple sur K. Alors L est somme directe de ses idéaux simples L_i et tout idéal de L est somme directe de certains des L_i.

Preuve

On a L $=L_1 \oplus L_2 \oplus ... \oplus L_m$ où les L_i sont des idéaux simples de L. Soit I un idéal de L. Notons J l'ensemble des indices j tels que I ∩ Lj≠{0} et K l'ensemble des indices k tels que I ∩ L_k = {0} . Si j ∈ J, I ∩ L_j est un idéal non nul de L_j, donc I ∩ L_j = L_j puisque L_j est simple. Alors $\oplus_{j\in J} L_j \subset$ I.Si a ∈ I , on peut écrire a $=\sum_{l+1}^{M} a_i$, avec $a_i \in L_i$.

Si k ∈ K on a, pour tout y ∈ L_k, [ak, y] =[a, y] ∈ I ∩ L_k = {0} ,ce qui montre que a_k est dans le centre de L_k; donc a_k= 0 car L_k est simple. Ainsi les composantes a_k, k ∈ K,sont nulles. On a donc I $=\oplus_{j\in J} L_j$

Théorème II-3-1-10

Soient L, L' deux algèbres de Lie sur K, R et R' leurs radicaux, et f un homomorphisme de L sur L'. Alors :

(i) R'= f (R) ;

(ii) Si L est semi-simple, L' est semi-simple.

Preuve

(i) : f(R) est un idéal résoluble de L', donc f (R) ⊂ R'. Il reste à montrer que R'⊂ f (R) . Pour cela, il suffit de montrer que L'/f (R) est semi-simple.

Soit I le noyau de f . Pour tout x ∈ L, l'application σ définie par σ ($\dot{x}$) = f (x)+ f (R) est un isomorphisme de l'algèbre de Lie L/(R + I) sur l'algèbre de Lie L'/f (R) .D'après le Théorème II.2.7, l'algèbre L-R est semi-simple. Donc L/(R + I) ,qui est isomorphe à l'algèbre quotient (L/R)/((R + I) /R) ,est semi-simple. Par suite, L'/f (R)est semi-simple et on a bien R'⊂ f (R) .(ii) résulte aussitôt de (i).

Théorème II-3-1-11

Si L est une algèbre de Lie semi-simple, toute dérivation de L est une dérivation intérieure.

Preuve :

Si d est une dérivation de L, l'application x → T r (d ◦ adx) est une forme linéaire sur L. Comme la forme de Killing β est non dégénérée sur L, il existe a ∈ L tel que β (a, x) = T r (d ◦ adx) pour tout x ∈ L. Posons E = d -ada.

Alors E ∈ Der (L) et on a pour tout x ∈ L T r (E ◦ adx) = T r (d ◦ adx) − T r (ada ◦ adx)= T r (d ◦ adx) − β (a, x) = 0. Si y ∈ L, nous pouvons écrire :

β(E (x) , y) = T r (adE (x) ◦ ady) = T r ([E, adx] ◦ ady) = T r (E ◦ adx ◦ ady)−T r (adx ◦ E ◦ ady) = T r (E ◦ adx ◦ ady)−T r (E ◦ ady ◦ adx) = T r (E ◦ [adx, ady]) = T r (E ◦ ad [x, y]) = 0

où l'on a utilisé l'égalité ad E (x) = [E, adx](voir I.3.2) et la relation T r (E ◦ adx) =0 pour tout x ∈ L. Comme β est non dégénérée, ceci entraîne E = 0, donc d = ada est une dérivation intérieure.

Exemple II-3-1-12

Soit L = s` (2, K)l'algèbre de Lie formée des matrices carrées d'ordre deux de trace nulle. Les matrices $x = \begin{pmatrix} 0 & 1 \\ 0 & 0 \end{pmatrix}, y = \begin{pmatrix} 0 & 0 \\ 1 & 0 \end{pmatrix}, h = \begin{pmatrix} 1 & 0 \\ 0 & -1 \end{pmatrix}$ forment une base de L avec le crochet définie par [h, x] = 2x, [h, y] = −2y, [x, y] = h. Les matrices de adx, ady et adh sont respectivement $\begin{pmatrix} 0 & 0 & -2 \\ 0 & 0 & 0 \\ 0 & 1 & 0 \end{pmatrix}, \begin{pmatrix} 0 & 0 & 0 \\ 0 & 0 & 2 \\ -1 & 0 & 0 \end{pmatrix}, et \begin{pmatrix} 2 & 0 & 0 \\ 0 & -2 & 0 \\ 0 & 0 & 0 \end{pmatrix}$

Un calcul élémentaire montre que la matrice de la forme de Killing β de L est

$M = \begin{pmatrix} 0 & 4 & 0 \\ 4 & 0 & 0 \\ 0 & 0 & 8 \end{pmatrix}$.

Comme dét (M) = −128, β est non dégénérée, donc L est semi-simple. Montrons que L est simple. Soit I un idéal non nul de L et soit z $=a_1x+a_2y+a_3h$ un élément non nul de I .

Supposons, par exemple que $a_1 \neq 0$. Comme $(ady)^2(z) = -2a_1$, y,on a y ∈ I . Alors [x, y] = h ∈ I et x= $\frac{1}{2}$[h, x] ∈ I, i.e. I = L. Si on suppose que $a_2 \neq 0$, comme $(adx)^2(z) = -2a_2x$, on verrait de même que I = L. Enfin si $a_1 = a_2 = 0$, comme l'élément non nul a_3h ∈ I, on a h ∈ I ;alors x= $\frac{1}{2}$[h, x]∈ I et y = $-\frac{1}{2}$[h, y]∈ I,d'où I = L. L est bien une algèbre de Lie simple.

II-3-2. Réductibilité complète des représentations

Dans ce paragraphe, nous allons étudier la réductibilité complète des représentations des algèbres de Lie semi-simples et nous démontrerons, en particulier, le célèbre théorème de H. Weyl qui énonce qu'une algèbre de Lie L est semi-simple si et seulement si tout L-module est complètement réductible.

Lemme II-3-2-1

Soient L une K-algèbre de Lie semi-simple et π une représentation linéaire fidèle non nulle de L dans un espace vectoriel V de dimension finie.

Soit β La forme bilinéaire symétrique associée à π :β (x, y) = T r (π (x) ∘ π (y)) , x, y ∈ L.

Soient $(e_1, ..., e_n)$ une base de L, et $(f_1, ..., f_n)$ la base duale relativement à β , c'est à-dire β $(e_i, f_j) = \delta_{ij}$. Alors (i) L'opérateur C $=\sum_{i=1}^{n} \pi(e_i) \circ (f_i)$ commute à tous les π (x) , x ∈ L, et on a T r (C)= n =dim(L) .(ii) Si π est irréductible, l'opérateur C {est un automorphisme de V .

Preuve :

(i) : La forme bilinéaire β est non dégénérée. Si $(e_1, ..., e_n)$ est une base de L, il existe donc une base duale unique $(f_1, ..., f_n)$ telle que β $(e_i, f_j) = \delta_{ij}$, où δ_{ij} est le symbole de Kronecker. Posons, pour tout x ∈ L, $[x, e_i] = \sum_{j=1}^{n} a_{ji} e_j$ et $[x, f_i] = \sum_{j=1}^{n} b_{ji} f_j$ et montrons que $a_{ji} = -b_{ij}$. On a β([x, e_i] , f_j) $=\beta(\sum_{k=1}^{n} a_{ki} e_k, f_j = \sum_{k=1}^{n} a_{ki} \beta(e_k, f_j) = a_{ji}$. Or, la forme bilinéaire β étant invariante, On a donc bien $a_{ji} = -b_{ij}$. En utilisant cette égalité et l'identité [u, v w] = [u, v] w + v [u, w]dans L (V) , nous avons, pour tout x ∈ L, $[\pi(x), C] = [\pi(x), \sum_{i=1}^{n} \pi(e_i) \circ (f_i)] = \sum_{i=1}^{n} [\pi(x), \pi(e_i)] \pi(f_i) + \sum_{i=1}^{n} \pi(e_i) [\pi(x), \pi(f_i)] = \sum_{i=1}^{n} \pi([x, e_i]) \pi(f_i) + \sum_{i=1}^{n} \pi(e_i) \pi([x, f_i]) = \sum_{j,i=1}^{n} a_{ji} \pi(e_j) \pi(f_i) + \sum_{j,i=1}^{n} b_{ji} \pi(e_i) f_j = 0$. Donc l'endomorphisme C commute à tous les π (x) quel que soit x ∈ L. D'autre part, on a : Tr(C) $=\sum_{i=1}^{n} Tr(\pi(e_i) \circ \pi(f_i) = \sum_{i=1}^{n} \beta(e_i, f_i) = n = \dim(L)$.

(ii) : Comme l'endomorphisme C commute à tous les π (x), son noyau Ker (C) est invariant par tous les π (x) , x ∈ L. En vertu de l'irréductibilité de, π on a Ker (C) = {0} ou Ker (C) = V. Si Ker(C)=V, alors C = 0, donc 0 = T r(C) = n ce qui est absurde puisque π est non nulle. Par suite Ker (C) = {0}et C est un automorphisme de V .

Définition II-3-2-2
L'opérateur C du Lemme II-3-2-1 s'appelle l'opérateur de Casimir de la représentation π .

Remarque III-3-2-3
Si π n'est pas une représentation fidèle, le noyau N de π est un idéal de L. Si N est l'idéal supplémentaire de N dans L la restriction de π à N' est une représentation fidèle de N encore notée π et la forme bilinéaire symétique β (x, y) = T r (π (x) ∘ π (y)) , x, y ∈ N' est non dégénérée. En prenant deux bases duales (e_i, ..., e_m) et (f_1, ..., f_m) de N', on construirait comme précédemment l'opérateur de Casimir de π. Il commute à tous les π(x) , x∈ L.

Remarque II-3-2-4
Soient L une algèbre de Lie sur K,I un idéal de L et soit π une représentation linéaire de L dans un K-espace vectoriel V de dimension finie. Si on suppose que la restristion à I × I de la forme bilinéaire-associée à π est non dégénérée, si (e_i, ..., e_m) et (f_1, ..., f_m) sont deux bases duales de I , l'opérateur de Casimir de la représentation π (associé à I) est donné par
$C = \sum_{i=1}^{n}(\pi(e_i) \circ \pi(f_i)$n X

II-3-3. Sous-algèbres de Cartan d'une algèbre de Lie

Dans ce paragraphe, IK désignera un corps commutatif, algébriquement clos, de caractéristique O; tous les IK-espaces vectoriels seront de dimension finie.

Définition II-3-3-1
Soient L une algèbre de Lie sur K, et π une représentation linéaire de L dans un K-espace vectoriel V . On dit qu'une forme linéaire λ sur L est un poids de la représentation π, s'il existe un vecteur non nul v de V tel que π (x) v = λ (x) v pour tout x ∈ L.
D'après le Théorème de Lie, si L est résoluble alors toute représentation de L dans un espace vectoriel non nul possède au moins un poids.
Soient V un espace vectoriel sur K et T un endomorphisme de V .
Si I est l'identité de End (V) et si λ ∈ K, on note V (T, λ) le sous espace vectoriel de V formé des vecteurs v ∈ V tels que
$(T - \lambda.I)^n v = 0$ pour un entier $n \geq 0$.
Soient L une algèbre de Lie sur K et π une représentation linéaire de L dans V .
Si λ est une forme linéaire sur L, on notera V (L, λ) ou simplement V^λ, le sousespace vectoriel de V formé des vecteurs v de V tels que $(\pi(x) - \lambda(x) I)^n v = 0$ pour un entier $n \geq 0$ et pour tout x ∈ L.
On a évidemment $V^\lambda = \bigcap_{x \in L} V(\pi(x), \lambda(x))$.

Théorème II-3-3-2
Soit L une algèbre de Lie nilpotente et soit ,V une représentation linéaire de L. Alors :
(i) Les sous-espaces V^λ sont stables par les opérateurs π (x) , x ∈ L.

(ii) Si $V^{\lambda} \neq \{0\}$, λ est un poides de π et c'est le seul poids de la restriction de π à V^{λ}.
(iii) L'espace V est somme directe des sous-espaces V^{λ}.

Pour la démonstration, voir M. Naïmark et A. Stern [ ], Proposition II , page403. Puisque dim(V)= $\sum \dim(V^{\lambda})$ il y a au plus n =dim (V) poids distincts.
Considérons maintenant le cas particulier où π est la représentation adjointe de l'algèbre de Lie L. Soit H une sous-algèbre de Lie nilpotente de L et soit ρ la restriction de π à la sous-algèbre de Lie H . On appelle racine de l'algèbre de Lie L par rapport à la sous-algèbre de Lie H , tout poids de ρ. Ainsi, la forme linéaire α sur H est une racine de L par rapport à H s'il existe un vecteur non nul $x \in L$ tel que $(adh)(x) = [h, x] = \alpha(h)x$ pour tout $h \in H$. Le sous-sepace L^{α} de L formé des $x \in L$ tels que $(adh - \alpha(h) I)^n x = 0$ pour un entier $n \geq 0$ et pour tout $h \in H$, s'appelle le sous-espace des racines associé à la racine α. D'après le Théorème II.3.3.2, L est somme directe de sous-espaces L^{α} correspondant aux différentes racines α de L par rapport à H. Il est clair que $\alpha = 0$ est racine de L par rapport à H puisque H est nilpotente. D'autre part, on a $H \subset L^0$. En effet, puisque H est une algèbre de Lie nilpotente, il existe un entier n tel que $(adh)^n = 0$ pour tout $h \in H$. Donc pour tout $x \in H$, $(adh)^n([h, x]) = 0$, i.e . $(adh)^{n+1}(x) = 0$, ce qui montre que $x \in L^0$ et par suite $H \subset L^0$.

Théorème II-3-3-3
Soient H une sous-algèbre de Lie nilpotente d'une algèbre de Lie L, α et β deux racines de L par rapport à H. Alors :
(i) On a $[L^{\alpha}, L^{\beta}] \subset L^{\alpha+\beta}$ et $[L^{\alpha}, L^{\beta}]=\{0\}$ si $\alpha + \beta$ n'est pas racine de L par rapport à H .
(ii) L^0 est une sous-algèbre de Lie de L.

Preuve :
(i) ; Par linéarité, il suffit de montrer que si $u \in L^{\alpha}$ et $v \in L^{\beta}$,alors $[u, v] \in L^{\alpha+\beta}$.
Posons D = adh, pour tout $h \in H$. On a
$(D - (\alpha(h) + \beta(h)) I)([u, v]) = [(D - \alpha(h) I) u, v] + [u, (D - \beta(h) I) v]$. D'où, par récurrence sur n :
$(D - (\alpha(h) + \beta(h)) I)^n([u, v]) = \sum_{j=0}^{n} C_n^j [(D - \alpha(h)I)^j u, ((D - \beta(h)I)^{n-j} v]$. Pour n assez grand, tous les termes du membre de droite sont nuls ; donc $[u, v] \in L^{\alpha+\beta}$. Si $\alpha + \beta$ n'est pas racine de L par rapport à H, on a $L^{\alpha+\beta} = \{0\}$, d'où $[L^{\alpha}, L^{\beta}] = \{0\}$.(ii) résulte aussitôt de (i).

Définition II-3-3-4
Soit L une algèbre de Lie sur IK. On appelle sous-algèbre de Cartan de L toute sous-algèbre de Lie nilpotente de L égale à son normalisateur.

Théorème II-3-3-5
Pour qu'une sous-algèbre de Lie nilpotente H de L soit une sous-algèbre de Cartan, il faut et il suffit que $H = L^0$.

Preuve :
Supposons que $H = L^0$. Si $h \in H$ et $x \in N_L(H)$, $(adh)(x) \in H$ Puisque H est nilpotente, il existe un entier n tel que $(adh)^n = 0$, d'où $(adh)^n([h, x]) = 0$, soit $(adh)^{n+1}(x) = 0$; on en déduit que $x \in L^0 = H$ et

par suite $N_L(H) \subset L^0$. Comme $H \subset N_L(H) \subset L^0$, H est une sous-algèbre de Cartan. Réciproquement, sout H une sous-algèbre de Cartan de L. Pour tout h ∈ H , l'endomorphisme adh : $L^0 \rightarrow L^0$ laisse H stable. D'après la définition de L^0, adh induit sur l'espace vectoriel L^0/H un endomorphisme nilpotent. Si on avait $H \neq L^0$, il existerait, d'après le Théorème d'Engel, un vecteur $x \in L^0$, x / ∈ H, tel que (adh) (x) ∈ H pour tout h ∈ H, i.e. [x, H] ⊂ H, ce qui montre que $x \in N_L(H)$.
Comme x / ∈ H, H ne serait pas une sous-algèbre de Cartan, ce qui est absurde.
Donc $H = L^0$.

Remarque II-3-3-6
Une sous-algèbre de Cartan d'une algèbre de Lie L est une sous-algèbre de Lie nilpotente maximale de L.

Exemple II-3-3-7
Si L est une algèbre de Lie nilpotente, alors L est la seule sous-algèbre de Cartan de L car $L = L^0$. Soit x un élément de l'algèbre de Lie L, et soit L_x^0 le sous-espace vectoriel de L formé des vecteurs y ∈L tels que $(adx)_y^n = 0$ pour un entier $n \geq 0$. Comme $x \in L_x^0$, $L_x^0 \neq \{0\}$ si $x \neq 0$.
Le nombre $r = inf_{x \in L} \dim(L_x^0)$ s'appelle le rang de l'algèbre de Lie L. On dit qu'un élément x∈L est régulier si $\dim(L_x^0) = r$.
Notons que toute algèbre de Lie non nulle L contient au moins un élément régulier.
En effet, si x_0 est un élément non nul de L et si $\dim(L_{x_0}^0)$ n'est pas minimale, il existe un élément non nul x_1 de L tel que $\dim(L_{x_1}^0) < \dim(L_{x_0}^0)$. En répétant ce raisonnement, on aboutit à un élément x_r pour lequel $\dim(L_{x_r}^0)$ est minimale puisque L est de dimension finie.

Théorème II-3-3-8 (Existence des sous-algèbres de Cartan).
Si x est un élément régulier de l'algèbre de Lie L, alors $L_{x_0}^0$ est une sous-algèbre de Cartan de L et sa dimension est égale au rang de L.
Pour la démonstration, voir Arthur A. Sagle et Ralph E. Walde [ ], Proposition 13.2.

Corollaire II-3-3-9
Toute algèbre de Lie contient une sous-algèbre de Cartan.

Théorème II-3-3-10 Soit H une sous-algèbre de Cartan de l'algèbre de Lie L. Si H contient un élément régulier x de L, alors $H = L_{x_0}^0$.

Preuve :
Puisque H est nilpotente, il existe un entier n tel que $(adx)^n y = 0$ pour tout y ∈ H . Donc $y \in L_{x_0}^0$ et par suite $H \subset L_{x_0}^0$. Le raisonnement utilisé dans la démonstration du Théorème III.3.3.5 montre que $H = L_{x_0}^0$. Nous admettrons le Théorème suivant.

Théorème II-3-3-11
Soient H et H' deux sous-algèbres de Cartan de l'algèbre
de Lie L. Alors, il existe un automorphisme intérieur σ de L tel que σ (H) = H' On en déduit aussitôt :

Corollaire II-3-3-12

Soit L une algèbre de Lie. Alors toute sous-algèbre de Cartan H de L est de la forme $L_{x_0}^0$, où x est un élément régulier de L.

Preuve :

Soit x un élément régulier de L. $L_{x_0}^0$ est une sous-algèbre de Cartan de L, donc il existe un automorphisme intérieur σ de L tel que σ ($L_{x_0}^0$) = H. En particulier σ(x) est un élément régulier appartenant à H , donc H =$L_{\sigma(x)}^0$.

Chapitre 3

THEORIE DES REPRESENTATIONS

§.III-1 - Représentations des groupes topologiques

III-1-1. Représentations des groupes topologiques localement compact

Soient G un groupe localement compact unimodulaire et H un espace de Hilbert complexe séparable.

Définition III-1-1-1.

On appelle représentation unitaire continue de G, un homomorphisme x → U (x) de G dans le groupe des opérateurs unitaires de l'espace de Hilbert H tel que l'application (x, ζ) → U (x) ζ est continue sur G × H .

Cette condition est équivalente à la suivante : Il existe un sous-ensemble H_0 de H dense dans H, tel que l'application x → U (x) ζ_0 soit continue en x = 1 (élément neutre de G) pour tout $\zeta_0 \in$ H. On appelle coefficient de U , toute fonction x → (U (x) ζ, η) ou ζ et η sont deux vecteurs donnés dans H.

Lorsque H = $L^2(G)$, on définit deux représentations unitaires L et R dans H , en posant pour f ∈ H et x, y ∈ G (U (x) f) (y) = f ($x^{-1}y$) , V (x) f (y) = f (yx) .On appelle L (resp R) la représentation régulière gauche (resp. droite) .

La représentation U est dite triviale si U_x = I pour tout x ∈ G.L'espace H est appelé l'espace de la représentation.

La représentation U est dite bornée si $\sup_{x\in G}\|U(x)\| < +\infty$. Ainsi toute représentation d'un groupe localement compact est bornée sur tout compact K ⊂ G.

Exemple III-1-1-2 :

Soit G = IR. Considérons les applications

1) $x \mapsto T_x = exp[ipx]\ I$, p ∈ R et

2) $x \mapsto T'_x = exp[px]\ I$, p ∈ IR. T et T' sont des représentations de IR . La représentation T' n'est pas bornée sur R, mais bornée sur tout sous-ensemble borné de IR.

Exemple 2 :

Soit G un groupe de transformations qui opère continûment sur un espace S localement compact laissant la mesure μ invariante. Soient H = $L^2(S, \mu)$ et l'application x ⟼ T_x définie par :

$(T_x u)(s) = u(x^{-1}s)$, $\forall u \in H$, $s \in S$ et $x \in G$ l'opérateur T_x est linéaire ie.
$[T_x(T_y u)](s) = (T_y u)(x^{-1}s) = u(y^{-1}x^{-1}s) = (T_{xy}u)(s)$ i.e $T_{xy} = T_x T_y$ et $T_e = 1$.
Comme la mesure μ est invariante on a : $(T_x u, T_x v) = \int u(x^{-1}s)\overline{v(x^{-1}s)}\, d\mu(s) = (u, v)$ i.e. T_x est isométrique et comme Dom $(T_x) = H$ alors T_x est unitaire. Si $u \in K(S)$, $\mathrm{Sup}|u(x^{-1}s) - u(s)| \to 0$ à cause de l'uniforme continuité de u.
D'autre part, il existe un compact $K \subset S$ contenant les supports de u et $T_x u$ tel que :

$$\|T_x u - u\| = \left[\int_S |u(x^{-1}s) - u(s)|^2 d\mu(s)\right]^{1/2} \leq \max_{s\in K}|u(x^{-1}s) - u(s)|\mu(K)^{1/2} \to 0(x\to e).$$

Si $u \in L^2(S,\mu)$ et $\varepsilon > 0$, il existe un $v \in K(S)$ tel $\|u - v\| \leq \varepsilon$ .Alors $\|T_x u - u\| \leq \|T_x(u - v)\| + \|T_x v - v\| + \|u - u\|\ et \|T_x u - x\| \leq 2\varepsilon + \|T_x v - v\|$ Ainsi $\|T_x u - u\| \leq 3\varepsilon$ si $x \to e$. Par conséquent T est une représentation unitaire continue de G dans $L^2(S, u)$.
Si S = G on obtient la représentation régulière gauche.Si S = G/K où K est un sous-groupe fermé de G, la représentation T est dite quasi-régulière.Une représentation $x \to T_x$ est dite fidèle , si l'application $x \to T_x$ est injective.
Soit T une représentation du groupe G dans l'espace de Hilbert H. Soit S un isomorphisme borné de H sur un espace de Hilbert H'. L'application $\phi : x \to T'_x = ST_xS^{-1}$ définit une représentation de G dans H'. $T'_{xy} = ST_xS^{-1}ST_y S^{-1} = T'_x T'_y$, $T'_e = 1$ et

$$\|T'_x u' - T'_y u'\| = \|S(T_x S^{-1}u' - T_y S^{-1}u'\| \leq \|S\|\|T_x u - u\| \to 0\ si\ x \to y.$$

On peut donc construire une nouvelle classe de représentations à partir de la représentation T de G dans le même espace où dans un espace isomorphe à celui de T . D'où la notion de l'équivalence des représentations.

Définition III-1-1-3
Deux représentations U dans H et V dans H' sont dites équivalentes s'il existe un isomorphisme S de H sur H' tel que : $SU(x) = V(x)S$, $\forall x \in G$.
On dit que S entrelace U et V .

Définition III-1-1-4
Deux représentations U dans H et V dans H sont dites unitairement équivalentes s'il existe un isomorphisme unitaire S de H sur H' qui entrelace U et V .

Exemple III-1-1-5
Soit L (resp.R) la représentation régulière gauche (resp. droite)
d'un groupe G.Considérons l'application $I : u(x) \to u(x^{-1})$. I est un opérateur unitaire de H . On a $(IR_x u)(y) = (R_x u)y^{-1} = u(x^{-1}y) = Iu(y^{-1}x) = (L_y I_u)(x)$ donc $IR_x = L_x I$.

Proposition III-1-1-6
Deux représentations unitaires équivalentes sont unitairement équivalentes.

Preuve :
Soit S un isomorphisme borné de H sur H' tel que $ST_x = T'_x S$. On a en prenant l'adjoint des deux membres $T_x S^* = S^* T'_x$ donc $SS^*T'_x = ST_xS^* = T'_x SS^*$. Ainsi T'_x commute avec l'opérateur hermitien positif SS^* et donc avec $A = \sqrt{SS^*}$.

L'opérateur $A^{-1}S$ est un opérateur unitaire qui entrelace T et T'. Par conséquent T et T' sont unitairement équivalentes Etudions l'irréductibilité et la réductibilité des représentations. Soit T une représentation du groupe G dans un espace de Hilbert H.

Un sous-espace ou un sous-ensemble H_1 de H est dit invariant pour T si pour tout $u \in H_1, T_x u \in H_1$. Toute représentation admet au moins deux ($\forall$ x $\in$ G) sous-espaces invariants :

Le sous-espace {0} et l'espace entier H . Ces deux sous-espaces sont dits triviaux. Les sous-espaces ou sous-ensembles invariants non triviaux est dits propres.

Nous allons introduire le concept d'irréductible qui joue un très grand rôle dans la théorie des représentations.

Définition III-1-1-7

Une représentation T d'un groupe G dans H est dite algébriquement irréductible, s'il n'admet pas de sous-ensembles propres invariants.

Définition III-1-1-8

Une représentation T d'un groupe topologique G dans H est dite topologiquement irréductible si elle n'admet pas de sous-espaces propres fermés invariants.

Remarque III-1-1-9

L'irréductibilité algébrique entraîne l'irréductibilité topologique. Une représentation qui admet des sous-espaces propres invariants est diteréductible. On peut donc construire au moins deux nouvelles représentations.

La première est obtenue par restriction de Tx au sous-espace fermé H_1. Cette représentation est appelée sous-représentation de T et est notée $T \backslash H_1$. La seconde peut être réalisée dans l'espace quotient H/H_1, car si H_1 est invariant, $Tx(u + H_1) = T_x u + H_1 \in H/H_1$; alors H/H_1 est aussi invariant.

Cette représentation est appelée une représentation quotient de T .Le complémentaire orthogonal $H_1^{\perp}$ du sous-espace invariant H_1 n'est pas en général invariant. $H_1^{\perp}$ est invariant si la représentation est unitaire.

Proposition III-1-1-10

Soit T une représentation unitaire d'un groupe G dans un espace de Hilbert H.Soient H_1 un sous-espace de H et P_1 la projection orthogonale de H sur H_1.

Alors :

1) Le complémentaire orthogonal $H_1^{\perp}$ du H_1 est invariant si et seulement si H_1 est invariant.

2) H_1 est invariant si et seulement si $P_1 T_x = T_x P_1$, $\forall x \in G$.

Preuve :

1) Supposons que H_1 est invariant.$\forall$ $u \in H_1$, $v \in H_1^{\perp}$ on a $(T_x v, u) = (v, T_x^* u) = (v, T_{x^{-1}} u) = 0$ car $T_{x^{-1}} u \in H1$. Donc $H_1^{\perp}$ est invariant. La réciproque est évidente.

2) Soit H_1 un sous-espace invariant et $u \in H$. Alors on a : $T_x P_1 u \in H_1 \forall$ $x \in G$ et $P_1 T_x P_1 u = T_x P_1 u$ donc $P_1 T_x P_1 = T_x P_1$. En prenant l'adjoint on a : $P_1 T_x^* P_1 = P_1 T_x^* u$ ou $P_1 T_{x^{-1}} P_1 = P1 T_{x^{-1}}$.

Posons $y = x^{-1}$, on a : $P_1 T_y = P_1 T_y P_1 = T_y P_1$, $\forall$ $y \in G$.Réciproquement si $P_1 T_x = T_x P_1$, $\forall$ $x \in G$, on a pour $u_1 \in H_1$, $T_x u_1 = T_x P_1 u_1 = P_1 T_x u_1 \in H_1$. Ainsi H_1 est invariant.

Exemple III-1-1-11

Soit G = R et H un espace de Hilbert réel de dimension 2 avec le produit scalaire défini par :

$$(u, v) = u_1v_1 + u_2v_2.$$

On représente G dans H par les matrices non-unitaires triangulaires ie

$x \to T_x = \begin{pmatrix} 1 & x \\ 0 & 1 \end{pmatrix}, T_x \begin{pmatrix} u_1 \\ u_2 \end{pmatrix} = \begin{pmatrix} u_1 + xu_2 \\ u_2 \end{pmatrix}.$

Le sous-espace H_1 des vecteurs $\begin{pmatrix} u_1 \\ 0 \end{pmatrix}$ est invariant par T

alors son complémentaire orthogonal $H_1^{\perp}$ des vecteurs u$\begin{pmatrix} 0 \\ u_1 \end{pmatrix}$ n'est pas invariant.

Un espace de Hilbert H est somme directe des sous-espaces H_1, H_2, ... notée $\sum \oplus H_i$ si les conditions suivantes sont vérifiées.

1) Hi ⊥ Hj' ∀ i≠j'

2) Tout élément u ∈ H se décompose en série convergente $u = \sum_i u_i$ où $u_i \in H_i$

Définition III-1-1-12

Une représentation T de G dans un espace de Hilbert H est somme directe de représentations T_i de G dans H_i si les H_i sont des sous-espaces invariants de H tels que H $=\sum \oplus H_i$ et que chaque T_i est une sous-représentation de T.

On la note : T $=\sum \oplus T_i$. Une représentation T de G dans H est dite complétement réductible ou discrètement décomposable si elle peut s'exprimer comme somme directe de sousreprésentations irréductibles.

Les représentations de dimension finie qui sont reductible mais non discrètement réductible sont dites indécomposables (Voir l'exemple précédent).

La représentation matricielle d'une représentation complétement réductible est de la forme

$$D(x) = \begin{pmatrix} D^1(x) & \cdots & 0 \\ 0 & D^2(x) & \vdots \\ 0 & \cdots & D^i(x) \end{pmatrix}$$ où chaque $D_i(x)$ est irréductible.

Proposition III-1-1-13

Une représentation unitaire de dimension finie d'un groupe est complètement réductible.

Preuve :

Si H_1 est un sous-espace invariant propre de H, $H_1^{\perp}$ est aussi invariant et H $=H_1 \oplus H_1^{\perp}$. Si H_1 ou $H_1^{\perp}$ contient un sous-espace propre invariant, on le décompose en somme directe avec son orthogonal ainsi de suite (la dimension de H étant finie).

Les propositions suivantes sont fondamentales dans la théorie de représentations de groupes. Il s'agit des lemmes de Schur.

Proposition III-1-1-14 (Lemme de Schur) :

Soient T et T' deux représentations unitaires irréductibles de G dans H et H' respectivement. Si S est un opérateur linéaire borné de H dans H' qui entrelace T et T' alors S est un isomorphisme d'espaces de Hilbert ou S = 0.

Preuve :
Si pour tout $x \in G$, $ST_x = T'_x S$ alors on a : $TS^* = S^*T'$. Ainsi l'opérateur hermitien $V = S^*S$ défini positif commute avec T . Soit $V = \int \lambda dE(\lambda)$ la décomposition spectrale de V , on a
$TE(\lambda) = E(\lambda) T$.
Ainsi tout sous-espace fermé $H(\lambda) = E(\lambda) H$ est invariant.
Comme H est irréductible, $H(\lambda) = H$ ou $H(\lambda) = \{0\}$. Donc $V = \lambda I$.
De même $V' = SS^* = \lambda' I$.
Comme $\lambda S = SS^* = \lambda' S$, on a $\lambda = \lambda'$ si $S \neq 0$ ou $S = 0$.
Supposons $S \neq 0$ et posons $U = \lambda^{-1/2} S$, on a : $U^*U = I$ et $UU^* = I$ donc S est un isomorphisme de H sur H' et $T \cong T'$.
Dans le cas de dimension finie, on considère KerS et ImS . Ce sont des sous-espaces invariants fermés de H_1 et H_2. Si KerS = H_1 ou si ImS = $\{0\}$, alors T = 0.
La seule autre possibilité est que Ker S = $\{0\}$ et ImS = H_2, autrement dit, T est un isomorphisme. Ce lemme de Schur conduit aux critères d'irréductibilité suivants.

Proposition III-1-1-15 (Lemme de Schur) :
Une représentation unitaire T de G dans H est irréductible si et seulement si les seuls opérateurs qui commutent avec T_x sont les multiples scalaires de l'opérateur
identité.
Preuve :
Si $ST_x = T_x S$, alors $S^*T_x = T_x S^*$. Ainsi les opérateurs auto-adjoints $S_1 = \frac{1}{2}(S + S^*)$ et
$S_2 = \frac{1}{2i}(S - S^*)$ commutent aussi avec T_x. Donc $S = \lambda_1 I + \lambda_2 I = \lambda I$.
Réciproquement si tout opérateur S commutant avec T est de la forme λI , alors le projecteur P qui commute avec T est soit I ou 0.
Ainsi les seuls sousespaces invariants fermés sont $\{0\}$ ou l'espace entier H .
Par conséquent T est irréductible.
Nous pouvons donc donner une autre définition de l'irréductibilité.

Définition : III-1-1-16
Une représentation unitaire T de G dans H est dite irréductible si les seuls opérateurs qui commutent avec T_x sont les multiples scalaires de l'opérateur identité. En considérant une représentation de dimension finie non nécéssairement unitaire on a la proposition suivante :

Proposition III-1-1-17 (Lemme de Schur) :
Soit T une représentation irréductible de G dans H, avec $\dim H < \infty$. Les seuls opérateurs qui commutent avec tout T_x sont des multiples scalaires de l'opérateur identité.

Preuve :
Pour tout $x \in G$, $ST_x = T_x S$, Soit $N = \{u \in H, Su = 0\}$. On a donc $\{0\} = T_x SN = ST_x$
N. Ainsi $T_x N \subset N$ ie N est un sous-espace invariant de H.
Comme T est irréductible, $N = \{0\}$ ou H.
Donc S est un isomorphisme ou S = 0.Soit S un isomorphisme qui commute avec tout T_x et soit $\lambda\ 6 = 0$ une valeur propre de S . $S - \lambda I$ n'est pas un isomorphisme de H par conséquent $S - \lambda I = 0$.
Notons R(T) , l'algèbre des opérateurs d'entrelacement de T et C R (T) son centre.

Définition III-1-1-18

Une représentation T est dite primaire si le centre CR(T) est réduit aux homothéties de H . On dit que T est isotypique si elle est primaire et s'il existe une sous-représentation irréductible de T non triviale.

Soit $\hat{G}$ l'ensemble des classes de représentations unitaires continues irréductibles équivalentes de G. Soit T une représentation unitaire continue de G dans H et supposons que H soit somme hilbertienne de sous-espaces E_k tels que la restriction de T à H_k soit irréductible. Pour tout $\delta \in \hat{G}$, soit M_δ , la somme hilbertienne des H_k tels que $U_k \in \delta$.

On dit que M_δ non réduits à $\{0\}$ sont les composantes isotypiques de H . Le nombre n_δ (fini ou ∞) de représentations de classe δ dont la restriction de T à M_δ est somme hilbertienne est appelé la multiplicité de δ dans T . Il est clair que toute représentation irréductible est primaire.

Proposition III-1-1-19

Soit T une représentation primaire qui contient une sousreprésentation irréductible V . Alors, il existe un entier $n \in \mathbb{N}^*$ tel que $T \cong nV = V \oplus V \oplus \ldots\ldots\ldots\ldots \oplus V$, n termes

Définition III-1-1-20

Un groupe est dit de type I ou isotypique s'il n'admet que des représentations isotypiques.Ces représentations sont très utiles pour la reduction du produit sensorielle des représentations. On obtient aussi une autre classe de représentations si le centre C R (T) est aussi large que possible, ie, coïncide avec R(T).

Définition III-1-1-21

Une représentation T est dite sans multiplicité (multiplicityfree) si R (T) est commutative. Notons que si T est primaire et sans multiplicité alors R(T) $=\{\lambda I\}$ ie T est irréductible d'après le lemme de Schur. Si T est sans multiplicité et discrètement décomposable, alors

$$T = \sum \oplus T^i,$$

où les T^i sont deux à deux inéquivalentes et irréductibles i.e si $T = \sum \oplus n_i T^i$ alors $n_i = 1$ $\forall i$.

Un vecteur $v \in H$ est dit cyclique pour la représentation U si le plus petit sous-espace invariant contenant v est H tout entier ; une représentation est dite cyclique si elle possède un vecteur cyclique. Si U est irréductible, tout vecteur non nul de H est cyclique.

Inversement, si tout vecteur non nul est cyclique, alors la représentation est irréductible. En effet si H_1 est un sous-espace propre invariant, et si $v_1 \in H$, $v_1 \neq 0$, alors $U(g)v_1 \in H_1$ pour tout $g \in G$, et donc v_1 n'est pas cyclique.

Proposition III-1-1-22

Soient (U, H) et (U', H') deux représentation unitaires cycliques de G, de vecteurs cycliques v et v'. Si $\forall g \in G$ $< U(g)v, v >_H = < U'(g)v', v' >_{H'}$. alors U et U' sont unitairement équivalentes.

En effet, soit $(g_i)_{i\in I}$ un sous-ensemble fini de points de G, et $(\lambda_i)_{i\in I}$ des scalaires. Alors

$$\left\|\sum_{i\in I} \lambda_i U(g_i)v\right\|^2 = \langle \sum_{i\in I} \lambda_i U(g_i)v , \sum_{i\in I} \lambda_i U(g_i)v \rangle =$$
$$\sum\sum \lambda_i \bar{\lambda}_i \langle U(g_i)v, U(g_i)v \rangle = \sum\sum \lambda_i \bar{\lambda}_i \langle U(g_j{}^{-1}g_i)v, v \rangle = \sum\sum \lambda_i \bar{\lambda}_i \langle U'(g_j{}^{-1}g_i)v', v' \rangle =$$
$$\left\|\sum_{i\in I} \lambda_i U'(g_i)v'\right\|^2$$

En particulier, si $\sum_{i\in I} \lambda_i U(g_i)v = 0$, alors, $\sum_{i\in I} \lambda_i U'(g_i)v' = 0$.

On peut donc définir sans ambiguité une application linéaire S sur le sousespace vectoriel engendré par les $\{U(g)\,v\}_{g\in G}$, en posant

$$S(\textstyle\sum_{i\in I} \lambda_i U(g_i)v) = \sum_{i\in I} \lambda_i U'(g_i)v'.$$

Comme $\|Su\|^2 = \|u\|^2$, pour tout u dans ce sous-espace, qui est donc dans H, on étend S en un opérateur unitaire de H sur H.

Enfin, il est immédiat sur la formule de définition que S ∘ U (g) = U'(g) ∘ S sur le sous-espace engendré par les $\{U(g)\,v\}_{g\in G}$; on en déduit par continuité un opérateur unitaire entrelaçant U et U'.

Nous allons étudier les liens avec les représentations des algèbres de groupe.

On suppose maintenant que G est un groupe localement compact ; on note dx sa mesure de Haar.

Soit (U, H) une représentation unitaire (continue) de G. A toute mesure bornée μ sur G, on associe l'opérateur U (μ) défini par :

$$U(\mu) = \int U(g)d\mu(g).$$

Plus précisément, pour v et w ∈ H, la fonction $g \to \langle U(g)v, w\rangle$ est continue, et bornée par $\|v\|.\|w\|$. L'application $(v, w) \to \int \langle U(g)v, w\rangle d\mu(g)$ est bilinéaire et continue. Il existe donc un opérateur continu, noté U(μ) tel que $\langle U(\mu)v,w\rangle = \int \langle U(g)v, w\rangle d\mu(g)$. De plus, comme $|\langle U(u)\,v, w\rangle| \le \|\mu\|.\ \|v\|.\ \|w\|$, on en déduit $\|U(\mu)\| \le \|\mu\|$.

Si μ et v sont deux mesures bornées, on a U (μ ∗ v) = U (μ) ∘ U (v) .

En effet

$$\begin{aligned}\langle U(\mu * \upsilon)v, w\rangle &= \int \langle U(g)v, w\rangle d(\mu * \upsilon)(g) = \int\int \langle U(gg')v, w\rangle d\mu(g)d\upsilon(g') \\ &= \int\int \langle U(g)U(g')v, w\rangle d\mu(g)d\upsilon(g') = \int (\int \langle U(g)(U(g')v), w\rangle d\mu(g))d\upsilon(g') \\ &= \int \langle U(\mu)U(\upsilon)v, w\rangle d\upsilon(g') = \langle U(\mu)U(\upsilon)v, w\rangle.\end{aligned}$$

Enfin U (μ*) = U (μ)*.

En effet

$$\begin{aligned}\int \langle U(g)v, w\rangle d(\mu^*)(g) &= \overline{\int \langle U(g^{-1})v, w\rangle d\mu(g)} = \int \overline{\langle w, U(g)^* v\rangle}\, d\mu(g) = \int \langle \overline{U(g)w, v}\rangle\, d\mu(g) \\ &= \langle\overline{U(\mu)w, v}\rangle = \langle v, U(\mu)^* w\rangle.\end{aligned}$$

Si (χ, ∗) est une algèbre de Banach involutive, on appelle représentation de χ un homomorphisme continu T de χ dans l'algèbre des opérateurs bornés d'un espace de Hilbert H, vérifiant T (μ*) = T (μ)* pour toute μ de χ. Une telle représentation est dite non dégénérée si ξ ∈ χ, T (μ) ξ = 0 pour tout μ ∈ χ ⇒ ξ = 0.Si l'algèbre χ possède une unité e, alors T (e)=II , et donc toute représentation est non dégénérée.

Proposition III-1-1-23

1) Il y a correspondance biunivoque entre les représentations de l'algèbre involutive (unitaire) $M^1(G)$ et les représentations unitaires du groupe G.

2) Il y a correspondance biunivoque entre les représentations non dégénérées de l'algèbre involutive $L^1(G)$ et les représentations unitaires du groupe G.

Preuve :

Si U est une représentation unitaire, on vient de voir que $\mu \to U(\mu)$ est une représentation de l'algèbre involutive $M^1(G)$. Se restreignant à $L^1(G)$, on obtient une représentation de cette algèbre ; pour voir qu'elle est non dégénérée, on utilise une technique fondamentale, l'approximation de l'identité.

Pour cela, soit V une base de voisinages compacts de l'origine e du groupe, et pour tout V de V ,soit ϕ_V une fonction positive, à support contenu dans V , mesurable et telle que $\int \phi_V(g)dg = 1$. Si $f \in L^1$ alors $\phi_V * f(g) = \int \phi_V(g')f(g'^{-1}g)dg' = \int \phi_V(g')L_{g'}f)(g)dg'$ pour presque tout $g \in G$,

Par suite $|\phi_V * f(g) - f(g)| = \left|\int \phi_V(g')L_{g'}f)(g)dg' - \int \phi_V(g')dg'f(g)\right|$, d'où $\|\phi_V * f - f\|_1 \leq \int \phi_V(g')dg' \sup_{g' \in V}\|L_{g'}f - f\| = \sup_{g \in V}\|L_S f - f\|_1$.

Mais l'application $g \to L_g f$ est continue. Il en résulte que, pour tout $f \in L^1$, $\phi_V * f \to f$ $(V \to (e))$ dans L^1. Une démonstration analogue montre que $f * \phi_V \to f$ $(V \to (e))$.

La famille $\{\phi_V\}_{V \in V}$ constitue une approximation de l'identité (à droite et à gauche) de l'algèbre L^1.

Revenant à la démonstration, soit $v_0 \in H$,tel que $U(f)v_0 = 0$, pour toute $f \in L^1$.

Soit $\{\phi_V\}_{V \in V}$ une approximation de l'identité, comme ci-dessus.

Alors, pour tout $v \in V$.

$$U(\phi_V)v - v = \int \phi_V(g)U(g)v dg - \int \phi_V(g)dg. v = \int \phi_V(g)(U(g)v - v)dg.$$

De la continuité de l'application $g \to U(g)v$, on déduit que $\|U(g)v - v\| < \varepsilon$ pour $g \in V$, V assez petit,.

D'où $U(\phi V)\, v \to v$, quand $V \to \{e\}$. En particulier, comme $U(\phi V)v_0 = 0$, il vient $v_0 = 0$, et par conséquent la représentation de L^1 est bien non dégénérée.

La démonstration dans l'autre sens est plus délicate. Soit d'abord T une représentation de l'algèbre $M^1(G)$; on pose, pour $g \in G$, $U(g) = T(\delta_{g^{-1}})$.

Alors $U(gg') = T(\delta_{(gg')^{-1}}) = T(\delta_{g^{-1}} * \delta_{g'^{-1}}) = T(\delta_{g^{-1}}) \circ T(\delta_{g'^{-1}}) = U(g)U(g')$.

De plus, comme $(\delta_{g^{-1}})^* = \delta_g$, il vient $U(g^{-1}) = T(\delta_g) = T((\delta_{g^{-1}})^*) = (T(\delta_{g^{-1}}))^* = U(g)^*$; donc U est bien une représentation unitaire de G, seule restant à vérifier la continuité qui se démontre aisément Si on est parti d'une représentation T de l'algèbre L^1.

La construction de U n'est pas aussi immédiate. Soit H^1 le sous-espace vectoriel engendré par les vecteurs du type T (f) v, où f parcourt $L^1(G)$ et v parcourt H. H^1 est dense dans H, car si v_0 est dans l'orthogonal de H^1, on a pour tout f dans L et tout v dans H,

$0 = \langle T(f)v, v_0 \rangle = \langle v, T(f^*)v_0 \rangle$; d'où $T(f^*)\, v_0 = 0$ pour toute $f \in L^1$; mais comme la représentation est non-dégénérée, cela implique $v_0 = 0$. Cela étant, soit v un vecteur de la forme T (f) w, avec $w \in H$ et f dans L^1.

On pose $U(g)T(f)w = T\left(R_{g^{-1}}\, f\right)w$.

Noter que si $\sum_{i=1}^{n} T(f)w_i = 0$, alors $0 = T(R_g\phi_V)(\sum_{i=1}^{n} T(f_i)w_i) = \sum\ T(R_g\phi_V * f_i)w_i$ et comme R_g $\phi_V * fi \to fi$ $(V \to \{e\})$

dans L^1, on en déduit par passage à la limite que $U(g)\, (\sum_{i=1}^{n} T(f_i)w_i) = 0$; cela montre que U(g) est défini sans ambiguité sur H_1. De plus, comme T est continue, il existe une constante C telle que $\|T((R_g\phi_V)\| \leq C$; l'opérateur U (g) satisfait donc $\|U(g)w\| \leq C\|w\|$ pour tout H^1. On peut le prolonger par continuité à H tout entier ; pour vérifier que U est une représentation, il suffit de vérifier que si $w \in H^1$. Alors $U(gg')\, w = (U(g) \circ U(g'))\, w$; mais c'est immédiat pour w = T (f) v, d'après la formule de définition de U .

Pour voir que U est unitaire, on choisit ϕ_V telle que $\phi_V^* = \phi_V$, et alors

$$T(R_{g^{-1}}\phi_V)^* = T((R_{g^{-1}}\phi_V)^*) = T(L_{g^{-1}}\phi_V)T\ .$$

Sur H^1, on voit facilement que $T(L_{g^{-1}}\phi_V) \longrightarrow U(g^{-1})$; d'où $U(g)^* = U(g^{-1})$ sur H^1, et donc partout par continuité.
Reste à montrer la continuité de la représentation ; comme la représentation U est unitaire, il suffit de vérifier que pour $v \in H$, $g \rightarrow U(g)\,v$ est une fonction continue. Il suffit même de le faire pour un sous-espace dense de H, soit H^1. Soit donc $v = T(f)w$, où $f \in L^1$ et $w \in H$; alors $U(g)(T(f)w) = T(R_{g-1}f)w$; mais $g \rightarrow R_{g-1}f$ est continu de G dans $L^1(G)$; comme T est continu, le résultat s'en déduit.
Les notions d'équivalence, d'opérateurs d'entrelacement, de sous-espace invariant, d'irréductibilité s'étendent aux représentations des algèbres de Banach involutives.
Et la proposition établissant une correspondance entre les représentations unitaires du groupe G et les représentations de $L^1(G)$ ou $M^1(G)$ admet des analogues.
En particulier les classes d'équivalence de représentations unitaires irréductibles du groupe G sont en correspondance biunivoque avec les classes d'équivalence de représentations irréductibles de $L^1(G)$.

Terminons ces rappels par la proposition suivante, contenant des critères utiles pour la théorie des fonctions sphériques.

Proposition III-1-1-24
Soit U une représentation unitaire de G dans H. Les conditions suivantes sont deux à deux équivalentes :
a) U est irréductible ;
b) Le commutant de U est scalaire ;
c) Les combinasons linéaires des opérateurs $U(x)$, $x \in G$, sont fortement partout denses dans l'espace L(H) des opérateurs bornés sur H ;
d) Les opérateurs $U(f)$, $f \in \mathcal{K}(G)$, sont fortement partout denses dans L (H) .

Preuve :
L'équivalence entre a) et b) n'est autre que le lemme de Schur-Naimark (rappelons que la démonstration de la partie "condition nécessaire" est facile si on utilise le théorème spectral).
L'inclusion : b) → c) est le célèbre théorème de densité de Von Neumann (voir pour une démonstration, S.A. Gaal, Linear analysis and representation theory, SpringerVerlag, Berlin, 1973, th. 10, p. 131), appliqué à l'algèbre engendrée par les $U(x)$, $x \in G$. On a c) → d), car $U(x)$ est limite forte des opérateurs $U(L(x)f_n)$, si $(f_n)_{n\geq 1}$ est une unité approchée. Enfin, d) → b), puisque le commutant de L (H) est scalaire. Outre l'ouvrage qui vient d'être cité, on pourra consulter le livre suivant pour les résultats généraux sur la théorie des représentations :N. Naimark & A. Stern, Théorie des représentations des groupes, Editions Mir, Moscou, 1979. Soient T^1 et T^2 deux représentations de dimension finie de G dans H^1 et H^2 respectivement.On définit une représentation de G dans $H^1 \oplus H^2$ par la formule : $T_g^1 \oplus T_g^2(a_1 \oplus a_2) = T_g^1 a_1 \oplus T_g^2 a_2$ La représentation $T^1 \oplus T^2$ est appelée produit sensoriel des représentations T^1et T^2.

Remarque III-1-1-25
Si T^1 et T^2 sont irréductibles, le produit sensoriel $T^1 \oplus T_2$ est en général réductible. i.e $T_g^1 \otimes T_g^2 \cong m_\lambda T_g^\lambda$ où T^λ sont des représentations irréductibles de G et m_λ la multiplicité de T^λ dans le produit tensoriel $T^1 \oplus T^2$. La détermination de m_λ est le problème de "série de GLebsch-Gordan". Ce problème a été résolu pour certains groupes, mais n'est pas complétement résolu pour le groupe de Lorentz.

Soit T une représentation unitaire du groupe G dans l'espace de Hilbert H. En physique, on considère surtout la composante irréductible de T (λ) de T .
En général, la décomposition d'une représentation unitaire réductible en somme directe de représentations irréductibles est impossible, on utilise alors le concept d'intégral direct de représentations et de leur espace. (Voir BARUT) [1].Nous allons étudier les représentations irréductibles et les caractères des groupes abéliens localement compacts.

Proposition III-1-1-26
Toute représentation unitaire irréductible d'un groupe abélien G est de dimension 1.

Preuve :
Pour tout x ∈ G et y un élément fixé de G.on a : $T_xT_y = T_{xy} = T_{yx} = T_yT_x$.
D'après le lemme de Schur $T_y = \alpha(y)I$, $\alpha(y) \in C$.
Par conséquent, tout sous-espace H^1 de H dimension 1 est invariant par T .
Comme T est irréductible, H^1 coïncide avec H et dim H = 1.

Un caractère d'un groupe abélien localement compact G est une fonction continue $\hat{x}$: G → C qui vérifie les conditions suivantes :
1) $|\hat{x}(x)| = 1$
2) $\hat{x}(x_1x_2) = \hat{x}(x_1)\hat{x}(x_2)$ .On déduit de 1) et 2) que : $\hat{x}(e) = 1$ et $\hat{x}(x^{-1}) = \hat{x}(x)^{-1}$

Ainsi un caractère est une représentation unitaire continue de dimension 1. L'espace dual $\hat{G}$ du groupe G est l'ensemble des classes d'équivalence des représentations unitaires continues irréductibles de G.
D'après la proposition précédente, le groupe abélien $\hat{G}$ est l'ensemble des caractères de G.

Soient $\widehat{x_1}, \widehat{x_2} \in \hat{G}$. On a :
1) $|(\widehat{x_1x_2})(x)| = 1$
2) $(\widehat{x_1x_2})(xy) = (\widehat{x_1})(xy)(\widehat{x_2})(xy) = (\widehat{x_1x_2})(x)(\widehat{x_1x_2})(y)$. D'autre part $\widehat{x^{-1}}(x) = \left(\widehat{x(x)}\right)^{-1}$ $\hat{G}$ est donc un groupe abélien.

Exemples III-1-1-27
1) Soit G = IR^n. Tout caractère $\hat{x}$ est de la forme :
$\hat{x}(x) = e^{i(\widehat{x_1}x_n+\cdots\hat{x}_nx_n)} = e^{[i(\hat{x}.x]}$ $\hat{x} \in$ IR^n . Ainsi $\hat{G}$ est isomorphe à G.
2) Soit G =U(1) = {z ∈ C / |z | = 1 }. Tout caractère $\hat{x}$ est de la forme : $\hat{x}(x) = \exp(in\theta)$, n ∈ Z si x = exp (i θ). Ainsi $\hat{G}$ est isomorphe à Z. Nous allons énoncer le théorème de SNAG.

Théorème de Stone, III-1-1-28 (Naïmark, Ambrose et de Godement)

Soit T une représentation continue unitaire d'un groupe abélien localement compact G dans un espace de Hilbert H . Alors il existe sur le dual $\hat{G}$, une mesure spectrale E (.) telle que : $T_x = \int_{\hat{G}} \langle x, \hat{x}\rangle dE(\hat{x})$

(Voir BARUT [1] pour une démonstration).
L'application $\hat{x} \rightarrow \langle x, \hat{x} \rangle$ définit une fonction continue sur $\hat{G}$ qui vérifie les conditions précédentes. Donc, tout x ∈ G définit un caractère $\hat{\hat{x}}$ du groupe $\hat{G}$ par conséquent G $\subset \hat{\hat{G}} = \{\hat{\hat{x}}, x \in G\}$.

Théorème III-1-1-29 L'application x $\rightarrow \hat{\hat{x}}$ de G dans $\hat{\hat{G}}$ est un isomorphisme topologique, G$\cong \hat{\hat{G}}$. (C'est le théorème de dualité de Pontryagin).

Remarque III-1-1-30 Le théorème de SNAG a été démontré en 1930-1932 par STONE pour G = IR^n, plus tard Naimark (1943), Ambrose (1944) et Godement (1944) ont démontré une extension de ce théorème pour un groupe abélien quelconque localement compact.

III-1-2 - Représentations des Groupes Compacts.

G désigne dans tout ce paragraphe un groupe compact.Il existe alors une mesure de Haar, invariante à droite et à gauche. Comme sa masse totale est finie, on la choisit de sorte que sa masse vaille 1. L'existence de cette mesure va entraîner des conséquences importantes.

Théorème III-1-2-1

Soit (U, H) une représentation continue du groupe G dans un espace de Hilbert H , alors il existe sur H un produit hilbertien définissant une norme équivalente à la norme donnée, et telle que U soit unitaire pour ce nouveau produit hilbertien.

Preuve :
Soit < , > le produit hilbertien initial, et posons $<v,w>_1=\int \langle U(g)v, U(g)w \rangle dg$. On vérifie aisément qu'on définit ainsi une forme sesquilinéaire positive ; si $< v,v>_1= 0$, cela implique < U (g) v, U(g) v > = 0 pour presque tout g ∈ G ; d'où v = 0. Par construction, le produit est invariant par la représentation U , en effet, pour tout $g_0 \in G$, $<U(g_0)v,U(g_0)w> =\int \langle U(g)U(g_0)v, U(g)U(g_0)w \rangle dg = \int U(gg_0)v, U(gg_0)w\, dg = \int \langle U(\gamma)v, U(\gamma)w \rangle\, d\gamma = \langle v, w \rangle$.
Soient $\|.\|$ et $\|.\|_1$ les normes associées aux produits < , > et $< >_1$.
Par définition de la continuité de U , et comme G est compact, on a ∀v ∈ H $\sup_{g \in G}\|U(g)v\| < +\infty$.
Du théorème de Banach-Steinhaus, on déduit l'existence d'une constante C > 0, telle que pour tous g ∈ G,et v ∈ H, $\|U(g)v\| \leq C\|v\|$k .
Appliquant cette inégalité au vecteur w = U $(g)^{-1}$v,
on en déduit ∀g ∈ G, ∀v ∈ H $\|U(g)v\| \geq \frac{1}{C}\|v\|$
L'équivalence des normes entraîne immédiatement que H est complet pour la norme $\|.\|_1$; on obtient aussi la continuité de la représentation pour cette norme.
Dans l'étude des représentations d'un groupe compact, on peut donc dans une large mesure se restreindre aux représentations unitaires. Voici un lemme décisif pour leur étude.

Lemme III-1-2-2
Soit (U, H) une représentation unitaire de G, et v un élément non nul de H . Soit K_v

l'opérateur défini par $\forall w \in H$, $K_v(w) = \int \langle w, U(g)v\rangle\, U(g)vd$, c'est à dire $\langle K_v(w), w'\rangle = \int \langle w, U(g)v\rangle \langle U(g)v, w'\rangle dg$.

Alors

1) K_v est un opérateur borné de l'espace H.
2) $K_v^* = K_v$
3) $K_v \circ U(g) = U(g) \circ K_v$, pour tout $g \in G$
4) K_v est un opérateur compact.

Preuve :

Pour 1), on a élémentairement $|K_v w| \leq \|v\|^2 \|w\|$.Pour 2), on a successivement : $\langle K_v(w), w'\rangle = \int \langle w, U(g)v\rangle \langle U(g)v, w'\rangle dg = \int \overline{\langle w', U(g)v\rangle \langle U(g)v, w\rangle} dg = \langle K_v(w'), w\rangle = \langle w, K_v(w')\rangle$.

Pour 3), on a pour tout $w \in H$, et $g_0 \in G$:

$\left(K_v U(g_0)(w)\right) = \int \langle U(g_0)w, U(g)v\rangle U(g)vdg = \int \langle w, U(g_0^{-1})U(g)v\rangle U(g)vdg = \int \langle w, U(g_0^{-1}g)v\rangle U(g)vdg = \int \langle w, U(g)v\rangle U(g_0 g)vdg = U(g_0) \int \langle w, U(g)v\rangle U(g)vdg = U(g_0)\left(K_v(w)\right)$.

L'ensemble $\{U(g)\, v\}_{g\in G}$ est un compact de H. Il en est de même de son enveloppe convexe disquée Γv (on appelle ainsi le plus petit sous-ensemble fermé convexe et stable par multiplication par un nombre complexe de module inférieur ou égal à 1).

Or, pour tout $w \in H$, tel que $\|w\| \leq 1, K_v(w) \in \|v\|.\Gamma_v$. L'image de la boule-unité de H est contenue dans le compact$\|v\|.\Gamma_v$; autrement dit l'opérateur K_v est compact.

Corollaire III-1-2-3

Toute représentation unitaire de G contient une sous-représentation de dimension finie.

Preuve :

Choisissons en effet un vecteur $v \in H$, $v \neq 0$, et considérons l'opérateur K_v associé. D'après un résultat classique sur les opérateurs hemitiens, il existe un scalaire λ (qu'on peut choisir non nul puisque $K_v \neq 0$), et un sous-espace propre correspondant $H_\lambda = \mathrm{Ker}(Kv - \lambda id)$ non réduit à $\{0\}$; la propriété 3) montre que H_λ est un sous-espace invariant par la représentation U ; enfin 4) implique que H_λ est de dimension finie.

Théorème III-1-2-4

Toute représentation unitaire irréductible d'un groupe compact est de dimension finie.

Théorème (de complète réductibilité) III-1-2-5

Toute représentation unitaire d'un groupe compact est somme directe de représentations unitaires irréductibles.

Preuve :

Le premier théorème découle immédiatement du résultat précédent. Pour le deuxième, soit (U, H) une représentation unitaire de G.

Alors elle contient une sous-représentation irréductible. Soit $\mathcal{E}$ l'ensemble des sous-espaces invariants irréductibles, et considérons les sous-familles de $\mathcal{E}$ formées de sous-espaces invariants irréductibles, deux à deux orthogonaux.

La relation d'inclusion est clairement un ordre inductif sur ces familles. D'après le lemme de Zorn, il existe un élément maximal, soit $(\mathcal{E}_i)_{i\in I}$; posons $\mathcal{L} = \bigoplus_{i\in I} \mathcal{E}_i$ (somme directe hilbertienne). Si $\mathcal{L} \neq$H, soit $\mathcal{L}^{\perp}$ l'orthogonal de L.

Comme L est invariant par U, $\mathcal{L}^{\perp}$ aussi ; donc il existe un sous-espace invariant irréductible E_0 contenu dans $\mathcal{L}^{\perp}$; mais alors $\mathcal{L}$ ne serait pas maximal ; d'où contradiction.
Par suite L = H est bien somme de sous-espaces invariants irréductibles.

Les relations d'orthogonalité III-1-2-6.

Soit (U, H) une représentation unitaire irréductible (donc de dimension finie) du groupe G. Soit v un vecteur non nul de H ; l'opérateur K_v introduit précédemment commute à la représentation, et donc d'après le lemme de Schur, il existe un scalaire λ_v, tel que $K_v = \lambda_v$id. On en déduit que $\int \langle w, U(g)v\rangle \langle U(g)v, w\rangle dg = \lambda_v \langle w, v\rangle$.
Echangement v et w, il vient $\int |\langle w, U(g)v\rangle|^2\, dg = \lambda \langle v, v\rangle\langle w, w\rangle$. Soit maintenant $\{e_1, ..., e_n\}$ une base orthonormée de H (n = dim H) . Alors $\{U (g) e_1, ..., U(g)e_n\}$ est encore une base orthonormée ; donc

$\sum_{i=1}^{n} |\langle U(g)e_i, w\rangle|^2 = \langle w, w\rangle$ et $\int \sum_{i=1}^{n} |\langle U(g)e_i, w\rangle|^2\, dg = \langle w, w\rangle$ Intégrant par rapport à g, et utilisant la formule précédente, il vient
n $\sum_{i=1}^{n} \int |\langle U(g)e_i, w\rangle|^2 dg = \int \sum_{i=1}^{n} \lambda \langle w, w\rangle\langle e_i, e_i\rangle = n\lambda\langle w, w\rangle$. On en déduit $\lambda = \frac{1}{n}$. D'où la relation : $\int |\langle w, U(g)v\rangle|^2\, dg = \frac{1}{n}\langle v, v\rangle\langle w, w\rangle$. Passant aux formes bilinéaires associées, on en déduit, pour tous v, v'∈ H, w, w'∈H. $\int \langle U(g)v, w\rangle\, \overline{\langle U(g)v', w'\rangle} dg = \frac{1}{n}\langle v, v'\rangle\langle w, w'\rangle$.

Théorème (relations d'orthogonalité de Schur I) III-1-2-7
Soit U une représentation de dimension n du groupe compact G et $\{u_{ij}\}_{1\le i\le n\, 1\le j\le n}$ sa représentation matricielle par rapport à une base orthonormée.
Alors, pour tous 1 ≤ i, j, k, l ≤ n, $\int u_{ij}(g)\overline{u_{kl}} dg = \frac{1}{n}\delta_{ik}\delta_{jl}$.
C'est un cas particulier de la formule précédente Ce théorème permet de réaliser la représentation U comme une sous-représentation de la représentation régulière droite.

Théorème III-1-2-8.
Toute représentation unitaire irréductible d'un groupe compact est équivalente à une sous-représentation de la représentation régulière droite.

Preuve :
Avec les notations du théorème précédent, posons sur $1 \le j \le n$ $e_j = u_{1j}\sqrt{n}$, et soit $\widetilde{\mathcal{H}}$ le sous-espace de $L^2(G)$ engendré par les $\{ej\}_{1\le j\le n}$: les$\{ej\}_{1\le j\le n}$ forment une base orthonormée de $\widetilde{\mathcal{H}}$
De plus, de la relation U(g) U (g_0) = U (gg_0), on déduit que $u_{1j}(gg_0) = \sum_{i=1}^{n} u_{1i}(g)u_{ij}(g_0)$, d'où $e_j(gg_0) = \sum_{i=1}^{n} u_{ij}(g_0)e_i(g)$ Le sous-espace $\widetilde{\mathcal{H}}$ est donc invariant par la représentation régulière droite, et sa restriction à $\widetilde{\mathcal{H}}$ s'exprime dans la base $\{e_j\}_{1\le j\le n}$ par la matrice (u_{ij}). Autrement dit, elle est équivalente à (U, H).

Théorème III-1-2-9.
Soit (U, H) une représentation unitaire irréductible du groupe compact G. Soit E le sous-espace de $L^2(G)$ engendré par les coefficients de la représentation U .
Soit (u_{ij}) une représentation matricielle de U dans une base orthonormée, et soit $E_i(1 \leq i \leq n)$ le sous-espace de $L^2(G)$ engendré par les coefficients de la ième ligne.
Alors
1°) $E = \bigoplus_i E_i \ (1 \leq i \leq n)$
2°) Chaque E_i est invariant par la représentation régulière droite, et la restriction de la représentation régulière droite à E_i est équivalente à U .

Preuve :
Ce théorème est une conséquence du précédent et des relations d'orthogonalité : noter de plus que le sous-espace E ne dépend que de la classe d'équivalence de U .
On peut symétriquement utiliser la représentation régulière gauche, et les colonnes de la matrice si F_j $(1 \leq j \leq n)$ est le sous-espace de $L^2(G)$ engendré par les coefficients de la jème colonne, alors F_j est invariant pa la représentation régulière gauche, et la restriction de la représentation régulière gauche à Fj est équivalente à U' (représentation adjointe de U). On part de la relation
$U(g_0^{-1}g) = U(g_0)^{-1} = U(g) = U(g_0)^* U(g)$,
d'où $u_{ij}(g_0^{-1}g) = \sum_{i=1}^n u_{ik}(g_0^{-1})u_{kj}(g) = \sum_{i=1}^n \overline{u_{ki}(g_0)}u_{kj}(g)$

La suite de la démonstration est identique à la précédente.

Théorème (relation d'orthogonalité de Schur II) III-1-2-10
Soient (U, H) et (U'$\mathcal{H}'$) deux représentations unitaires irréductives non équivalentes du groupe G. Alors tout coefficient de U est orthogonal à tout coefficient de U', c'est à dire : $\int \langle U(g)v, w\rangle \langle U'(g)v', w\rangle dg = 0|$ (∀v, w ∈ H)
(∀v, w'∈ $\mathcal{H}'$).

Preuve :
Soit A un opérateur linéaire de H dans H', et posons $\tilde{A} = \int (U'(g)^*)U(g)dg$. Par un changement de variable, on voit que
∀g ∈ G; U'(g) $\tilde{A} = \tilde{A}U(g)$. D'après le lemme de Schur, cela implique $\tilde{A}= 0$. Donc, pour tous vecteurs v ∈ H , v'∈ H $\int \langle U'(g)v', AU(g)v\rangle \, dg = 0$. Choisissant pour A l'opérateur de rang 1 donné par :
v →< v.w > w', on en déduit la relation cherchée.

Théorème III-1-2-11 (Peter-Weyl)
Soit $\hat{G}$ l'ensemble des classes d'équivalence de représentations unitaires irréductibles, et soit pour chaque $\Lambda \in \hat{G}$, E_Λ le sous-espace engendré par les coefficients d'une représentation quelconque de la classe Λ. Alors : $L^2(G) = \bigoplus_{\Lambda \in \hat{G}} \mathcal{E}_\Lambda$ (somme directe hilbertienne)

Preuve :
On sait déjà que les espaces E_Λ sont deux à deux orthogonaux, d'après
les relations d'orthogonalité précédentes. Soit L le sous-espace fermé engendré par

les $(\mathcal{E}_\Lambda)_{\Lambda\in\hat{G}}$, et soit H = L⊥. L est invariant par la représentation régulière droite ; il en est le même de L⊥= H ; si H ≠ {0} on peut trouver un sous-espace invariant irréductible H_1; soit Λ la classe d'équivalence de la restriction de la représentation régulière droite à H_1; choisissons v ∈ H_1, v≠0 , et posons $u(x) = \int v(yx)v(y)dy = \langle R_x v, v\rangle$. La fonction u n'est pas identiquement nulle, puisque u(e) = $\|v\|^2 > 0$ et u est continue comme convolée de deux fonctions de carré sommable. Maintenant $u \in L^\perp$ car si u_{ij} est un coefficient d'une représentation, on a :
$\int u(x)\overline{u_{ij}(x)}\, dx = \int\int v(yx)\overline{v(x)u_{ij}(x)}dxdy = \int\int v(z)\overline{v(y)u_{ij}(y^{-1}z)}dxdz =$
$\sum_{k=1}^{n}\int\int v(z)\overline{v(y)}\,\overline{u_{ik}}(y^{-1})(z)\overline{u_{kj}}(z)dzdx$ et par hypothèse $\int v(z)\overline{u_{kj}}(z)dz = 0$ pour tout k.
Enfin u ∈ $\mathcal{E}_\Lambda$, puisqu'on peut écrire u = < R_xv, v > . D'où une contradiction. On peut préciser le théorème en choisissant dans chaque classe d'équivalence une représentation particulière et une base orthonormée.

Théorème (Peter-Weyl bis) III-1-2-12
Pour chaque Λ ∈$\hat{G}$, soit U_Λ un représentant de la classe Λ, $\{e_i^\Lambda\}_1 \leq d_\Lambda$ une ase orthonormée de l'espace H_Λ de la représentation, avec d_Λ = dimH_Λ, et soit $u_{ij}^\Lambda(g) = \langle U_\Lambda(g)e_j^\Lambda, e_i^\Lambda\rangle$, la représentation matricielle de U . Alors pour toute f ∈ L^2(G) , $f = \sum_{\Lambda\in\hat{G}}\sum_{i=1}^{d_\Lambda}\sum_{j=1}^{d_\Lambda} d_\Lambda(\int f(g))u_{ij}^\Lambda(g)dg)u_{ij}^\Lambda$,
où la convergence de la série s'entend au sens de l'espace de Hilbert L^2(G) .
En particulier, posant $\hat{f}_{ij}^\Lambda = \int f(g)\overline{u_{ij}^\Lambda(g)}dg$, on a la formule de Plancherel

$$\int |f(g)|^2 dg = \sum_{\Lambda\in\hat{G}} d_\Lambda \sum_{i=1}^{d_\Lambda} |\hat{f}_{ij}^\Lambda|^2.$$

Corollaire III-1-2-13
Toute représentation unitaire irréductible de G apparaît dans la décomposition de la représentation régulière droite (resp. gauche), avec une multiplicité égale à sa dimension.

Soit U une représentation unitaire de dimension finie ; on appelle caractère de la représentation U, la fonction χ_U définie par $\chi_U(g)$ = tr(U(g)) ; elle ne dépend que la classe d'équivalence. Si (u_{ij}(g)) est la représentation matricielle de U dans une base orthonormée, alors $\chi_U(g) = \sum_{i=1}^{n} u_{ii}(g)$

Théorème III-1-2-14
Si U et U' sont deux représentations irréductibles de G, alors
1◦) $U \sim U' \Leftrightarrow \int \chi_U(g)\overline{\chi_{U'}}(g)dg = 0$
2◦) $U \sim U' \Leftrightarrow \int \chi_U(g)\overline{\chi_{U'}}(g)dg = 1$
C'est une conséquence immédiate des relations d'orthogonalité.
Pour tout Λ ∈$\hat{G}$, soit P_Λ le projecteur orthogonal sur le sous-espace E_Λ. Alors, pour tout f ∈ L^2, $P_\Lambda f$ = $d_\lambda\chi_\Lambda$* f , où d_Λ est la dimension d'une la classe Λ. En effet $P_\Lambda f(x) = d_\Lambda \sum_{i,j}^{n}\widehat{u_{ij}}(x)\int f(y)\widehat{u_{ij}}(y)dy =$ $d_\Lambda\int f(y)\sum_{i,j}^{n}\widehat{u_{ij}}(x)\,\widehat{u_{ji}}(y^{-1})dy = d_\Lambda\int f(y)\sum_{i,j}^{n}\widehat{u_{ii}}(xy^{-1})dy = d_\Lambda\int f(y)\chi_\Lambda(xy^{-1})dy =$
$d_\Lambda\int \chi_\Lambda(z)f(z^{-1}x)dz = d_\Lambda\chi_\Lambda * f.$

Théorème (Peter-Weyl) III-1-2-15
Pour toute f ∈ $L^2(G)$, $f = \sum_{\Lambda \in \hat{G}} d_\Lambda \chi_\Lambda * f$

Etudions la transformation de Fourier sur un groupe compact.

Pour chaque classe de représentations unitaires irréductible $\Lambda \in \hat{G}$, on choisit un représentant particulier U_Λ.
Si μ est une mesure bornée sur G, on appelle transformée de Fourier de μ, la collection d'endomorphismes $(\tilde{\mu}(\Lambda))\Lambda \in \hat{G}$, définie par $\tilde{\mu}(\Lambda) = \int U_\Lambda(g) d\mu(g)$. On a les formules suivantes :

$$\widetilde{\mu * v}(\Lambda) = \tilde{\mu}(\Lambda) \circ \tilde{v}(\Lambda), \widetilde{\mu^*(\Lambda)} = \left(\widetilde{\mu(\Lambda)}\right)^*, \widetilde{L_x}\mu(\Lambda) = U_\Lambda(x) \circ \tilde{\mu}, \widetilde{R_x}\mu(\Lambda) = \tilde{\mu}(\Lambda) \circ U_\Lambda(x^{-1})$$

Proposition III-1-2-16
∀ f ∈ $L^2(G)$,

$$f(x) = \sum_{\Lambda \in \hat{G}} d_\Lambda tr(\tilde{f}(\Lambda) \circ U_\Lambda(x^{-1})), \int |f(g)|^2 dg = \sum_{\Lambda \in \hat{G}} d_\Lambda \sum_{i=1}^{d_\Lambda} \left\|\hat{f}_{ij}^{\Lambda}\right\|_2^2$$

où $\|A\|$ désigne la norme de Hilbert-Schmidt de la matrice A. Cette proposition n'est qu'une réformulation du théorème de Peter-Weyl.

Théorème III-1-2-17 :
La transformation du Fourier est injective. Soit en effet μ ∈ $M^1(G)$, telle que $\tilde{\mu}(\Lambda)=0$ pour tout Λ $\in \hat{G}$. Pour tout f $\in L^2$, μ ∗ f ∈ L^2, et $\widetilde{\mu * f}(\Lambda) = \tilde{\mu}(\Lambda) * \tilde{f}(\Lambda) = 0$.

D'après la proposition précédente, cela implique μ ∗ f = 0. En particulier, si f est une fonction continue, alors μ ∗ f est continue, et par suite (μ ∗ f)(e) $=\int f(x^{-1}) d\mu(x) = 0$; μ est donc orthogonale à toute fonction continue ; d'où μ = 0.

Corollaire III-1-2-18
Etant donnés deux points g_1 et g_2 de G, il existe une représentation unitaire irréductible U telle que U $(g_1) \neq U(g_2)$.

Théorème III-1-2-19
Les combinaisons linéaires des coefficients des représentations unitaires irréductibles forment une algèbre dense dans l'algèbre des fonctionscontinues.

Preuve :
On a déjà remarqué que le produit de deux coefficients de représentations unitaires est un coefficient du produit tensoriel de deux représentations ; décomposant le produit tensoriel de deux représentations unitaires irréductibles en somme de représentations unitaires irréductibles, on voit que l'espace considéré est bien une algèbre ; elle est stable par conjugaison (utiliser la représentation adjointe), enfin d'après le résultat précédent, cette algèbre sépare les points de G. Le théorème
résulte alors du théorème de Stone-Weierstrass.

Théorème III-1-2-20

Soit T un opérateur borné de L^2, tel que $T \circ L_x = L_x \circ T$, pour tout $x \in G$; il existe une famille d'endomorphismes $(\tilde{T}(\Lambda))\Lambda \in \hat{G}$ telle que

1) $\forall f \in L^2$, $\widetilde{fTf} = \widetilde{f(\Lambda)} \circ \widetilde{T(\Lambda)}$

2) $sup\|\tilde{T}(\Lambda)\|_{\Lambda \in \hat{G}} = \|T\|$.

Preuve :

Remarquons d'abord que pour toute mesure bornée μ, on a $T(\mu * f) = \mu * Tf$. En effet, $T(\mu * f) = T\left(\int L_y f d\mu(y)\right) = \int (TuL_y) f d\mu(y) = \int L_y(Tf)d\mu(y) = \mu * Tf$. Soit maintenant U une représentation de la classe Λ, et $(u_{ij}(g))$ sa représentation matricielle dans la base orthonormée. Et soit, pour $1 \leq i \leq d_\Lambda$ ε_i^Λ le sous-espace engendré par les coefficients de la ième ligne. Le projecteur orthogonal sur ε_i est donné par $f \longmapsto d_\Lambda u_{ii} * f$.

En effet $d_\Lambda u_{ii} * f(x) = d_\Lambda \int u_{ii}(xz^{-1})f(z)dz = d_\Lambda \sum_{j=1}^{n} u_{ij} \int \bar{u}_{ij}(z)f(z)dz$; ceci montre que si f est orthogonale à ε_i alors $u_{ii} * f = 0$, et que, pour toute f, $u_{ii} * f \in \varepsilon_i$; enfin, appliquant la formule trouvée à l'un des u_{ij}, pour $1 \leq j \leq d_\Lambda$, on obtient le résultat désiré.

On déduit de ce qui précède que, pour tout $f \in L^2$, $T\left(\sqrt{d_\Lambda} u_{ii} * f\right) = \sqrt{d_\Lambda} u_{ii} * Tf$, de sorte que $T(\varepsilon_i^\Lambda) \subset \varepsilon_i^\Lambda$, et donc il existe une matrice $\tilde{T}(\Lambda)_i$ telle que

$Tu_{ij} = \sum_{k=i}^{d_\Lambda} \left(\tilde{T}(\Lambda)_i\right)_{kj}$. Mais

$$TL_x u_{ij} = T\left(\sum u_{ik}(x^{-1})u_{kj}\right) = \sum_{j=1}^{d_\Lambda} u_{ik}(x^{-1})Tu_{kj} \sum_{k=1}^{d_\Lambda} \left(\tilde{T}(\Lambda)_i\right)_{kj} L_x u_{kj} = \sum_{k=1}^{d_\Lambda} \left(\tilde{T}(\Lambda)_i\right)_{kj} \sum_{k=1}^{d_\Lambda} u_{il}(x^{-1})u_{lk}$$

Ceci étant vrai pour tout x de G, et les $\{u_{ik}\}_{1 \leq k \leq d\Lambda}$ étant indépendants, on en déduit que

$Tu_{kj} = \sum_{k=i}^{d_\Lambda} \left(\tilde{T}(\Lambda)_i\right)_{lj} u_{kl}$; $T(\Lambda)_i$ est donc indépendant de i, et pour tout $1 \leq i, j \leq d_\Lambda$, on a

$Tu_{ij} = \sum_{k=1}^{d_\Lambda} u_{ik}\tilde{T}(\Lambda)_{kj}$ ce qui n'est rien d'autre que l'égalité matricielle $T \circ U\Lambda = U_\Lambda \circ \tilde{T}(A)$.

Par intégration, on en déduit $\widetilde{Tf}(\Lambda) = \tilde{f}(\Lambda) \circ \tilde{T}(A)$.

Appliquant cette formule à un coefficient quelconque de la représentation U_Λ, on voit que $\|\tilde{T}(\Lambda)\| \leq \|T\|$. Enfin, grâce à la formule de Plancherel, on voit facilement que, pour toute f de L^2,

$$\|Tf\|_2 \leq \sup\|\tilde{T}(\Lambda)\|_{\Lambda \in \hat{G}} \|f\|_2.$$

Le théorème admet une réciproque : si on se donne une famille d'opérateurs $\tilde{T}(\Lambda)$, avec $\sup\|\tilde{T}(\Lambda)\|_{\Lambda \in \hat{G}} < +\infty$, l'opérateur T définie par :

$$Tf(x) = \sum_{\Lambda \in \hat{G}} d_\Lambda tr\left(\tilde{f}(\Lambda) \circ \tilde{T}(\Lambda) \circ U_\Lambda(x^{-1})\right),$$

est une opérateur borné de $L^2(G)$, d'après la formule de Plancherel. Enfin, il commute aux translations à gauche,

car $tr(\widetilde{L_{x_0}f}(\Lambda) \circ \tilde{T}(\Lambda) \circ U_\Lambda(x^{-1}) = tr(U_\Lambda(x^{-1}) \circ \widetilde{L_{x_0}f}(\Lambda) \circ \tilde{T}(\Lambda) = tr(U_\Lambda(x^{-1}) \circ U_\Lambda(x_0) \circ \tilde{f}(\Lambda) \circ \tilde{T}(\Lambda) = tr(U_\Lambda(x^{-1}x_0) \circ \tilde{f}(\Lambda) \circ \tilde{T}(\Lambda)$, où l'on a utilisé le fait que $tr(AB) = tr(BA)$ pour tous endomorphisme A et B et la formule $\widetilde{L_{x_0}f}(\Lambda) = U_\Lambda(x_0) \circ \tilde{f}(\Lambda)$.

On a une caractérisation analogue des opérateurs bornés de $L^2(G)$ qui commutent à l'action à droite : ils sont donnés par $\tilde{Sf}(\Lambda) = \tilde{S}(\Lambda) \circ \tilde{f}(\Lambda)$, où $\sup\|\tilde{S}(\Lambda)\|_{\Lambda \in \hat{G}} < +\infty$,

Etudions l'algèbre des fonctions centrales

Une fonction (disons continue) sur G est dite centrale si $\forall$ x, y $\in$ G, $f(xyx^{-1}) = f(y)$. Une mesure bornée μ est dite centrale si elle est invariante par les automorphismes intérieurs, c'est-à-dire si $\forall f \in C(G)$, $\int f(xyx^{-1})d\mu(y) = \int f(y)d\mu(y)$. Si μ est centrale et v une mesure bornée quelconque, alors $\int\int f(xy)d\mu(x)d\upsilon(y) = \int\int f(yx)d\mu(x)d\upsilon(y)$, et par suite $\mu * v = v * \mu$.

Une mesure centrale appartient donc au centre de l'algèbre de convolution $M^1(G)$. Le produit de convolution de deux mesures centrales est encore central ; par conséquent, les mesures centrales forment une algèbre commutative. Si μ est centrale, il en est de même de μ^*.

Par conséquent, les mesures centrales forment

une algèbre involutive commutative. Si maintenant U_Λ est une représentation unitaire irréductible de la classe Λ, l'endormorphisme $\tilde{\mu}(U_\Lambda)$, où μ est une mesure centrale est scalaire. En effet, il doit commuter avec tous les $\tilde{f}(\Lambda)$, où f $\in L^2$, c'est-à-dire à tous les endomorphismes de l'espace de la représentation. Notons $\widetilde{\mu_\lambda}$ le scalaire ainsi obtenu.

En particulier en prenant la trace, on a

$\widetilde{\mu_\lambda} = \frac{1}{d_\Lambda}\int \chi_\Lambda(g)d\mu(g)$. L'application $\mu \longrightarrow \widetilde{\mu_\lambda}$ est un caractère de l'algèbre $M^1(G)$. Si f est une fonction de carré sommable, le théorème de Peter-Weyl montre que f admet un développement suivant les caractères χ_Λ.

Ceux-ci forment une base orthonormée de l'espace des fonctions centrales de carré sommable. Les combinaisons linéaires de caractères forment une algèbre (noter que $\chi_{U\oplus V} = \chi_U \cdot \chi_V$), qui est dense dans l'espace des fonctions centrales continues.Enfin, un opérateur borné de L^2 qui commute à la fois aux translations à droite et à gauche s'écrit $\widetilde{Tf}(\Lambda) = m_\Lambda\tilde{f}(\Lambda)$, où $m_\Lambda \in \mathbb{C}$ et $sup|m_\Lambda| = \|T\|$.

Ceci résulte de l'étude des opérateurs invariants à gauche (ou à droite) et du fait que si A et B sont deux endomorphismes tels que AX = XB pour tout endomorphisme

X , alors $A = B = \lambda 1$.

§.III-1-3 - Applications aux groupes de Heisenberg

1) Représentation du groupe de Heisenberg

On identifie tout point $(x, y) \in \mathbb{R}^{2n}$ avec le point z = x + iy dans $\mathbb{C}^n$ et on définit la forme symplectique [.] sur $\mathbb{C}^n$ par :

$[z, w] = 2\,\mathrm{Im}\,(z.\bar{\omega})$ $\forall$ z, $\omega \in \mathbb{C}^n$ où $z = (z_1, z_2, ..., z_n)$ $w = (w_1, w_2, ..., w_n)$ et $z.\bar{\omega} = \sum_{j=1}^n z_j.\bar{\omega}_j$. Cette forme vérifie des propriétés suivantes : $\forall$ z, ξ et $\omega \in \mathbb{C}^n$ et $\lambda, \mu \in$ R on a :

i) $[\lambda\xi + \mu z, w] = \lambda [\xi, w] + \mu [z, w]$

ii) $[\xi, \lambda z + \mu w] = \lambda [\xi, z] + \mu [\xi, w]$

iii) $[z, w] = -[w, z] + \mu [z, w]$

iv) $[z, z] = 0$.

On définit la multiplication sur $\mathbb{C}^n \times$ IR par : $(z, y) . (w, s) = (z + w, t + s + [z, w])$

$\forall$ (z, t) , (w, s) $\in \mathbb{C}^n \times$ R. On munit ainsi $\mathbb{C}^n \times$ R d'une structure de groupe multiplicatif. Ce groupe est noté H^n et est appelé le groupe de Heisenberg. (Car l'espace des champs de vecteurs invariants à gauche sur H^n vérifient les relations de commutation canonique en mécanique quantique dû à

Heisenberg. Pour tout réel λ, on définit une application R^{λ} de H^n dans le groupe G des opérateurs unitaires sur L2(IR) par : $\forall$ (z, t) $\in H^n$ où z = x + iy . On montre aisémént que $R^{\lambda}(z, t)$ est un opérateur unitiare sur $L^2(\mathbb{R}^n)$, pour tout (z, t) $\in H^n$. $R^{\lambda}(z, t)f(\xi) = e^{i\lambda(x\xi+1/2xy+1/4t)}f(\xi + x)$

Proposition III-1-3-1

Soit λ un nombre réel fixé. Alors

i) R^{λ}: $H^n \rightarrow$ G est un homomorphisme de groupe

ii) $R^{\lambda}(z, t)$ f tend vers f dans $L^2(\mathbb{R}^n)$ si (z, t) tend vers (0, 0) .

Preuve :

Soient de H^n et f $\in L^2(\mathbb{R}^n)$. Alors on a :$R^{\lambda}(z, t)R^{\lambda}(z, t)f(\xi) = e^{i\lambda(x.\xi+1/2x.y+1/4t)}R^{\lambda}(z', t')f(x+\xi)$
$= e^{i\lambda(x.\xi+1/2x.y+1/4t)}e^{i\lambda(x'.\xi+1/2x'.y'+1/4t')}f(\xi + x + x')$ pour tout $\xi \in \mathbb{R}^n$. On a aussi
$R^{\lambda}((z, t)(z', t'))f(\xi) = R^{\lambda}(z + z', t + t' + [z, z'])f(\xi)$
$= e^{i\lambda((x+x').\xi+1/2(x+x').(y+y')+1/4(t+t'+[z,z']))}f(\xi x + x')$ or $[z, z'] = 2\text{Im}(x + iy)(x' - iy') = 2(x'.y - x.y')$ donc
$R^{\lambda}((z, t) . (z', t))f(\xi) == (e^{i\lambda(x+x').\xi+1/2x.y+1/2xy'+1/2x'.y+1/2x'.y'+1/4(t+t)+1/2(q'.p-q.p')}f(\xi + x + x'))$. Par conséquent $R^{\lambda}(z, t)R^{\lambda}(z', t') = R^{\lambda}((z, t) . (z', t'))$. Montrons ii) Soit f $\in L^2(IR^n)$. Pour tout (z, t) = (x + iy, t) $\in H^n$
, on a

$\|R^{\lambda}(z,t)f - f\|^2_{L^2(IR^n)} = \int |R^{\lambda}(z,t)f(\xi) - f(\xi)|^2 d\xi = \int |e^{i\lambda(x.\xi+(1/2)x.y+(1/2)t}f(\xi + x) - f(x)|^2 d\xi =$
$\int \left|e^{i\lambda(x.\xi+(1/2)x.y+(1/2)t}[\{f(\xi + x) - f(x)\} + e^{i\lambda(x.\xi+(1/2)x.y+\left(\frac{1}{2}\right)t}\{f(x) - f(x)\}]\right|^2 d\xi \leq 2\int |f(\xi + x) -$
$f(\xi)|^2 dx + 2\int \left|[e^{i\lambda(x.\xi+(1/2)x.y+\left(\frac{1}{2}\right)t}\{f(x) - f(x)\}]\right|^2 d\xi$ et par continuité

$$\int |f(\xi + x) - f(x)|^2 dx \longrightarrow 0$$

($p \rightarrow 0$)et pour tout x $\in IR^n$ (presque)

$\left|[e^{i\lambda(x.\xi+(1/2)x.y+\left(\frac{1}{4}\right)t}\{f(x) - f(x)\}]\right|^2 \leq 4|f(x)|^2 \longrightarrow 0, (z,t) \longrightarrow (0,0)$

et $\left|[e^{i\lambda(x.\xi+(1/2)x.y+\left(\frac{1}{4}\right)t}\{f(x) - f(x)\}]\right|^2 \leq 4|f(x)|^2.$

Ainsi, d'après le théorème de convergence dominée on a :

$\int \left|[e^{i\lambda(x.\xi+(1/2)x.y+\left(\frac{1}{2}\right)t}\{f(x) - f(x)\}]\right|^2 dx \longrightarrow 0, (z,t) \longrightarrow (0,0)$

et par conséquent

$$\|R^{\lambda}(z,t)f - f\|^2_{L^2(IR^n)} \longrightarrow 0, (z,t) \longrightarrow (0,0) .$$

Proposition III-1-3-2

Soit λ un nombre réel fixé. Alors la représentation unitaire R^{λ} de H_n dans $L^2(IR^n)$ est irréductible.

Preuve :

Il suffit de montrer que tout opérateur linéaire borné sur $L2(R^n)$ qui entrelace $R^{\lambda}(z, t)$ ($\forall$ (z, t) $\in H_n$) est un multiple scalaire de l'opérateur identité sur $L2(R^n)$.

Soit M un sous-espace fermé de $L^2(R^n)$, invariant pour $R^\lambda(z, t)$, $\forall (z, t) \in H_n$, alors l'orthogonal $M^\perp$ est aussi invariant pour $R^\lambda(z, t)$. Soient $f \in M^\perp$ et $g \in M$., on a $(R^\lambda(z, t) f, g)= (f, R^\lambda(-z, -t) g)= 0$ $\forall (z, t) \in H_n$. Soit P la projection orthogonale de $L^2(IR^n)$ sur M .
Alors pour tout $(z, t) \in H_n$ et $f \in L^2(IR^n)$,

$$PR^\lambda(z, t)f = PR^\lambda(z, t)(f_1 + f_2) \text{ où } f = f_1 + f_2.$$

avec $f_1 \in M$ et $f_2 \in M^\perp$.
Comme M et $M^\perp$ sont invariants par $R^\lambda(z, t)$, $(z, t) \in H^n$,on a :

$$PR^\lambda(z, t)f = PR^\lambda(z, t)f_1 = R^\lambda(z, t)f_1$$

et $PR^\lambda(z, t)f = R^\lambda(z, t)P$ car $R\lambda(z, t)Pf = R^\lambda(z, t)f_1$.
Ainsi P est un multiple scalaire de l'opérateur identité. Par conséquent
$M = L^2(IR^n)$ ou $M = \{0\}$.

Considérons maintenant un opérateur linéaire borné sur $L^2(IR^n)$ qui entrelace $R^\lambda(z, t)$, $(z, t) \in H^n$ i.e.

$$R^\lambda(z, t)Af(x) = AR\lambda(z, t) f(x), \forall x \in R^n \text{ et } (z, t) \in H^n.$$

D'autre part :
$e^{i\lambda(x.\xi+1/2x.y+1/4t)}A f(\xi + x) = Ae^{i\lambda(x.\xi+1/2x.y+1/4t)}f(\xi + x)$ pour tous $x \in IR^n$ et $(z, t) \in H^n$.
Soit q = 0 et t = 0. Alors $T_x Af(\xi) = AT_x f(\xi)$ x, $p \in IR^n$ donc A commute avec les translations sur IR^n.
Il existe donc une fonction $T \in L^2(IR^n)$ telle que : $(Af)^\wedge = \tau\hat{f}$, $f \in L^2(IR^n)$.
Si p = t = 0 on a : $(M_{\lambda x}A)f(\xi) = ((AM_{\lambda x}) f)(\xi)$, $\xi, x \in IR^n$ où pour toute fonction mesurable g sur IR^n , $M_{\lambda x}(g)$ est la fonction sur IR^n définie par : $M_{\lambda x}g(\xi) = e^{i\lambda x.\xi}g(\xi)$ i.e. A commute par modulation sur IR^n. Par conséquent on a :

$(AM_{\lambda x})\ f\ (\xi) = (2\pi)^{(-x/2)} \int_{IR^n} e^{i\xi.\eta}\tau(\eta)(M_{\lambda x}f)^\wedge(\eta)d\eta = (2\pi)^{-n/2}\int e^{i\xi.\eta}\tau(\eta)\hat{f}(\eta - \lambda x)d\eta = (2\pi)^{-n/2}\int . e^{i\xi.(\beta-\lambda x)}\tau(\beta + \lambda x)\hat{f}(\beta)d\beta = e^{i\xi.\lambda x}(2\pi)^{-n/2}\int e^{i\xi.\beta}\tau(\beta + \lambda x)\hat{f}(\beta)d\beta$, $\xi \in IR^n$
pour tout $f \in S(IR^n)$ .On a donc $(M_{\lambda x}A) f(\xi) = e^{i\xi.\lambda x}(2\pi)^{-n/2}\int e^{i\xi.\beta}\tau(\beta)\hat{f}(\beta)d\beta$. Ainsi on a $\tau(\beta+\lambda x) = \tau(\beta)$ pour presque tout β et $x \in IR^n$ et τ est une constante sur IR^n presque partout. Par conséquent, A est un multiple scalaire de l'opérateur identité et R_λ est irréductible.

<u>Proposition</u> III-1-3-3
Deux représentations R_λ et R_μ de H^n dans $L2(IR^n)$ sont unitairement équivalentes si et seulement si $\lambda = \mu$.

<u>Preuve</u> :
Il suffit de montrer que si $R^\lambda \cong R^\mu$ alors $\lambda = \mu$. Soit U un opérateur unitaire tel que $UR^\lambda(z, t) = R^\mu(z, t)U$, $(z, t) \in H^n$. Posons z = 0 on a :
$Ue^{1/4i\lambda t} = e^{1/4\mu t}U$, $t \in R$ par conséquent $\lambda = \mu$.

<u>Remarque</u> III-1-3-4 D'après un théorème de STONE et de VON NEUMANN, les seules représentations unitaires irréductibles de H^n dans $L^2(R^n)$ sont R^λ, $\lambda \in R$ et $\{R_{\alpha,\beta}, \alpha, \beta \in IR^n\}$
Où $R_{\alpha,\beta}(z, t) f(\xi) = e^{i(\alpha x+\beta y)}f(\xi)$, $\alpha, \beta \in IR^n$ $\xi \in IR^n$, $f \in L2(IR^n)$ et $(z, t) = (x + iy, t)$ dans H_n. Ainsi les seules représentations non triviales unitaires irréductibles de H_n sur $L^2(IR^n)$ sont R^λ, $\lambda \in R$.

2) Représentation de Bargmann du groupe de Heisenberg.

Soit λ un nombre réel non nul.

L'espace de Bargmann H_λ est l'espace des fonctions ϕ analytiques dans $\mathbb{C}^n$ qui vérifient la condition : $\int_{\mathbb{C}^n} e^{-|\lambda|\|\xi\|^2} |\varphi(\xi)|^2 d\xi < \infty$, Muni de la norme $\|\varphi\|_\lambda$ définie par :

$$\|\varphi\|_\lambda^2 = \left(\frac{|\lambda|}{\pi}\right)^n \int_{\mathbb{C}^n} e^{-|\lambda|\|\xi\|^2} |\varphi(\xi)|^2 d\xi,$$

l'espace H_λ est un espace de Hilbert. Pour deux multiindices α et β . Considérons les monômes $\varphi_1(\xi) = \xi^\alpha$, $\varphi_2(\xi) = \xi^\beta$. Leur produit scalaire est égal à

$(\varphi_1, \varphi_2) = \left(\frac{|\lambda|}{\pi}\right)^n \prod_{j=1}^n \int_{\mathbb{C}^n} e^{-|\lambda||\xi_j|^2} \xi_j^{\alpha_j} \xi_j^{-\beta_j} g\xi_j d\xi =$

$\left(\frac{|\lambda|}{\pi}\right)^n \prod_{j=1}^n \int_0^{+\infty} e^{-|\lambda|r^2} r^{\alpha_j+\beta_j} r dr \int_0^{\alpha\pi} e^{i(\alpha_j-\beta_j)^\theta} d\theta$
$= \delta_{\alpha\beta}\alpha! |\lambda|^{-|\alpha|}$ Ainsi les monômes constituent un système orthogonal et les fonctions u_α définies par $u_\alpha(\xi) = \sqrt{\frac{|\lambda|^{|\alpha|}}{\alpha!}}\xi^\alpha$ constituent une base hilbertienne de H_λ.

La norme d'une fonction φ de H_λ , $\varphi(\xi) = \sum_{\alpha\in\mathbb{N}^n} a_\alpha \xi^\alpha$ est donnée par la formule : $\|\varphi\|_\lambda^2 = \sum_{\alpha\in\mathbb{N}^n} \alpha! |\lambda|^{-|\alpha|} |a_\alpha|^2$.

La représentation T_λ de Bargmann du groupe de Heisenberg H_n dans $H\lambda$ est définie par :

$T\lambda(z,w)\varphi(\xi) = e^{\lambda\left(iw - \frac{1}{2\|z\|^2} - z.\xi\right)} \varphi(\xi + z)$ si $\lambda > 0$ et $T_\lambda(z, w) = T_{-\lambda}(\bar{z} ; w)$ si $\lambda < 0$.

Supposons que $n = 1$ et que $\lambda = 1/2$.

Notons $U = U_{1/2}$ la représentation du groupe de Heisenberg H_1 dans $L^2(IR)$, $H = H^{1/2}$ l'espace de Bargmann de H_1 dans H .Considérons l'opérateur A défini sur $L^2(IR)$ par :

$$Af(\eta) = \pi^{-1/4} e^{\frac{1}{2\eta^2}} \int e^{-\frac{1}{2(\xi-\eta)^2}} f(\xi) d\xi.$$

Proposition III-1-3-5

L'opérateur A est un opérateur unitaire de $L^2(IR)$ dans H qui entrelace les représentations U et T.

Preuve :

Montrons que A est unitaire. On a :

$Af(\eta) = \int A(\eta,\xi) f(\xi) d\xi$ avec $A(\eta,\xi) = \pi^{-1/4} e^{\frac{1}{4\eta^2} - 1/2(\xi-\eta)^2} = \pi^{-1/4} e^{1/2\xi^2} e^{-1/2\xi^2} e^{\xi\eta - 1/4\eta^2} = \pi^{-\frac{1}{4}} e^{\frac{1}{4\xi^2}} \sum_{m=0}^\infty H_m(\xi) \frac{1}{m!} (\frac{\xi}{2})^m = \sum_{m=0}^\infty u_m(\eta)\psi_m(\xi)$

avec $u_m(\eta) = (2^m m!)^{-1/2} \eta^m$, $\psi_m(\xi = (2^m m! \sqrt{\pi})^{-\frac{1}{2\xi^2}} H_m(\xi)$.

Ceci montre que $A\psi_m = u_m$.

C'est à dire A transforme la base hilbertienne $\{\varphi_m\}$ de $L^2(IR)$ en la base hilbertienne $\{u_m\}$ de H.

D'autre part pour $z = x + iy$ on a :

$$T(z,0)(Af)(\eta) = \pi^{-\frac{1}{4}} e^{-1/4(x^2+y^2)} e^{-1/2(x-iy)} e^{(\eta+x+iy)^2} \int e^{-1/2(\xi-\eta-x-iy)^2} f(\xi + x) d\xi$$

$$= \pi^{-1/4} e^{1/4\eta^2} \int e^{-1/2(\xi-\eta)^2} e^{i/2(xy+2y\xi)} f(\xi + x) d\xi = A[U(z,0)f](\eta)$$

Supposons $n \geq 1$ et $\lambda = 1/2$. L'opérateur d'entrelacement A de $L^2(IR^n)$ dans H est défini de la même façon $Af(\eta) = \pi^{-\frac{1}{2\eta^{t}\eta}} \int_{\mathbb{R}^n} e^{-1/2(\xi-\eta)^t(\xi-\eta)} f(\xi)d\xi$.

Pour montrer que A est unitaire, on remarque que le noyau $A_n(\eta, \xi)$ de l'opérateur A s'exprime sous la forme d'un produit :

$A_n(\eta, \xi) = \prod_{j=1}^{n} A_1(\eta_j, \xi_j)$ où A_1 désigne le noyau de l'opérateur A dans le cas où n = 1, par suite :

$A_n(\eta, \xi) = \prod_{j=1}^{n} \sum_{m=0}^{\infty} U_m(\eta_j)\psi_m(\xi_j) = \sum_{\alpha\in\mathbb{N}^n}^{\infty} u_\alpha(\eta)\psi_\alpha(\xi)$ où on a posé $\psi\alpha(\xi) = \psi_{\alpha 1}(\xi_1) \ldots \psi_{\alpha n}(\xi_n)$.

On démontre comme dans le cas où n = 1 que A entrelace la représentation U et T et nous avons $A\psi_\alpha = u_\alpha$. Soit U (n) le groupe unitaire de C^n, ie le groupe des transformations linéaires de C^n qui préservent la forme hermitienne $|z_1|^2 + \ldots + |z_n|^2$.

C'est aussi le groupe des matrices d'ordre n à coefficients complexes qui vérifient $U^* = U^{-1}$ où $U^* = {}^t\overline{U}$.

Soit u ∈ U (n).

L'application (z, w)→ (uz, ω) est un automorphisme du groupe de Heisenberg H_n.

Une fonction f définie sur le groupe $H_n$est dite radiale si elle est invariante par U (n). Une fonction radiale f est de la forme f (z, w) $=F(\|z\|^2, w)$

où F est une fonction réelle. ∀ U∈U(n) et $\varphi \in H\lambda$, on pose :

$$\tau_u\varphi(\xi) = u.\varphi(\xi) = \varphi(u^{-1}\xi).$$

Le groupe U(n) agit ainsi dans l'espace de Bargmann et nous avons :

$\tau_u T_\lambda(z, w)\, \tau_{u-1} = T_\lambda(uz, w)$.

Cette relation montre que la représentation T_λ se prolonge au produit semi-direct G de Hn par U(n) , $G = H_n \times U(n)$.

Le produit dans ce groupe est défini par : ∀ ((z, w) , u) , ((z', w') , u') ∈ G ; ((z, w) , u) . ((z', w') , u') = (z, w) . ((u z', w') , u u') et le prolongement $\widetilde{T_\lambda}$ de la représentation T_λ au groupe G est donnée par : $\widetilde{T_\lambda}$ ((z, w) , u) = $T_\lambda(z, w)\, \tau_u$

L'espace P_m des polynômes en n variables homogènes de degré m est invariant par U(n) et est irréductible sous son action. Les espces P_m sont des sous-espaces de H_λ deux à deux orthogonaux et $H_\lambda = \bigoplus_{m=0}^{\infty} P_m$.

§.III-2 REPRESENTATIONS INDUITES

III-2-1 - Représentations différentiables

Soient G un groupe de Lie dénombrable à l'infini et d_G une mesure de Haar à gauche.

Soit $\mathcal{G}$ l'algèbre de Lie de G, $\mathcal{G}_C = \mathcal{G} \oplus \sqrt{-1}\mathcal{G}$ la complexifiée de $\mathcal{G}$, A l'algèbre universelle enveloppante de $\mathcal{G}_C$. (Les éléments de A sont consédérés comme des opérateurs différentiels invariants à gauche sur G.

Soit E un espace vectoriel topologique localement convexe séparé complet où la topologie est définie à partir de la famille de semi-normes continues$\{|.|\alpha, \alpha \in U\}$.

Considérons une représentation U continue de G dans E.

Définition III–2-1-1 :
Un vecteur a ∈ E est dit différentiable pour U si l'application x ⟶ U(x) a est un élément de C^{∞}(G,E).

Exemple III–2-1-2 Soit U la représentation régulière gauche de G dans L^2(G).
Si f ∈ $\mathcal{C}_C^{\infty}$(G) = D(G)), alors f est différentiable pour U .
Il suffit de montrer que pour tout X ∈ $\mathcal{G}$ on a :

$$\lim_{t\to 0} |\int t^{-1}\,[f(exp(tX)x) - f(x)] - Xf(x)|^2 dx = 0.$$

Posons $M_2 = \max_{x\in G} |Xf(x)|^2$.

Si t est tel que 0 < |t| ≤ 1 alors $|t^{-1}[f(\exp(-tX)\,x) - Xf(x)]|^2 \leq 2|t^{-1}[f(\exp(-tX)\,x) - Xf(x)]|^2 + 2|Xf(x)|^2 \leq 4M$. D'après le théorème de convergence bornée, on peut faire passer la limite sous le signe somme.
D'où le résultat. Soit E_∞ l'ensemble des vecteurs différentiables dans E pour U . E_∞ est stable par U .
En effet : Soient a ∈ E∞, f ∈ $\mathcal{C}_C^{\infty}$(G), U(f)a∈ E_∞.

On identifie l'application $\tilde{a} = x \longrightarrow U(x)a$ à un élément de L($\mathcal{C}_C^{\infty}$(G),E).
x ⟶ U (x)U(f)a = $\tilde{a}*\tilde{f}(x)$∈ C^{∞}(G, E) .
Soit U un représentation continue de G dans E, E_∞ l'espace des vecteurs différentiables de E.
On va munir E_∞ d'une topologique plus fine que celle héritée de E. Considérons l'application a ⟶ $\tilde{a}$ de E_∞ dans C^{∞}(G, E).
Cette application identifie E_∞ à un sous-espace fermé de C^{∞}(G, E) .
Si ($\widetilde{a_n}$) converge vers f dans C^{∞}(G, E) (a_n∈ E_∞) . Alors pour tout x ∈ G, *f(x) =U(x)f(1)* (car $\widetilde{a_n}$(x) = U(x) $\widetilde{a_n}$(1)) .Ainsi f est la fonction ˜ a associée à a = f (1) dans E∞.
Ainsi nous allons munir E∞ d'une topologique induite par celle de C^{∞}(G, E) (par l'identification a ⟶ $\tilde{a}$).
Alors E^{∞} est complet pour cette topologique et est un espace de Fréchet si E est de Fréchet.
Les opérateurs U(x) , x ∈ G restreints à E^{∞} définissent une représentation continue de G dans E^{∞}.

Définition III–2-1-3
La restriction U_∞ de U à E^{∞} est appelée représentation différentiable associée à U.

Soit U une représentation continue de G dans E. Alors U se prolonge à une représentation de A dans E_∞ définie par :

$$U_\infty(X)a = \lim_{t\to 0} \frac{U(exptX)a)-a}{t}.$$

Alors U_∞(X)a∈E_∞ si a ∈ E_∞, X∈G et l'application
X ⟶ U_∞ (X) est une représentation de G dans l'ensemble des endomorphismes continus de E_∞.

L'extension de U à A sera notée de la même façon.

Nous allons étudier une importante extension d'un résultat familier d'Analyse Harmonique.
Soit E un espace vectoriel topologique complet séparé et localement convexe dont la topologique est définie par une formule de semi-normes continues {|.|α, α∈ U } . Soit {a_i , i∈I } une famille d'éléments de E.

On dit que la serie $\sum_{i\in I} a_i$ converge si, pour tout voisinage P de zéro, dans E, il existe un sous-ensemble finis $F_P \subset I$ tel que si F_1, F_2 sont deux sous-ensembles finis de I contenant F_P, on a $\sum_{i\in F_1} a_i - \sum_{i\in F_2} a_i \in P$.
En ordonnant les sous-ensembles finis de I par l'inclusion,
l'ensemble $\{s_F = \sum_{i\in I} a_i$, F un sous-ensemble fini de I $\}$ doit converger vers une limite s dans E, E étant complet.
On écrit $s = \sum_{i\in I} a_i$. Les séries sont dites absolument convergentes si $\sum_{i\in I} |a_i|_\alpha < \infty\ \forall\alpha \in \mathcal{U}$.

Soit K un groupe de Lie compact, U une représentation continue de K dans E, $\hat{K}$ le dual unitaire de K.
Pour chaque $\delta \in \hat{K}$, soient ξ_δ le caractère de δ, $d(\delta)$ ledegré de δ et $\chi_\delta = d(\delta)\xi_\delta$.
Posons $P(\delta) = U(\bar{\chi}_\delta) = d(\delta)\int \bar{\xi}_\delta(k)U(k)dk$, dk une mesure de Haar normalisée sur K.
Comme $\chi_\delta * \chi_\delta = \chi_\delta$ (relation d'orthogonalité de Schur), $P(\delta)$ est une projection continue de E sur $E(\delta) = P(\delta)E$ ($E(\delta)$ est le K-sous-module isotypique de E) .

__Théorème__ III–2-1-4 (Harish - Chandra)
Soit a un vecteur différentiable dans E (pour U). La série de Fourier $\sum_{\delta\in\hat{K}} P(\delta)a$ converge absolument vers a.

__Preuve__ :
Comme K est compact, il existe une forme quadratique Q sur l'algèbre de Lie K = Lie (K) qui est invariante sous l'action de la représentation adjointe de K.
Soient $X_1, \ldots X_n$ une base orthonomale de K suivant Q. On pose $\Omega = 1-\sum_{i=1}^{n} X_i^2$.
Ω appartient au centre de K. (l'agèbre universelle enveloppante de $\mathcal{K}_c$).

Fixons $u_\delta \in \delta$. D'après le lemme de Schur, $\mu_\delta(\Omega) = c(\delta)u_\delta(1)$ où $c(\delta) \in C$.
Comme$\mu_\delta(Xi)$ est un opérateur anti hermitien, alors $c(\delta)$ est réel et $c(\delta) \geq 1$, d'autre part $\Omega\xi_\delta = c(\delta)\xi_\delta$.
Donc $P(\delta)U_\infty(\Omega)\, a = c(\delta)\, P(\delta)\, a$ ($a \in E_\infty$).

__Lemme__ III–2-1-5
Fixons $\alpha \in U$. Il existe un $\alpha_0 \in U$ tel que $|P(\delta)a|\alpha \leq c(\delta)^{-m}d(\delta)^2|U\infty(\Omega^m)\, a|_{\alpha 0}$ pour $\delta\in\hat{K}$, $m \geq 0$ et $a \in E_\infty$.

Preuve :
Comme K est compact, l'ensemble $\{U(k)\ ,\ k \in K\}$ est équicontinu. Il existe donc $\alpha_0 \in U$ tel que $|U(k)b|_\alpha \leq |b|_{\alpha 0}$, $\forall b \in E$, $k \in K$ et $|P(\delta)b|_\alpha = |U(\bar{\chi}_\delta)\, b|_\alpha \leq d(\delta)^2|b|_{\alpha 0}$. Car $\mathrm{Sup}\, |\chi_\delta| \leq d(\delta)^2$. Nous venons donc de voir que si a est différentiable, alors $P(\delta)a = c(\delta)^{-m}P(\delta)U_\infty(\Omega^m)a$ $(m \geq 0)$ donc le lemme est démontré.

__Lemme__ III–2-1-6 (Conservons les notations précédentes)
. Alors $\sum_{\delta\in\hat{K}} d(\delta)^2 c(\delta)^{-m} < \infty$ pour m assez grand.

Preuve :

Supposons que K est connexe.

Soit K_0 la composante neutre de K et N = [K : K_0] l'indice de K_0 dans K. Si $\delta\in\widehat{K}$, $\delta_0\in\widehat{K}$ et $[\delta, \delta_0]$ le nombre de fois que δ_0 est contenue dans la restriction de δ à K_0.

Pour chaque $\delta \in\widehat{K}$, posons :

$$\widehat{K}(\delta_0) =\{\delta\in\widehat{K} ; [\delta : \delta_0] \geq 1\}.$$

D'après le théorème de réciprocité de Frobénius on a :

$\sum_{\delta\in\widehat{K}(\delta_0)}[\delta:\delta_0]d(\delta) = Nd(\delta_0)$. où $c(\delta_0) = c(\delta)$ pour toute $\delta \in \widehat{K(\delta_0)}$. $\sum_{\delta\in\widehat{K}} d(\delta)^2 c(\delta)^{-m} \leq \sum_{\delta\in\widehat{K}_0} c(\delta_0)^{-m} \sum_{\delta\in\widehat{K(\delta_0)}} d(\delta)^2 \leq N^2 \sum_{\delta\in\widehat{K}_0} d(\delta_0)^2 c(\delta)^{-m}$. Ce qui montre qu'on doit s'assurer que K est connexe.

Preuve du Théorème :

D'après le lemme précédent, $\sum_{\delta\in\widehat{K}} P(\delta)$ a converge absolument.

Posons :$a_0 = \sum_{\delta\in\widehat{K}} P(\delta)a$.

Pour chaque $\delta_0 \in\widehat{K}$, on a $P(\delta_0)(a_0 - a) = P(\delta_0)a - P(\delta_0)a = 0$.

$(P(\delta_0)a_0 = \sum_{\delta\in\widehat{K}} P(\delta_0)P(\delta)a = P(\delta_0)a)$.

Lemme :

Soit $b \in E$ et supposons que $P(\delta)b = 0$ $\forall\delta \in\widehat{K}$. Alors $b = 0$.

Preuve :

Fixons $\alpha \in U$ et choisissons un $\alpha 0 \in U$ tel que $|U(k)b|_\alpha \leq |b|_{\alpha 0}$, $\forall k \in K$. Fixons $\varepsilon > 0$. il existe un voisinage O_ε de 1 dans K tel que $|U(k)b - b|_\alpha < \varepsilon$, $\forall k \in O_\varepsilon$.

Choisissons $f \in C(K)$ tel que $f \geq 0$, $\int f(k)dk = 1$ et $f = 0$ en dehors de O_ε. Donc $|U(f)b - b|_\alpha \leq \varepsilon$. En utilisant le théorème de Peter - Weyl, il existe une fonction K-finie $h \in C(K)$ telle que $\mathrm{Sup}_{k\in K}|h(k) - f(k)| \leq \varepsilon$.

Donc $|U(f)b - U(h)b|_\alpha \leq \varepsilon\, |b|_{\alpha 0}$ si $|U(h)b - b|_\alpha \leq \varepsilon\, |b|_{\alpha 0} + 1$.

D'autre part, comme h est K-fini, on peut trouver un sous-ensemble fini F de $\widehat{K}$ tel que $h = \sum_{\delta\in F} \bar{\chi} * h$.

Donc $\bar{\chi}_\delta \in Z(L^1(K))$.

Ainsi $P(\delta)U(h)b = U(\bar{\chi}_\delta * h)b = U(h)P(\delta)b = 0$ et $U(h)b = \sum_{\delta\in F} P(\delta)U(h)b = 0$ donc $|b|_\alpha \leq \varepsilon|b|_{\alpha 0} + 1$, $\forall\varepsilon > 0$ et $b = 0$ ($\alpha(b) = 0 \Rightarrow b = 0$) .

Remarque III–2-1-7

Ce théorème montre qu'il existe $D_\infty \in Z(U(K_c))$ avec la propriété suivante :

Pour tout $\alpha\in U$, $\exists\ \alpha_0 \in U$ tel que $\alpha \in E_\infty \sum_{\delta\in F}|P(\delta)a|_\alpha \leq |U_\infty(D_\infty)a|_{\alpha 0}$.

En particulier si U est une représentation de Banach de K, il existe D_∞ tel que pour tout $a \in E\infty$ on a :

$$\sum_{\delta\in\widehat{K}}\|P(\delta)a\| \leq \|U_\infty(D_\infty)a\|.$$

On sait que la représentation régulière de G dans $C^\infty(G)$ (ou $C_c^\infty(G)$) est différentiable.En identifiant $\chi_\delta(\delta \in\widehat{K})$ à un élément de $M_c(G)$. On a : $P_L(\delta) f = \chi_\delta * f(L(\bar{\chi}_\delta))P_R(\delta)f = f * \chi_\delta(R(\bar{\chi}_\delta))$.

On a les résultats suivants :

Fixons $f \in C_c^\infty(G)$.

Les séries $\sum_{\delta\in\hat{R}} \chi_\delta * f$ et $\sum_{\delta\in\hat{R}} f * \chi_\delta$, convergent absolument vers f ∈ $C^\infty(G)$, (valable aussi pour f $\in C_0^\infty(G)$.

Théorème III–2-1-8
L'espace $\sum_{\delta\in\hat{R}} E_\infty \cap E(\delta)$ est dense dans E.

Preuve :
On sait que l'espace de Garding (ensemble des combinaisons linéaires des vecteurs U(f)a où f $\in C_0^\infty(G)$, a ∈ E) est dense dans E. Par conséquent, si α ∈ U, ε > 0 et a ∈ E, il existe f ∈ $C_0^\infty(G)$ tel que $|U(f)a - a|_\alpha \leq \varepsilon$.
Choisissons un compact ω de G tel que Kω = ω et sup(f)⊂ω et posons $\mu(g) = \int |g| dx$(g ∈ $C_0^\infty(G)$.
Alors μ est une semi-norme continue sur $C_0^\infty(G)$.
Pour tout ensemble fini F de $\hat{R}$, posons $\bar{\chi}_F = \sum_{\delta\in F} \bar{\chi}_\delta$.
Alors supp (f − χ_F*f)⊂ ω donc $|U(f - \bar{\chi}_F * f)a|_\alpha \leq c\mu(f - \bar{\chi}_F * f)$ .où c = Sup $|U(x)a|_\alpha < \infty$.
On peut donc choisir F tel que μ (f −$\bar{\chi}_F$* f) ≤ ε/c.
Par conséquent $|U(\bar{\chi}_F * f)a - a|_\alpha \leq |U(f - \bar{\chi}_F * f)a|_\alpha + |U(f)a - a|_\alpha < 2\varepsilon$ et comme
U ($\bar{\chi}_F$* f) a $\in \sum_{\delta\in\hat{R}} E_\infty \cap E(\delta)$ on a le résultat.

Proposition III–2-1-9
Soit $\tilde{E}$ un sous-espace de E stable pour {U (k) , k ∈ K} Posons
$\tilde{E}(\delta) = \tilde{E} \cap E(\delta)$ ($\delta \in \hat{R}$). Si $\sum_{\delta\in\hat{R}} \tilde{E}(\delta)$ est dense dans E, Alors $\tilde{E}(\delta)^{cl} = E(\delta)$.

Preuve :
$\sum_{\delta\in\hat{R}} \tilde{E}(\delta)$ est K-stable (évident).
Soit a∈ E(δ) et supposons $a_n \to a$ ou $a_n \in \tilde{E}$. Comme P(δ) est une application continue, $P(\delta)a_n \to P(\delta)a = a$, mais $P(\delta)a_n \in \tilde{E}(\delta)$ donc $\tilde{E}(\delta) = E(\delta)$.
Par conséquent $E_\infty \cap E(\delta) = E(\delta)$, $E_K = \sum_{\delta\in\hat{R}} E(\delta)$, E(δ) ⊂ Eω si dim(E(δ)) < ∞
et $\sum_{\delta\in\hat{R}} \tilde{E}(\delta)$ est dense dans E.
* E_K est dense dans E.
* Eω est dense dans E si 0 < dim E (δ) < ∞.

§.III-2-2 Représentation unitairement induite d'un groupe de Lie

Soient G un groupe de Lie dénombrable à l'infini, H un sous-groupe fermé de G, L une représentation unitaire de H dans un espace de Hilbert E.
L'objectif de ce paragraphe est de construire une représentation U^L de G à partir de L appelée représentation unitairement induite par L.
L'espace E^L de U^L sera définie comme un espace de fonctions localement sommables sur G à valeurs dans E.

Définition III-2-2-1

Soit E^L l'espace vectoriel des fonctions de G dans E telles que

(1) f est dg-mesurable

(ii) $f(g\zeta) = (\delta_H(\zeta)/(\delta_G(g))^{1/2} L(\zeta^{-1})f(g)$, $\forall \zeta \in H$, $g \in G$.

(iii) $\|f(.)\|^2$ est localement sommable.

Il est clair que l'application $x \rightarrow \|f(x)\|^2$ est d_G-mesurable $f \in \mathcal{E}^L$ et grâce à l'identité de polarisation, l'application $x \rightarrow (f(x), g(x))$ est d_G-mesurable et localement sommable pour tous f, $g \in \mathcal{E}^L$

Soit $\varphi \in C_c(G)$, $\dot{\phi}(\dot{x}) = \int_H \phi(x\xi)d_H\xi, \dot{x} = xH$. Alors l'application $\phi \longmapsto \dot{\phi}$ est une surjection continue de $C_c(G)$ sur $C_c(G/H)$.

Lemme III-2-2-2

Soit f, $g \in \xi^L$. On peut définir une mesure de Radon $\mu_{f,g}$ sur G/H par : $\int (f(x), g(x))\phi(x)d_G(x) = \int_{G/H} \dot{\phi}(\dot{x})d\mu_{f,g}(\dot{x}) = \mu_{f,g}(\dot{\phi})$

Preuve : Montrons que : $\dot{\phi} = 0 \Rightarrow \mu_{f,g}(\dot{\phi}) = 0$. Fixons $\Psi \in C_c(G)$ et $\dot{\phi} = 0 \int_H \phi(x\xi)d_H\xi = \int_H \phi(x\xi^{-1})\delta_H(\xi^{-1})d_H\xi = 0$. On a : $0 = \int\int(f(x), g(x))\psi(x)\phi(x\xi^{-1})\delta_H(\xi^{-1})d_H\xi d_G x = \int\int(f(x), g(x))\psi(x)\phi(x\xi^{-1})\delta_H(\xi^{-1})d_G x d_H\xi =$

$\int\int(f(x\xi), g(x\xi))\psi(x\xi)\phi(x)\delta_G(\xi)\delta_H(\xi^{-1})d_H\xi d_G x = \int\int(f(x), g(x))\phi(x))[\int \psi(x\xi)d_H\xi]d_G x$

Il suffit de prendre Ψ telle que $\int \psi(x\xi)d_H\xi = 1$ sur le support de φ. Soit E^L le sous-ensemble de E^L des fonctions f telles que $\mu_{f,f}(G/H) < \infty$.

Grâce à la relation $\|f(.) + g(.)\|^2 \leq 2\|f\|^2 + 2\|g\|^2 \forall$ f, $g \in \xi^L$ est un sousespace vectoriel de E^L. On a évidemment : f, $g \in E^L \Rightarrow \mu_{f,g}(G/H) < \infty$.

Posons $(f, g) = \mu_{f,g}(G/H)$ $\forall$ f, $g \in E^L$. (,) est une forme semi-définie positif et en identifiant les fonctions qui sont presquepartout égales, la forme (.) permet de munir E^L d'une structure préhilbertienne.

Nous allons établir que l'espace E^L est complet.

Lemme III-2-2-3

Pour chaque compact ω de G, il existe une constante Ω_ω telle que $\forall f \in E^L$, $\int_\omega \|f(x)\|d_G x \leq \Omega_\omega\|f\|$

Preuve : Soit $\phi \in C_c^+(G)$ tel que $\phi \equiv 1$ sur ω.

Alors $\int_\omega \|f(x)\|^2 d_G x \leq \int_\omega \phi(x)\|f(x)\|^2 d_G x = \mu_{f,f}(\dot{\phi}) \leq \|\phi\|_\infty \|f\|^2$ et d'après l'inégalité de Cauchy-Schwartz on a :

$\Omega_\omega = \left(\|\phi\|_\infty \int_\omega d_G x\right)^{1/2}$

Proposition III-2-2-4

L'espace E^L est complet.

Preuve :
Soit $\{f_n\}$ une suite de Cauchy dans E^L telle que $\|f_n - f_{n+1}\| < 2^{-n}$. Soit ω un compact de G. - On a : $\int_\omega \|f_n(x) - f_{n+1}(x)\| d_G x = \int_\omega \sum_{n=1}^{\infty} \|f_n(x) - f_{n+1}(x)\| d_G x < 2^{-n}\Omega_\omega$, donc pour tout $x \in \omega$, $\{f_n(x)\}$ est de Cauchy dans E. Posons $f(x) = \lim_n f_n(x)$ est d_G-mesurable et vérifie $f(x\zeta) = \left(\frac{\delta_H(\xi)}{\delta_G(\xi)}\right)^{\frac{1}{2}} L(\xi^{-1})f(x)$, $\zeta \in H$, $x \in H$
Montrons que $\|f(.)\|^2$ et localement sommable, $\|f\| < \infty$ et $\|f_n - f\| \to 0$. Soit $\phi \in C_c^+(G)$.
D'après l'égalité du parallélogramme dans E on a : $\int \|f_n(x) - f_{n+m}(x)\|^2 \phi(x) d_G(x) \le \sum_1^\infty 2^i \int \|f_{n+i-1}(x) - f_{n+i}(x)\|^2 \phi(x) d_G x \le \sum_1^\infty 2^i \|f_{n+i-1}(x) - f_{n+i}(x)\|^2 \|\phi\|_\infty < 2^{-2n+2}\|\phi\|_\infty$.

D'après le lemme de Fatou, : $\int \|f_n(x) - f_{n+m}(x)\|^2 \phi(x) d_G(x) \le 2^{-2n+2}\|\phi\|_\infty$.
En supposant $\phi = 1$ sur ω, on a :
$\|f_n(.) - f(.)\|^2$ est sommable sur ω et donc $f_n - f \in \mathcal{E}^L \Rightarrow f \in \mathcal{E}^L$.

D'autre part, ϕ étant arbitraire, on $\|f_n - f\| \le 2^{-2n+2} \Rightarrow f \in E^L$ donc $f_n \to f$ dans E^L.
Montrons que E^L contient suffisamment d'éléments.

Considérons les deux espaces vectoriels topologiques séparés E et F .

On dit que f est un morphisme strict si la bijection canonique de $E/f^{-1}(0)$ sur F est un isomorphisme topologique. Pour cela il faut et il suffit que f soit continue et ouverte. Il convient de modifier quelques hypothèses. Soit E un espace de Frechet et L une représentation différentiable de H dans E.
Considérons l'espace ${}^L C^\infty(G, E)$ des fontions f sur G à valeurs dans E telles que
a) $f(x\zeta) = \rho_H(\zeta)^{1/2} L(\zeta^{-1}) f(x)$, $\forall \zeta \in H$, $x \in G$
b) L'image canonique dans G/H du support de f est compact (ie sup p f est compact module H).
c) $f \in C^\infty(G, E)$.
En particulier $\rho_H(\zeta) = \delta_H(\zeta)/\delta_G(\zeta)$
On munit ${}^L C^\infty(G, E)$ de la topologie suivante :Soit ω un sous-ensemble compact de G. Soit ${}^L C_\omega^\infty(G, E)$ le sous-espace de ${}^L C^\infty(G, E)$ des fonctions dont le support est contenu dans ωH . Munissons ${}^L C_\omega^\infty(G, E)$ de la topologie induite par celle de $C^\infty(G, E)$. Pour cette topologie ${}^L C_\omega^\infty(G, E)$ est un espace de Frechet.
On munit donc ${}^L C^\infty(G,E)$ de la topologie limite inductive de celle de ${}^L C_\omega^\infty(G,E)({}^L C^\infty(G,E) = \cup_{\omega \subset G, \text{compact}} {}^L C_\omega^\infty(G, E)$.
Soit $f \in \mathcal{C}_c^\infty(G)$, posons : $f^L(x) = \int_H \rho_H(\xi)^{-1/2} L(\xi) f(x\xi) d_H(\xi)$, $\forall\, x \in G$.

<u>**Lemme**</u> III-2-2-5
L'application $\pi^L: f \to f^L$, est une surjection continue de $\mathcal{C}_c^\infty(G,E)$
Sur ${}^L C^\infty(G, E)$. (un morphisme stricte).

<u>**Preuve**</u> :
f^L vérifie a) et b). Pour tout $X \in \mathcal{G}$,
$Xf^L(x) = \lim_{t \to 0} \int_H \rho_H(\xi)^{-1/2} L(\xi) \left[\frac{f(\exp(-fX)x\xi) - f(x\xi)}{t}\right] d_H(\xi)$.

Comme spt(f) est compact et les opérateurs $L(\zeta)$ constituent un ensemble équicontinue quand ζ décrit un sous-ensemble compact de H , la limite existe. Ainsi $f^L \in C^\infty(G, E)$ et pour tout opérateur différentiel invariant à droite $D \in A$ on a :

$$Df^L(x) = \int_H \rho_H(\xi)^{-1/2} L(\xi) Df(x\xi) d_H(\xi).$$

En plus si $f \in C^\infty_\omega(G, E)$, alors $f^L \in {}^L C^\infty_\omega(G,E)$ pour tout ω compact de G.

Montrons que l'application : $f \longmapsto f^L$ est continue.

Il suffit de montrer que l'application $f \to f^L$ de $C^\infty_\omega(G, E)$ dans ${}^L C^\infty_\omega(G,E)$ est continue.

Supposons $f_n \to 0$ dans $C^\infty_\omega(G, E)$ et montrons que $f_n \to 0$ dans ${}^L C^\infty_\omega(G,E)$.

Pour tout compact ω_1 de G, montrons que $Df_n^L \to 0$ sur ω_1. Soit P_1un voisinage convexe fermé de zéro dans E. Pour P_1, soit P_2 un voisinage de zéro dans E tel que :

$a \in P_2$, $\zeta \in \omega_1^{-1}\omega \cap H \Rightarrow L(\zeta)\, a \in P_1$(en effet la fonction $\zeta \to f(x\zeta)$, $f \in C^\infty_\omega(G, E)$ a son support dans $\omega_1^{-1}\omega \cap H$ si $x \in \omega_1$.). $\exists n_0 / \forall n \geq n_0 = Df_n(x) \in P_2 (f_n \to 0$ dans $C^\infty_\omega(G, E)$ donc $\exists n_0 / \forall n \geq n_0$, .

$Df_n^L(x) \in \left(\int_{\omega_2} \rho_H(\xi)^{-1/2} d_H(\xi)\right) P_1$, $\omega_2 = \omega_1^{-1}\omega_1 H$ pour $x \in \omega$. D'où la continuité de l'application $f \to f^L$.

Montrons que $f \longmapsto f^L$ est surjective. Si $\alpha \in C^\infty_c(G/H)$ et $h \in {}^L C^\infty(G, E)$, la fonction $x \longmapsto \alpha(\dot{x})h(x)$ est encore dans ${}^L C^\infty(G, E)$. Ainsi ${}^L C^\infty(G, E)$ est un $C^\infty_c(G/H)$-module.

En considérant G comme un espace fibré principal au dessus de G/H , choisissons un recouvrement d'ouverts $\{O_i\}$ de G/H et sur chaque O_i, il existe une section de classe C^∞,$\dot{x} \longmapsto s_i(\dot{x})$ de $\pi^{-1}(O_i)$. Soit $\{O_i\}$ une partition C^∞ de l'unité subordonnée à ce recouvrement et $\Psi \in C^\infty_c(H)$ telle que

$$\int_H \rho_H(\xi)^{-\frac{1}{2}} \psi(\xi) d_H(\xi) = 1.$$

Pour tout $h \in {}^L C^\infty(G, E)$, posons ${}_L h(x) = \sum_i \phi_i(\dot{x}) \psi(s_i((\dot{x})^{-1}x)) L(x^{-1}s_i(\dot{x})) h(s_i(\dot{x}))$.

Alors ${}_L h \in C^\infty_c(G, E)$, $h \longmapsto {}_L h$ est une application continue de ${}^L C^\infty(G, E)$ dans $C^\infty_c(G, E)$ et ${}_L h^L = h$ donc $h \to {}_L h$ est une inverse à droite continue de $f \longmapsto f^L$.

Par conséquent $f \longmapsto f^L$ de $C^\infty_c(G, E)$ dans ${}^L C^\infty(G, E)$ est un morphisme strict. Retournons à la situation initiale en prenant L une représentation unitaire de H dans un espace de Hilbert E.

Soit L_∞ la représentation différentiable de H dans E_∞ canoniquement associée à L. E_∞ est un espace de Frechet. On peut donc considérer l'espace ${}^{L\infty} C^\infty(G, E_\infty)$.

On a donc ${}^{L\infty} C^\infty(G, E_\infty) \subset {}^L C(G,E) \subset E^L$.

On rappelle que la topologie de $E\infty$ n'est pas la topologie induite par E mais celle induite par celle de $C^\infty(H, E)$ par l'identification $a \to \tilde{a}$, $\tilde{a}(\zeta) = L(\zeta)\, a$ ($a \in E_\infty$, $\zeta \in H$)

Lemme III-2-2-6

L'injection de ${}^{L\infty} C^\infty(G, E_\infty)$ dans E^L est continue et admet donc une extension continue à ${}^L C(G, E)$. D'autre part ${}^{L\infty} C^\infty(G, E_\infty)$ est dense dans E^L

Preuve :

Soit $\phi \in C^+_c(G)$ tel que $\dot{\phi} = 1$ sur $\widehat{\mathrm{supp} f}$, $f \in C^\infty_c(G, E)$. Soit $g \in E^L$.Comme $f^{L\infty}$ s'annule en dehors de ωH ($\omega = \mathrm{supp}(f)$), la mesure ${}^{\mu} f^{L\infty}$, g doit être portée par $\widehat{\mathrm{supp} f}$.

En utilisant le théorème de Fubini on a :

$(f^{L\infty}, g) = \int \phi(x)(f^{L\infty}(x), g(x)) d_G x = \int (f(x), g(x)) d_G x$.

Donc $\left|\left(f^{L_\infty}, g\right)\right| \leq \Omega_{spt(f)}\|f\|_\infty\|g\| \Rightarrow \left\|f^{L_\infty}\right\| \leq \Omega_{spt(f)}\|f\|_\infty$.
Donc l'injection de ${}^{L\infty}C^\infty(G, E_\infty)$ dans E^L est continue et admet donc une extension continue à ${}^LC(G, E)$ d'après le lemme précédent.
En effet l'application $f \rightarrow f^{L\infty}$ de $C_c^\infty(G, E_\infty)$ sur ${}^{L\infty}C^\infty(G, E_\infty)$ admet une inverse à droite continue $h \rightarrow h^{L\infty}$, $h \in L^\infty C\ (G, E_\infty)$.

Ainsi si $h_n \rightarrow 0$ dans ${}^{L\infty}C^\infty(G, E\infty)$ .Montrons que $h_n \rightarrow 0$ dans E^L.
Comme $h_n \rightarrow 0$ dans $C_c^\infty(G, E_\infty)$ donc $h_n{}^{L\infty} \rightarrow 0$ dans $C_c^\infty(G, E_\infty)$.
Choisissons un compact
$\omega \subset G$ tel que $spth_n{}^{L\infty} \subset \omega$ ($\forall n$) et on a donc $\left\|h_{n_{L_\infty}}{}^{L_\infty}\right\| = \|h_n\| \leq \Omega_\omega \left\|h_{n_{L_\infty}}\right\| \rightarrow 0$.
Soit $f \in C_c^\infty(G)$,$a \in E_\infty$.
Alors $(f \otimes a)^{L\infty}(x) = \int_H \rho_H(\xi)^{-1/2} f(x\xi) L_\infty(\xi) a d_H(\xi)$.
Pour montrer que ${}^{L\infty}C^\infty(G,E_\infty)$ est dense dans E^L, il suffit de montrer que $(f \otimes a)^{L\infty}$ engendre un sous-espace dense de E^L (E^L) étant complet.

Montrons $((f \otimes a)^{L\infty})^\perp = \{0\}$.

Si $((f \otimes a)^{L\infty}, g) = 0$ pour toute $g \in E^L$($f \in C_c^\infty(G)$, $a \in E_\infty$) on a $\int f(x)(a, g(x)) d_G x = 0$, $\forall f \in C_c^\infty(G)$ et $a \in E_\infty$ donc $(a, g(x)) = 0$ pp sur G donc $g(x) = 0$ $\forall x \in G$ et $g = 0$ CQF D.

Par conséquent si $a \in E$ et $\varepsilon > 0$, $x \in G$, alors il existe une fonction différentiable f dans E^L telle que $\|f(x) - a\| < \varepsilon$

<u>Remarque</u> III-2-2-7
Soit S un sous-ensemble total dans E. Alors $(f \otimes a)^{L\infty}(f \in C_c^\infty(G), a \in S)$ est total dans E^L.
Définissons la représentation U^L de G induite par la représentation unitaire L de H dans E.

L'espace de la représentation de U^L sera l'espace de Hilbert E^L et U^L est définie par :
$\forall f \in E^L$, $U^L(x) f = f \circ L_{x-1}$* $U^L(xy) = U^L(x)U^L(y)$,
$\forall x, y \in G$ et $U^L(1) = 1$ et $\|U^L(x)f\| = \|f\|$, $\forall x \in G$ et $f \in E^L$.

En effet : Fixons $x \in G$, $f \in E^L$ et posons $g = U^L(x) f$.
Pour toute $\phi \in K(G)$,

$$\mu_{g,g}(\phi) = \int \phi(y)\|g(y)\|^2 d_G y = \int \phi(xy)\|f(y)\|^2 d_G y = \mu_{f,f}^x(\dot{\phi})$$

donc $\mu_{g,g} = \mu_{f,f}^x \Rightarrow \mu_{g,g}(G/H) = \mu_{f,f}^x(G/H) < \infty$ donc $g \in E^L$ et $\|U^L(x)f\| = \|f\|$. * L'application $x \rightarrow (U^L(x) f, f)$ est continue sur G pour $f \in E^L$.
Il suffit de montrer que l'application : $x \rightarrow (U^L(x)(f \otimes a)^{L\infty}, (f \otimes a)^{L\infty})$)est continue sur G, pour toute $f \in C_c^\infty(G)$ et $a \in E\infty$.
D'autre part $(U^L(x)\ (f \otimes a)^{L\infty}, (f \otimes a)^{L\infty}) = \int f(x^{-1}y)(a, (f \otimes a)^{L_\infty}(y)) d_G y$. Comme le terme de droite est évidemment continue en x, l'application considérée est donc continue.

Par conséquent U^L est une représentation unitaire de G dans l'espace de Hilbert E^L. On dit que U^L est une représentation unitairement induite par L. Elle est notée G^{UL}
ou $IndL_{H\uparrow G}$.

Remarques III-2-2-8

1) - Pour différent choix de mesure de Haar, on obtient le même E^L de même norme à une constante près.

2) - Soit α un homéomorphisme de G sur G. Si L est une représentation unitaire de H, U^L la représentation unitairement induite correspondante, alors U^L est unitairement équivalente à $U^{L\alpha}$ où L^α est la représentation de α(H) définie par : $L^\alpha(\zeta) = L(\alpha-1(\zeta))$, $\zeta \in \alpha(H)$.

Exemples III-2-2-9

1) Si H = {1} , L la représentation triviale de dimension 1 de H , alors U^L est la représentation regulière gauche de G dans $L^2(G)$.

2) Pour une certaine classe de groupes, toute représentation unitaire irréductible est unitairement équivalente à une représentation unitaire induite par une représentation d'un de ses sous-groupes.

C'est le cas où G est un groupe de Lie connexe, simplement connexe et nilpotent.

Nous allons étudier le rapport entre les mesures de type positif et les représentations unitairement induites. La fonction rho (rho-function) est une fonction complexe ρ localement sommable sur G telle que :

$\rho(x\zeta) = (\delta_H(\zeta)/\delta_G(\zeta))\rho(x)$, $\forall \zeta \in H$. Pour une fonction ρ, on peut définir une mesure μ_ρ sur G/H par la formule : $\int f(x)\rho(x)d_G x = \int_{G/H} d_{\mu_\rho}(\dot{x}) \int_H f(x\xi)d_H \xi$, $\forall f \in C_c(G)$.

Lemme III-2-2-10

Soient α une mesure sur H et f un élément de $C_c(G)$.

Pour tout x ∈ G., posons $\phi_x^f(\xi) = \left(\frac{\delta_G(\xi)}{\delta_H(\xi)}\right) f(x\xi)$, $\forall \zeta \in H$ et $\rho f^x = \int_H \left(\left(\phi_x^f\right)^* * \phi_x^f\right)(\xi)d\alpha(\xi)$, ∀ x ∈ G.

Alors ρ_f est une fonction-rho continue sur G.

D'autre part, la mesure $\mu_{\rho f}$ correspondant sur G/H a un support compact.

$$\mu_{\rho f}(G/H) = \int_H \left(\frac{\delta_G(\xi)}{\delta_H(\xi)}\right)^{\frac{1}{2}} (f^* * f)(\xi)d\alpha(\xi).$$

Preuve :

a) - Pour toute $f \in C_c(G)$, il est claire que la fonction $x \to \int_H \left(\frac{\delta_G(\xi)}{\delta_H(\xi)}\right) f(x\xi)d_H(\xi)$ est une fonction rho continue sur G et la mesure correspondant sur G/H a un support compact.

b) - Un calcul direct montre que $\int_H \left(\frac{\delta_G(\xi)}{\delta_H(\xi)}\right)^{\frac{1}{2}} (f^* * f)(\xi)d\alpha(\xi) = \int g(x)d_G x$ où

$g(x) = f(x)\int_H \left(\frac{\delta_G(\xi)}{\delta_H(\xi)}\right)^{\frac{1}{2}} (f)(x\xi^{-1})d\alpha(\xi)$, ∀ x ∈ G. La fonction $g \in C_c(G)$, donc on peut appliquer a) à g. Soit ρ_f la fonction rho obtenue à partir de g, on a :

$\rho_f(x) = \int_H \frac{\delta_G(\xi)}{\delta_H(\xi)} g(x\xi)d_H(\xi) = \int_H \left(\left(\phi_x^f\right)^* * \phi_x^f\right)(\xi)d\alpha(\xi)$, d'où le lemme.

Corollaire III-2-2-11

Soit α une mesure de type positif sur H, β l'injection de $(\delta_G/\delta_H)^{1/2}\alpha$ dans G. Alors β est une mesure de type positif. $\forall$ f $\in C_c(H)$, $\beta(f) = \int_H \left(\frac{\delta_G(\xi)}{\delta_H(\xi)}\right)^{\frac{1}{2}} (f)(\xi) d\alpha(\xi)$.

Preuve :

Comme α est de type positif, on a, en particulier, $\alpha\left(\left(\phi_x^f\right)^* * \phi_x^f\right) \geq 0$, $\forall$ x $\in$ G et f $\in$ $_{Cc(}$G) . D'où $\mu_{\rho f}(G/H) = \beta(f^* * f) \geq 0$ $\forall$ f $\in C_c(G)$.

Théorème de Blattner III-2-2-12

Soit α une mesure de type positif sur le sous-groupe fermé H de G ; β l'injection de $(\delta_G/\delta_H)^{1/2}\alpha$ dans G. Alors β est une mesure de type sur G.
Soit A la représentation unitaire de H engendré par α, B la représentation unitaire de G engendrée par β . Alors la représentation unitairement induite U^A de G est unitairement équivalente à B.

Preuve :

Rappelons la construction de A et B.
Soient $I_\alpha = \{f \in C_c(H),\ \alpha(f) = 0\}$ et $I_\beta=\{f \in Cc(H),\ \beta(f) = 0\}$ deux ideaux de $C_c(H)$. Soient les surjections canoniques π_α: $C_c(H) \to C_c(H)/I_\alpha$ et π_β: $C_c(H) \to C_c(H\ /I_\beta$. L'espace E_α
de la représentation de A est le completé de $C_c(H)/I_\alpha$ avec le produit interne
$(\pi_\alpha(f_1)\ ,\ \pi_\alpha(f_2)) = \int_H f_2^* * f_1(\xi) d\xi$ où $f_i \in C_c(H)$ i = 1, 2. et l'espace E_β de la représentation B est le completé de $C_c(H)/I_\beta$ avec le produit interne $(\pi_\beta(f_1)\ ,\ \pi_\beta(f_2)) = \int_H f_2^* * f_1(\xi) \left(\frac{\delta_G(\xi)}{\delta_H(\xi)}\right)^{\frac{1}{2}} d\alpha(\xi)$
où $f_i \in C_c(G)$ i = 1, 2.

Soit f $\in C_c(G)$. $\forall$ x $\in$ G, notons $\phi_x^f(\xi) = \left(\frac{\delta_G(\xi)}{\delta_H(\xi)}\right)^{\frac{1}{2}} f(x\xi)$, $\zeta \in H$ donc $\phi_x^f \in C_c(H)$.

Posons $\phi_f(x) = \pi_\alpha(\phi_x^f)$, x $\in$ G. Alors ϕ_f est une fonction sur G à valeurs dans E_α vérifiant : $\phi_f(x\xi) =$

$$\left(\frac{\delta_G(\xi)}{\delta_H(\xi)}\right)^{\frac{1}{2}} A(\xi^{-1})\phi_f(x),\ \zeta \in H,\ x \in G.$$

Comme ϕ_f est continue à support compact modulo H, alors $\phi_f \in E^A$.
Ainsi l'application $\varphi : f \to \phi_f$ est une application linéaire de $C_c(G)$ dans E^A. Montrons que si f $\in C_c(G)$, alors $\|\phi_f\|$ (dans E^A)= $\|\pi_\beta(f)\|$ dans E_β. Par la définition de $\|\phi_f\|$ on a :

$$\|\phi_f\|^2 = \mu_{\rho_f}(G/H)$$

où $\rho_f(x) = \|\pi_\alpha(\phi_x^f)\|^2 = \int_H \left(\left(\phi_x^f\right)^* * \phi_x^f\right)(\xi) d\alpha(\xi)$, $\forall$ x $\in$ G
et d'autre part, d'après le lemme $\mu_{\rho f}(G/H) = \|\pi_\beta(f)\|^2$.
On peut donc définir une isométrie Q de E_β dans E^A telle que $Q(\pi_\beta(f)) = \phi_f$, f $\in C_c(G)$. Q entrelace B et U^A.
Il suffit de montrer que Q est une isométrie linéaire de E_β dans E^A.
Pour cela, il faut montrer que $\phi(E_\beta)=E^A$.
Montrons que Im(Q) contient un élément de E^A de la forme $(f\otimes\pi_\alpha(g))^A$ (f $\in C_c(G)$) , g $\in C_c(H)$ en utilisant la remarque précédente.

Soient f $\in C_c(G)$, g $\in C_c(H)$ et h : $x \to \int_H \left(\frac{\delta_G(\xi)}{\delta_H(\xi)}\right)^{\frac{1}{2}} (f)(x\xi) g(\xi^{-1}) d_H(\xi)$ $\forall$ x $\in$G.

On a : $\phi(h) = (f\otimes\pi\alpha(g))^A$.
Par conséquent Q (E_β) est dense dans E^A.

III–2-3 Système d'Imprimitivité

Soient G un groupe localement compact séparable et K un sous-groupe compact de G.,
L une représentation de K dans H et U^L la représentation induite G dans H^L (selon Mackey). Soient Z un sous-ensemble de Borel de X = K \ G et χ_Z la fonction caractéristique de Z .

Pour tout u ∈ H^L, posons (E(Z) u)g := $\chi_Z(\dot{g})$, $\dot{g}$= Kg,Cette fonction est faiblement mesurable.

D'autre part, pour tout k ∈ K, on a: $E(Z)u(kg) := \chi_Z(\dot{g})u(kg) = L_K(\chi_Z(\dot{g})u(g))=L_KE(Z)u(g)$ et $\int_X \|\chi_Z(\dot{g})u(g)\|^2 d\mu(\dot{g}) = \int_X \chi_Z(\dot{g})\|u(g)\|^2 d\mu(\dot{g}) = \int_Z \|u(g)\|^2 d\mu(\dot{g}) < \infty$.
Ainsi
E(Z)u∈H^L. D'autre part : E(X)=I , E(ϕ)=0, E ($Z_1 \cap Z_2$) = E(Z_1)E(Z_2) et E^*(Z) = E (Z) et E(UZ_i) $=\sum_1^\infty E(Z_i)$ ou $Z_i \cap Z_\sigma = \phi$, ∀i≠σ.

Par conséquent l'application Z→ E(Z) ∈ $\mathcal{L}(H^L)$ définit sur X une mesure spectrale et on a $U_{g_0}^L E(Z) U_{g_0^{-1}}^L u(g) = E(Z_{g_0^{-1}}) u(g)$. En effet :

$$U_{g_0}^L E(Z) U_{g_0^{-1}}^L u(g) = E\left((Z) U_{g_0^{-1}}^L u\right)(gg_0) = \chi_Z\left(\dot{\widehat{gg_0}}\right)\left(U_{g_0^{-1}}^L u\right)(gg_0) = \chi_Z\left(\dot{\widehat{gg_0}}\right) u(g)$$
$$= E\left(Z_{g_0^{-1}}\right) u(g)$$

car $\chi_Z(\widehat{gg_0}) = \chi_{Z_{g_0^{-1}}}(\dot{g})$ donc $U_g^L E(Z) U_{g^{-1}}^L = E\left(Z_{g^{-1}}\right)$ ⊛.
Ainsi à toute représentation induite U^L de G, on peut lui associer une mesure spectrale E(Z) qui vérifie la propriété de transformation ⊛.
En général, soient X l'espace homogène du groupe G et U une représentationunitaire de G dans un espace Hilbertien H. Si E(Z) (Z ⊂ X) est une mesure spectraleà valeurs dans $\mathcal{L}$(H) qui vérifie ~, alors E(Z) est appelé système d'imprimitivitépar U base sur X .

Si l'action de G sur X est transitive alors E(Z) est appelé systèmed'imprimitivité transitif.Une représentation qui admet au moins un système d'imprimitivité est dite imprimitive.

Le système d'imprimitivité donné par la fonction spectral (**) est appelé système d'imprimitivité canonique.
Avant de donner un exemple, nous allons énoncer et démontrer un théorème de STONE.

Théorème III–2-3-1
Considérons G = IR^n un groupe vectoriel additif et T une représentation unitaire continue de G dans un espace de Hilbert H. Alors il existe une ensemble unique d'opérateurs autoadjoints Y_1, Y_2, ...Y_n qui commutent deux à deux tel que $T_x=\prod_{k=1}^{n} \exp(ix_kY_k)$ ((1))

Preuve :

On sait que tout caractère $\hat{x}$ de G est de la forme : $\hat{x} = \exp i(\widehat{x_1}(x_1) + \cdots \widehat{x_n}(x_n)) = \exp i(\hat{x}(x))$, $\hat{x} \in \mathbb{R}^n$. Ainsi le groupe dual $\widehat{G}$ est isomorphe à G.Ainsi d'après le théorème de SNAG ,

$$T_x = \int \exp i(\widehat{x_1}(x_1) + \cdots \widehat{x_n}(x_n))dE(\hat{x}).$$

On a donc $T_x = \prod_{k=1}^{n} \int \exp[ix_k\widehat{x_k}]\, dE(\hat{x}) = \prod_{k=1}^{n} \int \exp[ix_k\widehat{x_k}]\, dE(\widehat{x_k}) = \prod_{k=1}^{n} \exp(ix_kY_k)$

Où $dE(\widehat{x_k}) = \int_{\mathbb{R}^{n-1}} dE(\hat{x})$ et $Y_k = \int \widehat{x_k} dE(\widehat{x_k})$

Exemple III–2-3-2

Soit $G = T^{3,1}$ le groupe des translations de l'espace de Minkowski M^4 et soit $x \to T_x$ une représentation unitaire de G dans un espace de Hilbert H.

L'espace dual $\hat{G}$ est identifié en physique à l'espace moment P qui est isomorphe à M^4.

Ainsi la formule (1) peut s'écrire sous la forme

$$T_x = \int_P \exp(ix_p)\, dE(p)\,, x_p = \sum_{\mu=0}^{3} \mu^{\mu} p_{\mu}$$

où E (.) est une mesure spectrale sur l'espace moment.

L'ensemble des opérateurs auto-adjoints définis par (2) est dans ce cas :

$$P_\mu = \int_P p_\mu dE(p)\,, \mu = 0,1,2,3$$

et représente le moment énergie.

Supposons que p_μ est l'opérateur moment d'un particule (relativiste) et soit $\Lambda \to U_\Lambda$ une représentation unitaire du groupe de Lorentz dans l'espace de Hilbert H des fonctions de Wave.

La décomposition spectrale (3) est de la forme: $P_\mu = \int_{P^2=m^2} p_\mu dE(p)$ où E(p) est la mesure spectrale associée aux moments P_μ.

Comme P_μ est un opérateur tensoriel, ,

$$\text{on a: } U_\Lambda^{-1}P_\mu = U_\Lambda^{-1}P_\mu U_\Lambda = \Lambda_\mu^{-1\gamma} = \sum_{i=0}^{3} \Lambda_\mu^{-1} P_i.$$

Ainsi $U_\Lambda^{-1}P_\mu U_\Lambda = \int_{P^2-m^2} \Lambda_\mu^{-1\upsilon} P_\upsilon dE(p) = \int_{P^2-m^2} P'_\mu dE(\Lambda_{p'})$ et d'autre part on a :

$$U_\Lambda^{-1}P_\mu U_\Lambda = \int p_\mu d(U_\Lambda^{-1}P_\mu U_\Lambda).$$

Par conséquent pour tout sous-ensemble de Borel Z , on a $U_\Lambda^{-1}P_\mu U_\Lambda = E(\Lambda Z)$.

Ainsi, la mesure spectrale de l'opérateur moment est un système d'imprimitivité pour U basé sur l'espace moment.

Nous allons étudier l'inéductibilité et l'équivalence des représentations induites à partir d'un système d'imprimitivité.

Soit $g \to U_g^L$ g une représentation unitairement induite d'un groupe localement compact G dans un espace de Hilbert H^L.

L'espace linéaire des combinaisons linéaires des vecteurs de $U_\varphi^l v$ pour $\varphi \in C_0(G)$ et $v \in H^L$ est appelé espace de Garding (noté D_G) de la représentation U^L.

L'espace D_G est un sous-espace dense de H^L et invariant par Ug.

Un vecteur $v \in H^L$ est dit continu , s'il peut être représenté comme une fonction vectorielle continue sur G. (ie $g \to U_g v$ est continue).

Lemme III–2-3-3

Soit μ (.) une mesure quasi-invariante sur K \ G et sa dérivée de Radon Nikodym continue. Alors tout vecteur v ∈ D_G est une fonction vectorielle continue sur G.

Lemme III–2-3-4

L'ensemble *{v(e), v∈D_G}* est dense dans l'espace H de la représentation L du sous-groupe K.

Soient deux représentations T et T' de G dans H (T) et H (T') respectivement, R(T, T') l'ensemble des opérateurs d'entrelacement. R (T, T') est une espace vectoriel.

Si T = T', R (T, T) est une sous-algèbre fermée de L(H). Si R(T, T') contient un opérateur unitaire, $\tilde{V}$ alors $\tilde{V}T_g\widetilde{V^{-1}} = T'_g$,∀g ∈ G, par conséquent T et T' sont unitairement équivalentes.

Théorème III–2-3-5

Soient U^Let $U^{L'}$ deux représentations de G dans les espaces de Hilbert H^L et $H^{L'}$ induites par les représentations L et L' du sous-groupe fermé K ⊂ G.

Soit E (Z) (resp E'(Z)) le système d'imprimitivité canonique correspondant, où Z est un sous-espace de Borel de K \ G. Alors l'espace R (L, L') est isomporphe à l'espace S des opérateurs V ∈ L (H^L, $H^{L'}$) tels que :

1) $U_g^{L'}V = VU_g^L$ pour tou t g ∈ G i.e V∈ R($U^{L'}$,U^L)

2) E'(Z) V = V E (Z) pour tout Z ⊂ K \ G.

Preuve :

Construisons un isomorphisme ϕ de R (T, T') sur S. Soit R ∈ R(L,L') et v∈H^L. Posons $(\tilde{R}v)(g) = Rv(g)$, g ∈ G. Montrons que $\tilde{R}v \in H^{L'}$ (∗). $(\tilde{R}v)(g)$ est faiblement mensurable.

∀ k ∈ K, $(\tilde{R}v)(kg) = Rv(kg) = RL_kv(g) = L'_k\,Rv(g) = L'_k(\tilde{R}v)(kg)$, d'autre part comme $\int_X \left((\tilde{R}v)(g),(\tilde{R}v)(g)\right)d_\mu(\dot{g}) = \int_X (Rv(g),Rv(g))d_\mu(g) \le \|R\|^2 \int_X (v(g),v(g))d_\mu(g) = \|R\|^2(v,v)$, on a donc $\tilde{R}v \in H^{L'}$. l'opérateur $\tilde{R}$ est linéaire et $\|\tilde{R}v\| \le \|R\|\|v\|$, ie $\|\tilde{R}\| \le \|R\|$.

Ainsi

$\tilde{R} \in \mathcal{L}(H^L, H^{L'})$.

Montrons que $\tilde{R}$∈ S. $(U_{g_0}^{L'}\tilde{R}v)(g) = \tilde{R}v(gg_0) = Rv(gg_0) = R(U_{g_0}^L v)(g) = \tilde{R}(U_{g_0}^L v)(g)$.

D'autre part pour tout ensemble de Borel Z de K \ G

on a $(E'(Z)\tilde{R}v)(g) = \chi_Z(\dot{g})(\tilde{R}v)(g) = \chi_Z(\dot{g})(Rv)(gg_0) = R(E(Z)v)(g) = (\tilde{R}E(Z)v)(g)$.

On définit donc $\varphi: R \longrightarrow \tilde{R}$ de $R(T,T')$ dans S.

Il suffit de montrer que φ est surjective ie ∀ V ∈ S, ∃ R∈R(T,T') tel que φ(R)=V.

Soient D_G et D'_G les sous-espaces de Garding de U^Let $U^{L'}$ respectivement et V ∈ S.

D'après la condition (1) on a $VD_G \subset D'_G$.

Soient v ∈D_G et Z un sous-ensemble quelconque de X .

De la condition 2) on a $\int_Z (V_v(g),Vv)d_\mu(\dot{g}) = \|E'(Z)Vv\|^2 = \|VE(Z)v\|^2 \le \|V\|^2\|E(Z)v\|^2 = \|V\|^2 \int_Z (v(g),v(g))d_\mu(\dot{g})$.

Comme les fonctions sous l'intégrale sont continues (Lemme 1), alors $(Vv(g), Vv(g)) \leq \|V\|^2(v(g), v(g))$, pour tout g ∈ G.
En particulier $\|Vv(e)v\| \|V\| \|v(e)\|$ et du lemme 2, il existe une application linéaire $\tilde{R} \in \mathcal{L}$(H, H') telle que Vv(e)= $\tilde{R}v(e)$.
Montrons que $\tilde{R} \in$ R(L, L') : ∀ g∈G, (Vv)(g)=$[U_g^{L'}Vv](e) = [VU_g^L v](e) = \tilde{R}[U_g^L v] = \tilde{R}vg$ et pour tout k ∈ k, $L'_k\tilde{R}v(e) = L'_k(Vv)(e) = Vv(k) = \tilde{R}v(k) = \tilde{R}L_k v(e)$. Ainsi, d'après le lemme 1, $L'_k\tilde{R} = \tilde{R}L_k$, ∀ k ∈ K i.e. $\tilde{R} \in$ R (L, L').
Par conséquent $Vv = \varphi(\tilde{R})v$ et V = $\varphi(\tilde{R})$ car $\overline{D_g}$ =H^L. C, Q, F, D.

Remarque III–2-3-6
L'irréductible de L ne garantie pas celle de U^L.
Cependant dans certains cas comme le groupe produit semi-direct, si L est irréductible alors U^L l'est.

Soit U^L une représentation induite dans H^L et E(Z) le système d'imprimitivité canonique correspondant. On rappelle que la paire (U^L,E) est irréductible, si pour tout V ∈L(H^L), g ∈ G et un sous-ensemble de Borel Z ⊂ X , on a $VU_g^L = U_g^L V$ *et* VE(Z) = E(Z)V ⇒ V = λ I
Le théorème suivant donne le critère d'irréductibilité de la paire (U^L, E).

Théorème III–2-3-7
Soit U^L une représentation d'un groupe localement compact induite par une représentation L du sous-groupe compact K de G.
Alors la paire (U^L, E) est irréductible si et seulement si la représentation L est irréductible.

Preuve :
Appliquons le théorème précédent pour le cas où L = L'. On a, d'après la définition de l'irréductibilité que : (U^L, E) est irréductible ⟺ S = {λ I, λ ∈ C} et L est irreductible ⟺ R (L, L) = {λ I, λ ∈ C}. Comme R(L, L) est isomorphe à S , on a donc le théorème.

Définition III–2-3-8
La paire (U^L, E) est équivalente à la paire ($U^{L'}$, E'), s'il existe un opérateur unitaire V: $H^L \rightarrow H^{L'}$ tel que (∗) $VU_g^L = U_g^{L'}V$, ∀ g ∈ G, VE(Z)V^{-1}= E'(Z) pour tout sous-ensemble de Borel Z ⊂ X.

Théorème III–2-3-9
(U^L, E)≈ ($U^{L'}$, E') ⟺L ' ≈L

Preuve :
(U^L, E)≈ ($U^{L'}$, E') ⟺L' ≈L ⟺ ∃ V unitaire qui vérifie (∗).
L≈L'⟺ ∃ un opérateur unitaire d'entrelacement R ∈ R (L, L'). Or R est unitaire si seulement si V =φ(R) est unitaire. On a donc le théorème .

Remarque III–2-3-10
De ce théorème, si L≈L' alors (U^L, E)≈ ($U^{L'}$, E').
Ces différents théorème ne donnent pas le critère d'irréductibilité de U^L.

Néanmoins dans le cas où le système d'imprimitivité E (Z) est associé à une mesure spectrale d'une représentation d'un sous-groupe communtatif N de G
(comme le cas du produit semi-direct $G = N \times M$) on a l'irréductibilité de U^L.

III-2-4 - Théorème de Réciprocité de Frobenius

Considérons un groupe fini G. Nous allons énoncer le théorème de réciprocité de Frobenuis.

Théorème III–2-4-1
Soit G un groupe fini et K un sous-groupe de G.
Soit U^{L^i} une représentation de G induite par une représentation irréductible L^i de K.
Alors la multiplicité d'une représentation U^j de G dans U^{L^i} est égale à la multiplicité de la représentation U^i dans la restriction de U^j à K.

Ce théorème joue un rôle très important dans la théorie des représentations des groupes finis et leurs applications.
Nous allons étudier une généralisation de Mackey du théorème de réciprocité
d'une représentation induite d'un groupe localement compact.
Considérons la matrice : $\begin{pmatrix} n(1,1) & \cdots & n(1,s) \\ \vdots & \ddots & \vdots \\ n(r,1) & \cdots & n(r,s) \end{pmatrix}$ où les lignes sont indexées par i qui désignent les représentations irréductibles L^i de K et les colonnes par j qui désignent es représentations irréductible U^{j^i} de G et n(i, j) la multiplicité de U^j dans U^{L^i}.
C'est une fonction de $\hat{K} \times \hat{G}$ dans N.

Le théorème de réciprocité peut s'énoncer comme suite :

Théorème III–2-4-2
Il existe une fonction n (.,.) du groupe dual $\hat{K} \times \hat{G}$ dans N
telle que $U_G^{L^i} = \sum_{j\in\hat{G}} n(i,j)U_K^j = \sum_{j\in\hat{K}} n(h,j)L^h$.
Supposons que G et K sont des groupes non compacts.
Soient Z_1 et Z_2 deux espaces de Borel et α une mesure finie sur $Z_1 \times Z_2$. Soient α_1 et α_2 les projections de α sur Z_1 et Z_2 respectivement ie pour tout borelien $E_1 \subset Z_1$ et $E_2 \subset Z_2$ on a :
$\alpha_1(E_1)=\alpha(E_1 \times Z_2)$, $\alpha_2(E_2) = \alpha(Z_1 \times E_2)$. Grâce au théorème de désintégration de la mesure, il existe une mesure de Borel finie β_x dans Z_2 telle que : $\alpha = \int_{Z_1} \beta_x d\alpha_1(x)$. ie pour tout borelien $E \subset Z_1 \times Z_2$, on a :
$\alpha(E) = \int_{Z_1} \beta_x\{y: (x,y) \in E\} d\alpha_1(x)$ de même une mesure de Borel finie γ_y dans Z_1 telle que

$$\alpha = \int_{Z_1} \gamma_y d\alpha_2(y) \ .$$

On peut donc énoncer la généralisation du théorème de réciprocité de Frobenius.

Théorème III–2-4-3
Soit K un sous-groupe fermé d'un groupe localement compact G. On suppose que G et K sont de type I et leur dual respectif $\widehat{G}$ et $\widehat{K}$.

Soit U^{L^x} une représentation irréductible L^x de K. Alors il existe une mesure de Borel finie α sur $\widehat{K} \times \widehat{G}$ dans N∪{+∞} telles que :

1) - Les projections α_1 et α_2 de α sur $\widehat{K}$ et $\widehat{G}$ sont équivalentes aux mesures définies par la représentation régulière de K et G respectivement.

2) - Pour tout x $\in\widehat{K}$ on a $U^{L^x} \approx \int_{\widehat{G}} n(x,y)U^y d\beta_x(y)$ ou U^y sont des représentations irréductibles de G et la mesure β_x associée à α.

3) - Pour tout y $\in\widehat{G}$, $U_K^y \approx \int_{\widehat{K}} n(x,y)L^x d\gamma_y(x)$ où γ_y est associée à α.

Voir la démonstration dans Mackey [1] .

Si G est compact, les intégrales directes de 2/ et 3) se réduit aux sommes directes et on a :
$U_G^{L^i} = \sum_{j\in\widehat{G}} n(i,j)U_K^j = \sum_{j\in\widehat{K}} n(h,j)L^h$. On a ainsi une extension du cas des groupes finis.

Exemple III–2-4-4
Soit G un groupe compact et g → Ug la représentation régulière G dans l'espace de Hilbert H = $L^2(G)$.

Nous avons vu que cette représentation se considère comme une représentation U^L de G induite par la représentation identité L = Id du sous-groupe K = {e} où e est l'élément neutre de G.
Comme la multiplicité de L dans une représentation irréductible U^j de G restreint à K est égal à dim U^j, alors d'après le théorème précédent mpt(U^j, U^L)=dimU^j.
Si G est un groupe de Lie simple non-compact, on sait que toute représentation unitaire non triviale est de dimension infinie.

Ainsi toute représentation unitaire irréductible non triviale contenu dans la représentation régulière y est contenu un nombre infini de fois.

Exemple III–2-4-5
Soit G = $T^4\Delta$S0(3,1) le groupe de Poincaré et le sousgroupe K = $T^4\Delta$S0(3) .
Déterminons la mulplicité de la représentation $\hat{n}$L : (a, r) →$\hat{n}$ (a)$L_r^{\frac{1}{2}}$ de K dans la représentation $U^{\hat{n}L}$ de G induite par la représentation $\hat{n}$L de K.
On sait que $U^{\hat{n}L}$ est irréductible . Ainsi la représentation $U^{\hat{n}L}$ restreint à K contient ˆ nL au plus une fois.

III-3-1 Représentation induite –Applications aux groupes de Lie Semi-simples

Soit G un groupe de Lie Semi-simple de centre fini et $\mathcal{G} = Lie(G)$. Soit $\mathcal{G} = \kappa \oplus \mathfrak{a}_p \oplus \mathcal{M}$ une décomposition d'Iwasawa de $\mathcal{G}$ et $G = KA_pN^+$ la de composition d'Iwasawa correspondante de G et $P = MA_pN^+$ le sous-groupe parabolique minimale associé $\left(M = \mathcal{C}_K(A_p)\right)$.

Nous allons construire une famille de représentations $\{U^{\mu}\}$ $(\text{où } \mu \in \mathfrak{a}_p^*)$ dans $L^2(K)$. Cette représentation (Vue comme induite par un caractère de $A_p N^+$), en général, non unitaire et liée à la représentation unitairement induite par la représentation unitaire irréductible de dimension fini de P.

(Hansh-Chandra a montré toute représentation TCI de Banach de G est «équivalente à une sous-représentassions d'une représentation U^{μ}) Pour tous
$x \in G, k \in K, xk = \kappa(xk)\exp(H(x,k)n(x,k)\text{avec } \kappa(xk) \in K, H(x,k) \in \mathfrak{a}_p \text{ et } n(x,k) \in N^+$.

Pour x fixé dans G, on défini les applications suivantes :
$K_x(k) = \kappa(xk);\ H_x(k) = H(x,k)\text{et on a: } K_{xy} = K_x \circ K_y,\ H_{xy} = H_x \circ K_y + H_y, \forall x, y \in G$

Et on a : $\int f(k)dk = \int f \circ K_x(k) \exp(-2\rho \circ H_x(k))\, dk$ avec $\rho = 1/2 \sum_{\lambda > 0} m(\lambda)\lambda$.

dk est une mesure normalisée sur K et $f \in L^1(K)$. Pour $\mu \in \mathfrak{a}_p^*$ et $x \in G$, on définit $U^{\mu}(x)f = \exp(-(\mu + 2\rho) \circ H_{x^{-1}})\, f \circ K_{x^{-1}}, f \in L^2(K)$. U^{μ} est une représentation continue de G dans $L^2(K)$.

$$\int |U^{\mu}(x)f(k)|^2 dk = \int \left|\exp((\mu + 2\rho) \circ H_x \circ K_{x^{-1}}(k))\, f \circ K_{x^{-1}}(k)\right|^2 dk$$
$$= \int \left|\exp((\mu + 2\rho) \circ H_x(k)) f(k)\right|^2 dk \leq \operatorname{Sup}_K \left|\exp((\mu + 2\rho) \circ H_x(k))\right|^2 \int |f(k)|^2 dk$$
$$\leq M_x^2 \|f\|^2$$

Donc $U_x f \in L^2(K)$, et $\|U^{\mu}(x)\| \leq M_x$ $(\forall x \in G)$. D'autre par $U^{\mu}(xy) = U^{\mu}(x)U^{\mu}(y), (\forall x, y \in G)$.

Pour tout voisinage ω compact de e, il existe $M_{\omega} > 0$ tel que $\|U^{\mu}(x)\| \leq M_{\omega}, \forall x \in \omega$. Ainsi on a la continuité de U^{μ}, si on montre que

$\lim_{x \to e} \|U^{\mu}(x)f - f\| = 0, f \in L^2(K)$.

Soit $f \in L^2(K)$ et $\varepsilon > 0$. Choisissons une fonction g tel que $\|f - g\| \leq \varepsilon$ et un voisinage compact $\omega \in \gamma_G(e)$ tel que $\|U^{\mu}(x)g - g\|_{\infty} \leq \varepsilon, (\forall x \in \omega)$

$$\|U^{\mu}(x)f - f\| = \|U^{\mu}(x)(f - g) - (f - g) + (U^{\mu}(x)g - g)\| \leq \|U^{\mu}(x)\|\varepsilon + \varepsilon + \varepsilon \leq (M_{\omega} + 2)\varepsilon$$

Donc U^{μ} est une représentation continue de G dans $L^2(K)$ qui est unitaire si
$\mu + \rho \in i\mathbb{R}$, on a: $[U^{\mu}(x)]^* = U^{-\bar{\mu}-2\rho}(x^{-1})$.

Nous allons montrer que U^{μ} est induite par une représentation de $A_p N^+$ de dimension 1

Lemme III–3-1-1

La fonction module δ_p est donné par la formule suivante :$\delta_p(mhn) = h^{-2\rho}, (m \in M, h \in A_p, n \in N)$

Preuve

Comme M est compact, alors $\delta_p/M = 1$. N^+ est le groupe donné du groupe résoluble A_pN^+ donc $\delta_p/N^+ = 1$. Il reste δ_p/A_p.

$$\forall h \in A_p, \delta_p(\exp(\log h)) = \det(Ad_p(\exp(-\log h) = \det(\exp - [ad_p(\log h)] = e^{-tr(ad_p(\log h))}$$

Une base de M est obtenue en sélectionnant dans chaque $\mathcal{G}^*(\alpha \in P_+)$, un vecteur non nul X_α. On a : $tr(ad_p(\log h)) = tr(ad_p H) = \sum_{\alpha \in P_+} \alpha(H)\,(X_\alpha, X_\alpha) = \sum_{\alpha \in P_+}(ad_p H X_\alpha, X_\alpha) = \sum_{\alpha \in P_+} \alpha(H) = 2\rho(H)$Donc $\delta_p(\exp(\log h)) = h^{-2\rho}$. Soit $\mu: \mathfrak{a}_p \longrightarrow \mathbb{C}$ une forme linéaire sur $\mathfrak{a}_p$, L^μ la représentation de dimension 1 de A_pN^+ définie par : $L^\mu(hn) = h^{\mu+\rho}, (h \in A_p, n \in N^+)$.

Considérons l'ensemble ${}^{L^\mu}C(G)$ des fonctions continues sur G telles que :$f(xhn) = h^{-\rho}L^\mu(hn)^{-1}f(x), (x \in G, hn \in A_pN^+)$, G étant unimodulaire $(\delta_H(.)/\delta_G(.))^{1/2}$=1. G opérant par translation sur ${}^{L^\mu}C(G)$ conduit à une représentation construire de G dans ${}^{L^\mu}C(G)$ notée U^{L^μ} continument induite par L^μ. Soit $i: {}^{L^\mu}C(G) \longrightarrow C(K)$ telle que $i(f) = f/K$. Donc i est un homéomorphisme . Par conséquent $i({}^{L^\mu}C(G)) = L^2(K)$. Montrons que i entrelace U^{L^μ} et , U^μ.

$$\forall k \in {}^{L^\mu}C(G) \text{ et } \forall k \in K, \text{on a}: U^\mu(x) \circ i(f)(k) = \exp(-(\mu + 2\rho) \circ H_{x^{-1}}(k))\, f(K(x^{-1}k)$$

$$\text{et } i \circ U^{L^\mu}(x)f(k) = f(x^{-1}k) = \exp(-(\mu + 2\rho) \circ H_{x^{-1}}(k))\, f(K(x^{-1}k)$$

Par conséquent U^μ est induite par L^μ.

Soit L la représentation régulière gauche de K dans $L^2(K)$, R la représentation régulière droite de K dans $L^2(K)$. On remarque que $L = U^\mu/K$ et $R(m)U^\mu(x) = U^\mu(x)R(m), \forall x \in G, \forall m \in M$. Soit $\sigma \in \widehat{M}$ (ensemble des classes d'équivalence des représentations de dimension finie de M), ξ_σ le caractère de $\sigma \in \widehat{M}$, $\chi_\sigma = d(\sigma)\xi_\sigma$, ($d(\sigma)$ le degré de σ). Soit $\mu_\sigma: m \longrightarrow (a_{ij}(m))_{1\le i,j\le d(\sigma)}$ une représentation matricielle unitaire irréductible de M dans la classe $\sigma \in \widehat{M}$. Posons :
$Q_R(\sigma) =$
$\int \chi_\sigma(m^{-1})R(m)dm, Q_R(\sigma_{ij})d(\sigma)\int a_{ij}(m^{-1})R(m)dm$ (dm est une mesure de Haar normalisée sur M)
Les operateurs $Q_R(\sigma)$ et $Q_R(\sigma_{ij})$ commutent avec U^μ.

D'autre part $Q_R(\sigma)$ et $Q_R(\sigma_{ij})$ sont des projecteur dans $L^2(K)$. On note également que $Q_R(\sigma_{ij})$ est iso trie partielle de $Q_R(\sigma_{ii})L^2(K)$ sur $Q_R(\sigma_{jj})L^2(K)$. On a :
$L^2(K) = \sum_{\sigma\in\widehat{M}} Q_R(\sigma)L^2(K)$ et $Q_R(\sigma)L^2(K) = \sum_{i=1}^{d(\sigma)} Q_R(\sigma_{ii})L^2(K)$ (somme directe orthogonale dans le sens d'espace de Hilbert).

La représentation U^μ est alors fortement décomposable. En effet les sous-espaces $Q_R(\sigma_{ii})L^2(K)$ sont U^μ – stables et les $d(\sigma)$ représentations de G obtenus sont toutes unitairement équivalentes.

On peut considérer U^μ comme représentation de G et toute représentation $U^\mu/\ Q_R(\sigma_{ii})L^2(K)$ est dite représentation élémentaire de G et est notée $U^{\sigma,\mu}$

Remarque III–3-1-2

Rappelons que si $\delta \in \widehat{K}$, d'après le théorème de Réciprocité de Frobenuis, $U^{\sigma,\mu}/K$ contient $\delta \in \widehat{K}$,exactement $[\delta,\delta]$ fois . ($[\delta,\delta]$ est le nombre de fois δ est contenue dans δ/M.

Supposons que $\mu+\rho$ est à valeur imaginaire pure sur $\mathfrak{a}_p$, donc U^{μ} est alors unitaire.

La représentation $L^{\sigma,\mu}$ de P donnée par la relation $mhn \longrightarrow h^{\mu+\rho}\mu_\sigma(m), (m \in M, h \in A_p, n \in N^+)$ est une représentation unitaire irréductible de dimension finie de P .

Lemme III–3-1-3Soit L une représentation irréductible de dimension finie de P dans E. Alors $L(mhn) = \xi(h)L(m), (m \in M, h \in A_p, n \in N^+)$ où ξ est un homomorphisme continue de A_p dans $\mathbb{C}^*$ et $m \longrightarrow L(m)$ est une représentation irréductible continue de M.

Preuve III–3-1-4 Le groupe A_pN^+ est connexe et résoluble donc d'après le théorème de Lie, il existe un vecteur non nul $a \in E$ tel que $(hn)a = \xi(hn)a, (h \in A_p, n \in N^+)$, ξ est une représentation continue de dimension 1 de A_pN^+.Comme N^+ est le groupe fermé de A_pN^+, alors $\xi(n) = 1$,

pour tout $n \in N^+$.

D'autre part $L(hn)L(m)a = \xi(h)L(m)a$ donc le sous-espace $\langle L(m)a\rangle$ (engendré par $L(m)a$ est stable par L qui est irréductible car $\langle L(m)a\rangle = E$, donc $L(hn)$ est réduit au scalaire $\xi(h)$. Nous allons montrer que $U^{\mu}/\, Q_R(\sigma_{ii})L^2(K)$ est unitairement équivalente à la représentation unitaire induite $U^{L^{\sigma,\mu}}$.

En définitive : U^{μ} est induite par un caractère sur A_pN^+ et $U^{\mu}/\, Q_R(\sigma_{ii})L^2(K)$ est induite par $L^{\sigma,\mu}$ de P. L'espace $E^{\sigma,\mu}$ de la représentation de $U^{\sigma,\mu}$ est l'ensemble des fonctions de Borel $f: G \longrightarrow \mathbb{C}^{d(\sigma)}$ telle que :

a) $f(xmhn) = h^{-(\mu+2\rho)}\mu_\sigma(m^{-1})f(x), (\forall x \in G, mhn \in P)$
b) $\int_{\frac{G}{P}} \rho_P(x^{-1})\|f(x)\|^2 d\mu_p(\dot{x}) < \infty$. Soit $g \in Q_R(\widetilde{\sigma_{11}})C(K)$ telle que $s_g \in \mathcal{J}^{\sigma,\mu}$, posons $g_i(k) = d(\sigma)\int \overline{a_{1,i}(m^{-1})}g(km)dm$ et $s_g(k) = \frac{1}{\sqrt{d(\sigma)}}\begin{pmatrix} g_1(k) \\ \cdot \\ g_{d(\sigma)}(k)\end{pmatrix}, k \in K$. On considère $Q: Q_R(\widetilde{\sigma_{11}})C(K) \longrightarrow \mathcal{J}^{\sigma,\mu}$ telle que $Q(g) = s_g$. Toute fonction $f \in C^{\sigma,\mu}(G, \mathbb{C}^{d(\delta)})$ peut être identifier à une fonction $s_g \in \mathcal{J}^{\sigma,\mu}$.De $K \longrightarrow \mathbb{C}^{d(\sigma)}$ telle que $s_g(km) = \mu_\sigma(m^{-1})\, s_g(k), (k \in K, m \in M)$. Fixons $f \in C^{\sigma,\mu}(G, \mathbb{C}^{d(\delta)})$ et choisissons $\phi \in C_c^+(G)$ telle que $\int \phi(xp)dp = 1$, (dp est une mesure de Haar normalisée sur P). Alors $\|f\|^2 = \int_{G/P}\rho_P(x^{-1})\|f(x)\|^2 d\mu_p(\dot{x}) = \int \|f(x)\|^2\phi(x)dx = \int \|f(kp)\|^2\phi(kp)\delta_p(p^{-1})dkdp = \int \|f(k)\|^2 dk = \|s_g\|^2$ où $s_g = f/K$. Le transfert de $U^{\sigma,\mu}$ à $\mathcal{J}^{\sigma,\mu}$ est définie par :

$U^{\sigma,\mu}(x)\, s_g = \exp\big(-(\mu+2\rho)\circ H_{x^{-1}}(k)\big)\, s_g \circ R_{x^{-1}}, \ (s_g \in \mathcal{J}^{\sigma,\mu})$.

Montrons que $s_g \in \mathcal{J}^{\sigma,\mu}$. Il suffit de montrer que $s_g(km) = \mu_\sigma(m^{-1})\, s_g(k), (k \in K, m \in M)$ c'est-à-dire $\sum_{i=1}^{d(\delta)} a_{ij}(m^{-1})g_j(k) = g_i(km)$.

On a : $\sum_{i=1}^{d(\delta)} a_{ij}(m^{-1})g_j(k) = d(\delta) \int \sum_j a_{ij}(m^{-1})\, a_{j1}(\tilde{m})g(k\tilde{m})d\tilde{m} = d(\delta) \int a_{i1}(m^{-1}\tilde{m})g(k\tilde{m})\, d\tilde{m} = g_i(km)$. Donc $s_g \in \mathcal{J}^{\sigma,\mu}$). Comme $Q_R(\widetilde{\sigma_{1,1}})$ applique $Q_R(\widetilde{\sigma_{1,1}})L^2(K)$ à $Q_R(\widetilde{\sigma_{1,1}})L^2(K)$ isométriquement , on a donc $\|s_g\|^2 = \|g\|^2$, donc Q est une isométrie injective de $Q_R(\widetilde{\sigma_{11}})C(K)$ dans $\mathcal{J}^{\sigma,\mu}$. Montrons que Q est surjective. Soit $s = \begin{pmatrix} s_1 \\ \cdot \\ s_{d(\delta)} \end{pmatrix} \in \mathcal{J}^{\sigma,\mu}$. On a :

$Q_R(\widetilde{\sigma_{11}})s_1(k) = d(\delta) \int \overline{a_{11}(m^{-1})}\, s_1(km)dm = d(\delta) \sum_i (\int a_{11}(m)a_{1i}(m^{-1})dm)s_i(k) = d(\delta) \sum_i \left(\frac{1}{d(\delta)}\delta_{11}\delta_{1i}\right) s_i(k) = s_1(k)$, donc $s_1 \in Q_R(\widetilde{\sigma_{11}})C(K)$.

Il reste à montrer que :$s_i(k) = d(\delta) \int \overline{a_{i1}(m^{-1})}\, s_1(km)dm$. En effet $d(\delta) \int \overline{a_{i1}(m^{-1})}\, s_1(km)dm = d(\delta) \sum_i (\int a_{1i}(m^{-1})a_{1j}(m^{-1})dm)s_j(k) = d(\delta) \sum_i \left(\frac{1}{d(\delta)}\delta_{11}\delta_{ij}\right) s_j(k) = s_i(k)$. Donc l'application $Q: Q_R(\widetilde{\sigma_{11}})C(K) \longrightarrow \mathcal{J}^{\sigma,\mu}$ telle que $Q(g) = s_g$ est une isométrie surjective qui commute avec l'action de G. Par conséquent $U^\mu / Q_R(\widetilde{\sigma_{11}})L^2(K)$ et $U^{\sigma,\mu}$ sont unitairement équivalentes

Remarque III–3-1-5

Nous allons plus tard étudier la question d'irréductibilité de $U^{\sigma,\mu}$, déterminer $\mathrm{mult}(U^{\sigma,\mu}/K, \delta)$ où $U^{\sigma,\mu}/K$ est une représentation unitaire de K qui contient $\delta \in \hat{K}$. $U^{\sigma,\mu}/K$ est unitairement induite par la représentation unitaire irréductible μ_σ de M. Ainsi d'après le théorème de réciprocité de Frobenuis, on a :$\mathrm{mult}(U^{\sigma,\mu}/K, \delta) = \mathrm{mult}(\sigma, \delta/M) = [\delta, \sigma]$

Quelques commentaire III–3-1-6

La technique de représentations induites permet une classification des représentations unitaires irréductibles des produits semi-directs réguliers. Dixmier a montré en 1957 que toute représentation unitaire irréductible d'un groupe nilpotent connexe G est induite par une représentation de dimension 1. Kirillov a étudié en 1962 la théorie des représentations induites des groupes nilpotent par la méthode des orbites. Il y a en une extension de cette méthode à d'autres classes de groupes par Bernat en 1965, Kostant en 1965, Pukansky en 1968 etc... En particulier Auslander et Moore en 1966 ont donné une classification de la représentation induite de certain groupes de Lie résolubles. Cette méthode des orbites est souvent utilisée en mécanique quantique. La généralisation de la théorie des représentations induites aux extensions de groupe à été élaborée par Mackey en 1958.

Chapitre 4

FONCTIONS SPHERIQUES

§.IV-1 : - GENERALITES SUR LES FONCTIONS SPHERIQUES

Soient G un groupe topologique localement compact, K un sous-groupe compact de G. On note $\mathcal{K}^{\#}(G)$ l'algèbre de convolution des fonctions complexes continues à support compact et biinvariantes par le sous-groupe compact K de G. On suppose dans toute la suite que (G, K) est une paire de Guelfand et on notera μ_K la mesure de Haar normalisée de K.

IV-1-1 **Notions de base**

Définition IV-1-1-1

Une fonction sphérique (ou fonction zonale sphérique) sur G relativement à K est une fonction φ continue sur G, biinvariante par K, telle que l'application

$f \mapsto \chi(f) = \int f(x)\varphi(x^{-1})d\mu(x)$, soit un caractère de l'algèbre de convolution $\mathcal{K}^{\#}(G)$, c'est-dire que $\chi(f * g) = \chi(f)\,\chi(g)$; $\forall$ f, g $\in \mathcal{K}^{\#}(G)$.

Remarques IV-1-1-2

En général, une fonction sphérique n'est pas nécessairement à support compact.

Proposition IV-1-1-3

Soit ϕ une fonction continue sur G, biinvariante par K, non identiquement nulle. La fonction φ est sphérique si et seulement si : $\forall$ x, y $\in$ G, $\int \varphi(xky)d\mu_K(k) = \varphi(x)\varphi(y)$,

où μ_K désigne la mesure de Haar normalisée du sous-groupe compact K. En particulier $\varphi(e) = 1$.

Preuve :

Pour une fonction f de $\mathcal{K}^{\#}(G)$ posons : $\varphi(f) = \int f(x)\varphi(x^{-1})d\mu(x)$.

Soit g une fonction de $\mathcal{K}^{\#}(G)$, $f * g(x) = \int f(y)g(y^{-1}x)d\mu(y)$

et $\varphi(f * g) = \int f * g(x)\varphi(x^{-1})d\mu(x) = \int\int f(y)g(x)\varphi(x^{-1}y^{-1})d\mu(y)$.

$\varphi(f)\varphi(g) = \int\int f(y)g(x)\varphi(x^{-1})\varphi(y^{-1})d\,\mu(y)d\mu(x)$.

On a : $\varphi(f * g) - \varphi(f)\varphi(g) = \int\int[\varphi(x^{-1}y^{-1}) - \varphi(x^{-1})\varphi(y^{-1})]f(y)g(x)d\mu(x)d\mu(y) = \int\int[\int \varphi(x^{-1}ky^{-1})d\mu_K(k) - \varphi(x^{-1})\varphi(y^{-1})]f(y)g(x)d\mu(x)d\mu(y) = \int\int[\int \varphi(xky)d\mu_K(k) - \varphi(x^{-1})\varphi(y^{-1})]f(y^{-1})g(x^{-1})d\mu(x)d\mu(y)$.

Si φ est sphérique alors : $\varphi(f * g) - \varphi(f)\varphi(g) = 0$ donc $\forall$ x, y $\in$ G, $\int \varphi(xky)d\mu_K(k) = \varphi(x)\varphi(y)$, localement presque partout.

Réciproquement si : $\forall$ x, y $\in$ G, $\int \varphi(xky)d\mu_K(k) = \varphi(x)\varphi(y)$, alors $\varphi(f * g) = \varphi(f)\varphi(g) * g)$ pour f et g de $K^{\#}(G)$ et ϕ est sphérique . C.Q.F.D.

Proposition IV-1-1-4

Soit ϕ une fonction continue sur G, biinvariante par K. φ est sphérique si et seulement si :

(i) $\varphi(e) = 1$

(ii) Pour toute fonction f de $\mathcal{K}^{\#}(G)$, on a $f * \varphi = \chi(f)\,\varphi$.

Preuve :

Soit φ une fonction sphérique sur G.

(i) $\varphi(e) = 1$. En effet, d'après la proposition IV-I-1-3, on a : $\varphi(y) = \varphi(e)\varphi(y)$ $\forall y \in G$, par conséquent $\varphi(e)=1$

(ii) soit f une fonction de $K^{\#}(G)$.

$\forall y \in G$, $f * \varphi(x) = \int f(y)\varphi(y^{-1}x)d\mu(y) = \int\int f(k^{-1}u)\varphi(u^{-1}kx)d\mu(u)d\mu_K(k)$, avec $(u = ky)$ = $\int f(u)[\int \varphi(u^{-1}kx)d\mu_K(k)]d\mu(u) = \varphi(x)\int f(u)\varphi(u^{-1})d\mu(u) = \varphi(x)\chi(f), \forall x \in G$

et $f * \varphi = \chi(f)\varphi$. Réciproquement supposons (i) et (ii) soient vérifiées $\chi(f * g) = \int f * g(x)\varphi(x^{-1})d\mu(x) = \int\int f(y)g(x)\varphi(x^{-1}y^{-1})d\mu(y) =$

$\int f(y)\int \varphi(x^{-1})\, g(y^{-1}x)d\mu(x)d\mu(y) = \int f(y)(g * \varphi)(y^{-1})d\mu(y) = \int f(y)\chi(g)\varphi(y^{-1})d\mu(y) =$

$\chi(g)\chi(f)$. $\forall f, g \in K^{\#}(G)$, donc χ est un caractère de l'algèbre de convolution . Il en résulte que φ est sphérique C.Q.F.D.

Proposition IV-1-1-5.

Soit $L^1(G)^{\#}$ l'algèbre de convolution des fonctions intégrables sur G biinvariantes par K.

Tout caractère non nul de $L^1(G)^{\#}$ est de la forme : $\chi(f) = \int f(x)\varphi(x^{-1})d\mu(x)$ où φ est une fonction sphérique bornée.

Preuve :

Soit χ un caractère non nul de $L^1(G)^{\#}$. On sait que tout caractère non nul d'une algèbre de Banach commutative est une forme linéaire continue de norme 1 au plus. Or toute forme linéaire continue sur $L^1(G)^{\#}$ s'écrit : $f \longmapsto \int f\varphi_0\, d\mu$ où φ_0 est une fonction de $L^{\infty}(G)$. Par conséquent on peut poser : $\chi(f) = \int f(x)\varphi_0(x^{-1})d\mu(x)$ et $|\chi| = \|\varphi_0\|_\infty \leq 1$. Soit f_0 une fonction de $K^{\#}(G)$ telle que : $\chi(f_0)\neq 0$.

Pour toute fonction $g \in K^{\#}(G)$, on a :

$\chi(g) = \chi(f_0)^{-1}\chi(g*f_0) = f_0{}^{-1}\int\int g(y)f_0(y^{-1}x)\varphi_0(x^{-1})d\mu(x)d\mu(y) = \int g(x)\varphi(x^{-1})d\mu(x)$ où l'on a posé $\varphi(y) = f_0{}^{-1}\int f_0(yx)\varphi_0(x^{-1})d\mu(x)$. La fonction φ est biinvariante par K et $\varphi(e)=1$.

$\chi(f * g) = \int\int f(y)g(y^{-1}x)\varphi(x^{-1})d\mu(y)d\mu(x) = \int\int f(y)g(x)\varphi(x^{-1}y^{-1})d\mu(y)d\mu(x) = \int g * \varphi(x^{-1})d\mu(x)$.

$$\chi(g)\chi(f) = \int f(y)\chi(g)\varphi(y^{-1}x)d\mu(y).$$

$$\chi(f * g) - \chi(g)\chi(f) = \int [g * \varphi(y^{-1}) - \chi(g)\varphi(y^{-1})]f(y)d\mu(y) = 0.$$

Ceci étant vrai pour toutes fonctions f et g de $K^{\#}(G)$ donc :

$g * \varphi(x) = \chi(g)\varphi(x)$, presque partout et d'après la proposition V-1-4, φ est presque partout égale à une fonction sphérique.

Remarque IV-1-1-6

Supposons G commutatif et considérons la paire de Guelfand (G, {e}). On peut alors identifier l'espace $K^{\#}(G)$ à l'espace K(G). L'équation fonctionnelle des fonctions sphériques devient $\varphi(x.y) = \varphi(x)\varphi(y)$, autrement dit, une fonction sphérique sur G relativement à {e} est un homomorphisme continu de G dans le groupe U des nombres complexes de valeur absolue 1.

On appelle encore ces homomorphismes, les caractères du groupe commutatif localement compact G.

Notons Δ l'opérateur de Laplace, si f_1 et f_2 sont deux fonctions de classe C^2 sur En avec f_1 à support compact, on montre que :

$$\Delta(f_1 * f_2) = \Delta f_1 * f_2 = f_1 * \Delta f_2.$$

Proposition IV-1-1-7

Soit φ une fonction sur $G=SO(n)\Delta IR^n$ biinvariante par $K = SO(n)$, elle peut être considérée comme une fonction radiale sur En. Pour qu'elle soit une fonction sphérique, il faut et il suffit qu'elle vérifie :
(i) φ est de classe C^∞
(ii) Il existe un nombre complexe λ tel que $\Delta \varphi = \lambda \varphi$
(iii) $\varphi(0) = 1$

Preuve :

Supposons ϕ sphérique. Pour toute fonction radiale f, continue et à support compact, on a la relation :

$$f * \varphi = \chi(f)\, \varphi$$

où $\chi(f) = \int f(x)\varphi(-x)d\mu(x)$.

Si f est une fonction de classe C^∞ et $\chi(f) \neq 0$, d'après (1), φ est aussi de classe C^∞ et on a :
$\Delta f * \varphi = \chi(\Delta f)\, \varphi = f * \Delta \varphi = \chi(f)\, \Delta \varphi$ donc $\chi(\Delta f)\, \varphi = \chi(f)\, \Delta \varphi$. Et $\Delta \varphi = \lambda \varphi$ avec $\lambda = \chi(\Delta f)/\chi(f)$
Réciproquement montrons que φ est sphérique.

Soit f une fonction radiale sur E_n continue et à support compact. La fonction $\psi = f * \varphi$ est radiale comme composée de deux fonctions radiales et de classe C^∞. $\Delta\psi = \Delta(f * \varphi) = f * \Delta \varphi = \lambda(f * \varphi) = \lambda\psi$ donc ψ est solution de l'équation $\Delta\psi = \lambda\psi$, par conséquent $\psi = C\varphi$ où C est un nombre ne dépendant que de f, c'est-à-dire $C = \chi(f)$ et par suite :

$f * \phi = \chi(f)\varphi$ et ϕ est sphérique. C.Q.F.D.

2/ Fonctions sphériques de type positif

On suppose que (G, K) est une paire de Guelfand. Nous allons définir les fonctions de type positif, les fonctions pures et nous montrerons que les fonctions continues de type positif φ biinvariantes par K vérifiant $\phi(e) = 1$ qui sont pures sont les fonctions sphériques.

Définition IV-1-1-8

Une fonction continue φ définie sur G est dite de type positif si quels que soient les éléments x_1, $x_2 \ldots x_N$ de G et les nombres complexes $c_1, c_2 \ldots c_N$ on a : $\sum_{i,j=1}^{N} \varphi(x_i^{-1}x_j)c_i\overline{c_j} \geq 0$

Remarque IV-1-1-9

Une fonction de type positif possède la symétrie hermitienne :
$\varphi(x^{-1}) = \overline{\varphi(x)}$ et de plus $|\varphi(x)| \leq \varphi(e), \forall x \in G$.
* Dans les espaces euclidiens, l'ensemble des fonctions sphériques de type positif est égal à l'ensemble des fonctions sphériques bornées.

Proposition IV-1-1-10

Soit π une représentation unitaire continue de G dans un espace de Hilbert H.

Pour tout u de H , $\varphi: x \longmapsto (u, \pi(x)u)$, est continue et de type positif, on dit que ϕ est une fonction de type positif associée à π.

Preuve :

φ est continue à cause du fait que la représentation π est continue et unitaire.

Montrons que φ est de type positif. $\forall x_1, x_2 \ldots x_n \in G$ et $c_1, c_2 \ldots c_n \in C$ on a : $\sum_{i,j=1}^{N} \varphi(x_i^{-1}x_j)c_i\overline{c_j} = \sum_{i,j=1}^{N}(u, \pi(x_i^{-1}x_j)u)c_i\overline{c_j} = \sum_{i,j=1}^{N}(u, \pi(x_i^{-1})\pi(x_j)u)c_i\overline{c_j} = \sum_{i,j=1}^{N}(c_i\pi(x_i)u, c_j\pi(x_j)u) = \left\|\sum_{i=1}^{N} c_i\pi(x_i)u\right\|^2 \geq 0$ et la proposition en résulte.

Proposition IV-1-1-11

Soit ϕ une fonction continue de type positif, biinvariante par K. Il existe une représentation unitaire (π_φ, H_φ) de G admettant un vecteur u K-invariant et cyclique telle que : $\varphi(x) = (u, \pi_\varphi(x)u)$.

On dit que π_φ est la représentation unitaire associée à φ.

Preuve :

Soient φ une fonction continue sur G de type positif et biinvariante par K et $M_0(G)$ l'espace des mesures sur G de support fini, c'est-à-dire des mesures de la forme $\mu = \sum_{i=1}^{n} a_i\delta_{x_i}$, δ_{x_i} étant la mesure de Dirac au point x_i.

$$\text{Posons } V_\varphi = \{\mu * \varphi : \mu \in M_0(G)\}$$

où

$$\mu * \varphi(x) = \sum_{i=1}^{n} a_i\varphi(x_i^{-1}x) = \sum_{i=1}^{n} a_i x_i\varphi(x).$$

Pour deux fonctions $f = \mu * \varphi$ et $g = \nu * \varphi$ de l'espace V_φ avec $\mu = \sum_{i=1}^{n} a_i\delta_{x_i}$ et $\nu = \sum_{i=1}^{n} b_i\delta_{y_i}$.
Posons $(f/g) = \int \mu * \varphi(x)d\overline{\nu}(x) = \sum_{i=1}^{n} a_i \int \varphi(x_i^{-1}x)d\overline{\nu}(x) = \sum_{i=1}^{n}\sum_{j=1}^{n} a_i\overline{b_j}\varphi(x_i^{-1}y_j)$

Muni de ce produit scalaire, V_φ est un espace préhilbertien.

On définit la représentation π de G dans V_φ

$$\text{par : } [\pi(x)f](y) = f(x^{-1}y).$$

Si f et g sont deux fonctions de V_φ on a :

$(\pi(x)f / \pi(x)g) = (f/g)$.

En effet :

$(\pi(x) f / \pi(x) g) = ({}_xf / {}_xg)$ et pour tout élément $y \in G$ on a : ${}_xf(y) = f(x^{-1}y) = \mu * \varphi(x^{-1}y) = \sum_{i=1}^{n} a_i\varphi((xx_i)^{-1}y)$. ${}_xg(y) = g(x^{-1}y) = \nu * \varphi(x^{-1}y) = \sum_{i=1}^{n} b_i\varphi((xy_i)^{-1}y)$.

$$({}_xf / {}_xg) = \sum_{i=1}^{n}\sum_{j=1}^{n} a_i\overline{b_j}\varphi(x_i^{-1}x^{-1}xy_j) = (f/g)$$

Soit H l'espace de Hilbert complèté de l'espace préhilbertien V_φ.

La représentation π se prolonge à H en une représentation unitaire. Nous noterons (π, H) la représentation ainsi définie. Si u est l'élément de $H_\varphi$correspondant à φ on a : $\varphi(x) = (u, \pi_\varphi(x)u)$ et le vecteur u est K-invariant et cyclique. C.Q.F.D.

Soient ϕ une fonction continue de type positif, biinvariante par K et (π, H) la représentation unitaire associée à φ, admettant un vecteur u K -invariant et cyclique telle que : $\varphi(x) = (u, \pi(x)u)$,

Lemme IV-1-1-12

Si ϕ est sphérique alors pour toute fonction f de $L^1(G)^\#$ on a : $\pi(f)u = \chi(f)u$ où

$$\pi(f)u = \int \pi(y)uf(y)d\mu(y).$$

Preuve : Pour tout x de G on a : $(\pi(f)u / \pi(x)u) = (\int \pi(y)uf(y)d\mu(y)/\pi(x)u) = \int(\pi(y)u/\pi(x)u)f(y)d\mu(y) = \int(u/\pi(y^{-1}x)u)f(y)d\mu(y) = \int \varphi(y^{-1}x)f(y)d\mu(y) = f * \varphi(x) = \chi(f)\varphi(x) = \chi(f)(u, \pi(x)u) = (\chi(f)u, \pi(x)u)$ et comme u est cyclique on a :

$(\pi(f)u / \pi(x)u) =$

$\left(\int \frac{\pi(y)uf(y)d\mu(y)}{\pi(x)u}\right) = \int \left(\frac{u}{\pi(y^{-1}x)u}\right) f(y)d\mu(y) = \int \varphi(y^{-1}x)f(y)d\mu(y) = f * \varphi(x) = \chi(f)\varphi(x) =$

$(\chi(f)u, \pi(x)u)$ et comme u est cyclique on a : $\pi(f)u = \chi(f)u$ C.Q.F.D.

Soit (π, H) une représentation unitaire continue de G.

A toute mesure bornée μ sur G, on associe l'opérateur $\pi(\mu)$ défini par $\pi(\mu) = \int \pi(s)d\mu(s)$.

Plus précisément pour deux vecteurs v et w de H,

l'application $(\pi(\mu)v / w) \to \int(\pi(s)v/w)d\mu(s)$ est bilinéaire et continu.

Il existe donc un opérateur continu noté $\pi(\mu)$ tel que $(\pi(\mu)v / w) = \int(\pi(s)v/w)d\mu(s)$

Lemme IV-1-1-13

L'opérateur $P = \pi(\mu_K)$ est le projecteur orthogonal sur le sous espace H_K des vecteurs K-invariants dans H .

Preuve :

Nous allons montrer que $P^2 = P$, $P^* = P$ et pour tout vecteur v de H, $Pv \in H_K$.

a) Soit v un vecteur de H, $\pi(k)Pv = \pi(k)\int \pi(t)vd\mu_K(t) = \int \pi(kt)vd\mu_K(t) = \int \pi(t)vd\mu_K(t) = Pv$ donc $Pv \in HK$.

b) $P^2v = \pi(\mu_K)\pi(\mu_K)v = \pi(\mu_K * \mu_K)v = \pi(\mu_K)v = Pv$ car $\mu_K * \mu_K = \mu_K$ et alors $P^2 = P$.

c) Soient u et v deux vecteurs de H,

$(P*u / v) = (u / Pv)$

$= (u/\int \pi(k)vd\mu_K(k)) = \int(u/\pi(k)v)d\mu_K(k) = \int(\pi(k^{-1})u/v)d\mu_K(k) = (Pu/v)$, donc $P^* = P$. Par conséquent P est le projecteur orthogonal sur H_K.

Lemme IV-1-1-14 :

Si (π, H) est une représentation unitaire irréductible de G alors $\dim H_K = 1$.

Preuve : Supposons que (π, H) est une représentation unitaire irréductible de G.

Le sous-espace H_K est stable pour les opérateurs $\pi(f)$ lorsque f parcourt l'algèbre $K^\#(G)$.

En effet, pour tout $k \in K$ et tout $x \in H_K$ on a alors pour tout $y \in H$:

$(\pi(k)\pi(f)x / y) = \int f(s)(\pi(k)\pi(s)x/y)d\mu(s) = \int f(s)(\pi(ks)x/y)d\mu(s) = \int f(k^{-1}s)(\pi(s)x/y)d\mu(s) = \int f(s)(\pi(s)x/y)d\mu(s) = (\pi(f)x/y)$, d'où $\pi(k)\pi(f)x = \pi(f)x \in H_K$.

Nous obtenons ainsi une représentation $\pi^\#$ de l'algèbre commutative $K^\#(G)$ dans l'espace H_K

$\pi^{\#}(f) = \pi(f)/ H_K$. Supposons que $\dim H_K > 1$.
Soient $HK = F_1 \oplus F_2$ une décomposition de H_K en deux sous-espaces propres fermés invariants par $\pi^{\#}$ et orthogonaux, et u_1 un vecteur non nul de F_1. Posons : $H_1 = \{\pi (f) u_1, f \in K(G)\}$, H_1 est un sous-espace de H invariant pour π.
Montrons que H_1 est orthogonal à F_2. Soit u_2 un vecteur non nul de F_2 on a : $\pi (k)u_1= u_1$ et $\pi (k')u_2 = u_2$, $\forall k, k'\in K$.

On peut donc écrire :
$\left(\frac{\Pi(f)u_1}{u_2}\right) = \int\int\left(\left(\frac{\pi(f)\pi(k)u_1}{\pi(k')u_2}\right)\right) d\mu_K(k)d(k)\mu_K(k') = \int\int(\pi(\varepsilon_k * f * \varepsilon_{k^{-1}}u_1/u_2)\, d\mu_K(k)d(k)\mu_K(k') =$
$(\pi(f^{\#})u_1/u_2) = 0$, car $f^{\#}\in K^{\#}(G)$ et F_1 est invariant par $\pi^{\#}$. Par conséquent H_1 est orthogonal à F_2, donc distinct de H, et il est ainsi distinct de $\{0\}$ puisqu'il contient u_1 et π n'est pas irréductible (contracdiction).
Par suite $\dim H_K=1$. (car $H_K\neq\{0\}$).
C.Q.F.D.

Proposition IV-1-1-15
Soit π une représentation unitaire irréductible de G admettant un vecteur unitaire x_0 K-invariant. La fonction φ définie sur G par : $\varphi(x) =(\pi (x)x_0/x_0)$ est continue, de type positif et sphérique.

Preuve :
La fonction φ est continue et de type positif (Proposition II.2.3).Montrons que φ est sphérique. $\int \varphi(xky)d\mu_K(k) = \int(\pi(xky)x_0/x_0)d\mu_K(k) = (\int \pi(ky)x_0 d\mu_K(k)/\pi(x^{-1})x_0)$
Comme $\int \pi(ky)x_0 d\mu_K(k)$ est K-invariant alors il existe un nombre complexe C_y tel que $\int \pi(ky)x_0 d\mu_K(k)= C_y x_0$.
Par suite $\int \varphi(xky)d\mu_K(k) = C_y(x_0/\pi(x^{-1})x_0) = C_y\varphi(x)$ en posant x = e on a = Cy = φ (y) . D'autre part ϕ est biinvariante par K par conséquent ϕ est sphérique. C.Q.F.D.

Définition IV-1-1-16
Une fonction φ continue de type positif sur G est dite pure si la représentation unitaire π_φ est irréductible.

Théorème IV-1-1-17
Soit φ une fonction continue de type positif biinvariante par K telle que $\varphi(e) = 1$. Les deux propriétés suivantes sont équivalentes
(i) φ est sphérique
(ii) φ est pure.

Preuve :
Soit (π, H) la représentation unitaire associée à φ. Nous savons qu'il existe dans H, un vecteur cyclique u K -invariant tel que $\varphi(x) = (u/\pi (x) u)$. Supposons que φ soit sphérique. Soit $v \in H$, $Pv =\int \pi(k)d\mu_K(k)$ et si $v =\pi(f)u$ avec $f \in L^1(G)^{\#}$ on a : $P v = \pi (f^{\#})u$.
En effet :

Pv $=\int \pi(k)\pi(f)d\mu_K(k) = \int\int \pi(x)uf(k^{-1}x)\, d\mu_K(k)d\mu(x) = \pi\,(f^{\#})$u (car G unimodulaire).

D'après le lemme , $\pi\,(f^{\#})$u = $\chi\,(f^{\#})$u donc : P v = $\chi\,(f^{\#})$u .

Ce qui montre que dimH_K= 1 et par conséquent (π, H) est irréductible c'est-à-dire que φ est pure. Réciproquement si la fonction ϕ est pure (c'est-à-dire que la représentation (π, H) est irréductible) par conséquent, φ est sphérique.

3/ Exemples de fonctions sphériques

Exemple 1

Considérons la paire de Guelfand (G, K) où G =IR et K = $\{0\}$. Les fonctions sphériques sur G relativement à K sont les fonctions exponentielles de la forme : $\varphi(x) = e^{i\lambda x}$ où $\lambda \in$ R.

Exemple 2

Soient z un nombre complexe et u un vecteur unitaire de E_n. La fonction φ_z définie par :

$\varphi_z(x) = \int_{S^{n-1}} e^{z\left(\frac{u}{x}\right)} d\,\sigma(u)$ où S^{n-1} est la sphère unité de E_n et σ une mesure de Haar normalisée sur S^{n-1}, est une fonction sphérique sur SO(n)$\times$IR^n relativement à SO(n) . En effet, posons :

f(x) = $e^{z(u/x)}$ donc $\varphi_z(x) = \int_{S^{n-1}} f(x)d\,\sigma(u)$.

Comme $\Delta f = z^2 f$ alors $\Delta\,\varphi_z(x) = z^2\varphi_z(x)$ et $\varphi_z(x)\,(0)= \int_{S^{n-1}} d\,\sigma(u)= 1$.

Il résulte que φ_z est une fonction sphérique.

Exemple3

Soient l'espace HS_l des harmoniques sphériques de degré l c'est-àdire l'espace des fonctions sur S^{n-1} qui sont restrictions à la sphère-unité des polynômes harmoniques homogènes de degré l et φ_l la fonction zonale de HS_l telle que $\varphi_z(e_0) = 1$.

La fonction ϕ peut être considérée comme une fonction sur SO(n + 1) biinvariante par SO(n) et φ_l est une fonction sphérique. En effet : Soit f une fonction continue sur SO(n + 1), biinvariante par SO(n).

Posons : $\psi = f * \varphi_l$.

La fonction ψ est biinvariante par SO(n) et considérée comme une fonction sur S^n, c'est donc une harmonique sphérique de degré l et zonale. $\forall x \in G$, $\psi\,(x) = f * \varphi_l(x) = \int f(y)\varphi_l(y^{-1}x)d\mu(y)$.

Comme les zonales de HS_l constituent un espace vectoriel de dimension 1, ψ est proportionnelle à φ_l.
$\psi = f * \varphi_l(x) = \chi_l(f)\varphi_l$ avec $\chi_l(f) = \int f(y)\varphi_l(y^{-1})d\mu(y)$ et d'après la proposition, φ_l est sphérique.

IV-1-2 FONCTIONS SPHERIQUES SUR UN GROUPE DE LIE RESOLUBLE

I. Les paires de Gelfand résolubles

Dans ce chapitre il s'agit d'étudier les paires de Gelfand sur un groupe de Lie résoluble connexe, simplement connexe. Mais nous nous intéresserons d'abord aux paires de Gelfand sur un groupe de Lie nilpotent connexe, simplement connexe.

Soit N un groupe de Lie nilpotent connexe, simplement connexe d'algèbre de Lie N .

On a N = exp(N).

Soit K un sous-groupe compact du groupe des automorphismes de N . K est aussi un sous-groupe compact du groupe des automorphismes de N et on a la relation exp(k(X)) = k(expX) $\forall X \in N$, $k \in K$. Soit la série centrale descendante de N : $N = N^{(0)} \supset N^{(1)} \supset \dots\dots \supset N^{(r)} \supset \dots\dots \supset N^{(n)} = \{0\}$ n étant la classe de nilpotence de N et $N^{(r)} = [N , N^{(r-1)}]$ pour $r \geq 1$.

Les idéaux $N^{(r)}$ sont K− invariants et correspondent aux sous-groupes distingués $N(r)=[N, N^{(r-1)}]$ de N.

Fixons une structure euclidienne K−invariante sur N .

Posons alors : $N^{(r-1)} = N_r \oplus N^{(r)}$ pour $r \geq 1$, où N_r est l'orthogonal de $N^{(r)}$ dans $N^{(r-1)}$).

Lemme IV-1-2-1

Soit N un groupe de Lie nilpotent connexe, simplement connexe de classe $n \geq 3$, alors$[N_1, N^{(n-2)}] \neq \{0\}$

Preuve :

$N(n-1) = [N , N^{(n-2)}] = [N_1 + N^{(1)}, N^{(n-2)}] = [N_1, N^{(n-2)}] + [N^{(1)}, N^{(n-2)}]$. Or

$[N^{(1)}, N^{(n-2)}] = [[N , N], N^{(n-2)}] \subset [N , [N , N^{(n-2)}]] = [N , N^{(n-1)}] = N^{(n)} = \{0\}$, donc

$N^{(n-1)} = [N_1, N^{(n-2)}]$ et comme $N^{(n-1)} \neq \{0\}$,alors $[N_1, N^{(n-2)}] \neq \{0\}$

Théorème IV-1-2-2

Soit N un groupe de Lie nilpotent connexe, simplement connexe. K un sous-groupe compact du groupe des automorphismes de N . Si (N, K) est une paire de Gelfand alors N est de classe ≤ 2; c'est à dire : $N^{(2)} = \{e\}$ (ou $N^{(2)} = \{0\}$)

Preuve :

Soit n le pas de N, alors $N^{(n-1)} \neq \{e\}$c'est-à-dire $N^{(n-1)} \neq \{0\}$.

Supposons $n > 2$ et soit $X \in N_1$, $Y \in N_{n-1}$ tel que $[X, Y] \neq 0$.

Ce qui est possible puisque :

$[N_1, N^{(n-2)}] = [N_1, N_{n-1} + N^{(n-1)}] = [N_1, N_{n-1}] + [N_1, N^{(n-1)}]$ et $[N_1, N^{(n-1)}] \subset [N , N^{(n-1)}] = N^{(n)} = \{0\}$ c'est-à-dire $[N_1, N^{(n-2)}] = [N_1, N_{n-1}] \neq \{0\}$ donc (N ,K) étant une paire de Gelfand, il existe $k, l \in K$ telque : exp(Y) exp(X) = k(exp X)l(exp(Y)) . Ce qui s'écrit encore exp(Y) exp(X) =exp(k(X)) exp(l(Y))et en utilisant la formule de Baker-Campbel Hausdorf on a :

$\exp(X + Y +1/2[Y, X]) = \exp(k(X) + l(Y) +1/2[k(X), l(Y)])$soit $X + Y +1/2[Y, X] =k(X)+l(Y)+1/2[k(X), l(Y)]$.

Les idéaux $N^{(r)}$ étant K−invariants $l(Y) \in N^{(n-2)}$ car $Y \in N_{n-1} \subset N^{(n-2)}$.

Ainsi $X - k(X) = l(Y) - Y -1/2[Y, X] +1/2[k(X), l(Y)] \in N^{(n-2)}$.

La structure euclidienne étant choisie K-invariante, $X - k(X) \in N_1$.
Comme $N^{(n-2)} \subseteq N^{(1)}$ il vient que $X - k(X) = 0$ car N_1 et $N^{(1)}$ sont des sous-espaces supplémentaires orthogonaux.

On a donc $Y + 1/2[Y, X] = l(Y) + 1/2[X, l(Y)]$, soit $l(Y) - Y = 1/2[Y, X] - 1/2[X, l(Y)]$. (4.1)
on a $l(Y) - Y \in N_{n-1}$, mais $X \in N$ et $Y \in N^{(n-2)}$ (puisque $N_1 \subset N$ et $N_{n-1} \subset N^{(n-2)}$. Donc $[X, Y] \in N^{(n-1)}$, ainsi que $[X, l(Y)]$. Ce qui implique que $l(Y) - Y \in N^{(n-1)}$.

Par conséquent $l(Y) - Y = 0$ puisque N_{n-1} et $N^{(n-1)}$ sont des sous-espaces supplémentaires othogonaux, et la relation (4.1) devient $[Y, X] = [X, Y]$ soit $2[X, Y] = 0$ ce qui entraîne $[X, Y] = 0$.
Donc contradiction.

Nous allons étudier la théorie de Mackey et les paires de Gelfand nilpotentes.

Soit N un groupe de Lie nilpotent, connexe et simplement connexe. K un sousgroupe compact du groupe des automorphismes de N . Si π et π' sont deux représentations unitaires irréductibles de N , nous noterons $\pi \sim \pi'$ pour dire que π et π' sont unitairement équivalentes.

Notons $\widehat{N}$ l'ensemble des classes d'équivalence des représentations unitaires irréductibles de N . K agit sur $\widehat{N}$ de la façon suivante : $\forall k \in K$, $\forall x \in G$, $\pi_k(x) = \pi(k(x))$.

Soit $K_\pi = \{k \in K; \pi_k \sim \pi\}$ le stabilisateur de π sous cette action. Pour chaque $k \in K_\pi$ il existe un opérateur d'entrelacement unitaire $W_\pi(k)$ tel que :

$$\pi_k(x) = W_\pi(k)\pi(x)W_\pi(k)^{-1}, \forall x \in N.$$

L'application $W_\pi: k \to W_\pi(k)$ de K_π dans $U(H_\pi)$ définit une représentation projective de K_π. En effet si k_1 et k_2 sont deux éléments de K_π, on a d'une part :

$$\pi_{k1k2}(x) = W_\pi(k_1k_2)\,\pi(x)W_\pi(k_1k_2)^{-1}$$

d'autre part : $\pi_{k1k2}(x) = \pi_{k1}(k_2(x)) = W_\pi(k_1)\pi(k_2(x))W_\pi(k_1)^{-1} = W_\pi(k_1)W\pi(k_2)\pi(x)W\pi(k_2)^{-1}W_\pi(k_1)^{-1}$ donc $W_\pi(k_1k_2)\pi(x)W_\pi(k_1k_2)^{-1} = W_\pi(k_1)W_\pi(k_2)\pi(x)W_\pi(k_2)^{-1}W_\pi(k_1)^{-1}$.

Soit $[W_\pi(k_1)W_\pi(k_2)]^{-1}W_\pi(k_1k_2)\pi(x) = \pi(x)[W_\pi(k_1)W_\pi(k_2)]^{-1}W_\pi(k_1k_2)$
et d'après le lemme de Schur :

$$[W_\pi(k_1)W_\pi(k_2)]^{-1}W_\pi(k_1k_2) = \sigma(k_1,k_2)I_{H\pi}$$

où $\sigma(k_1,k_2)$ est un scalaire et $I_{H\pi}$ est l'identité sur $H\pi$.

Soit encore $W_\pi(k_1k_2) = \sigma(k_1, k_2)W_\pi(k_1)W_\pi(k_2)$.

Ce qui montre que W_π est une représentation projective avec pour multiplicateur $\sigma : K_\pi \times K_\pi \to C$.

On va considérer dans la suite W_π comme une représentation unitaire de K_π. K_π étant compact, W_π se décompose en somme directe de représentations unitaires irréductibles de K_π, c'est-à-dire $W\pi = \sum_{T \in \widehat{K_\pi}} mtp(T, W_\pi)T)$T où $mtp(T,W_\pi)$ est la multiplicité de T dans W_π.
D'après la théorie de Mackey, si nous choisissons une représentation unitaire irréductible ρ de $K\pi$, alors la représentation R du produit semi-direct $K\pi$ B N dans $H\rho \otimes H\pi$ définie par :

$$R(k, x) = \bar{\rho}(k) \otimes \pi(x)W_\pi(k); k \in K_\pi, x \in N$$

où $\bar{\rho}$ est la représentation contragrédiente de $\bar{\rho}$; est irréductible.
La représentation induite $\mathrm{ind}_{K_\pi \Delta N}^{K\Delta N}(R)$ est aussi irréductible et toute représentation unitaire irréductible de KBN s'obtient de cette manière et on a : $\mathrm{ind}_{K_\pi \Delta N}^{K\Delta N}(R)/K \cong \mathrm{ind}_{K_\pi}^{K}(R/K_\pi) = \mathrm{ind}_{K_\pi}^{K}(\bar{\rho} \otimes W_\pi)$.
Le résultat suivant est une caractérisation très utile des paires de Gelfand.

Théorème IV-1-2-3

Soit N un groupe de Lie nilpotent connexe, simplement connexe et K un sous-groupe compact du groupe des automorphismes de N .
Alors (N, K) est une paire de Gelfand si et seulement si pour toute $\pi \in \widehat{N}$; la représentation W_π de K_π se décompose sur $\widehat{K_\pi}$ avec des multiplicités inférieures ou égales à 1.
Pour la preuve (sens direct) nous avons besoin des deux Lemmes suivants :

Lemme IV-1-2-4
Pour toute $\pi \in \widehat{N}$ et $\rho \in \widehat{K_\pi}$ on a mtp (1_K, $\mathrm{ind}_{K_\pi \Delta N}^{K\Delta N}(R)/K$)=mtp($\rho$, W_π) où 1_K est la représentation triviale.

Preuve : $R(k, x) = \bar{\rho}(k) \otimes \pi(x) W_\pi(k)$; $k \in K_\pi$, $x \in N$ (k), Posons $\delta = \bar{\rho} \otimes W_\pi$ et écrivons $\delta = \sum_{\varphi \in \widehat{K_\pi}} \mathrm{mtp}(\varphi, \delta)\varphi$. Alors $\mathrm{ind}_{K_\pi}^{K}(\delta) = \sum_{\varphi \in \widehat{K_\pi}} \mathrm{mtp}(\varphi, \delta) \mathrm{ind}_{K_\pi}^{K}(\varphi)$
et mtp (1_K, $\mathrm{ind}_{K_\pi}^{K}(\delta)$) $= \sum_{\varphi \in \widehat{K_\pi}} \mathrm{mtp}(\varphi, \delta) \mathrm{mtp}\,(1_K, \mathrm{ind}_{K_\pi}^{K}(\varphi))$ en utilisant la réciprocité de Frobénius on a : $\mathrm{mtp}\left(1_K, \mathrm{ind}_{K_\pi}^{K}(\varphi)\right) = \mathrm{mtp}(\varphi, 1_K/K_\pi)$
or $\mathrm{mtp}(\varphi, 1_K/K_\pi) = \mathrm{mtp}(\varphi, 1_{K_\pi}) = \begin{cases} 1 & \text{si } \varphi = 1_{K_\pi} \\ 0 & \text{sinon} \end{cases}$ il s'ensuit que mtp (1_K, $\mathrm{ind}_{K_\pi}^{K}(\delta)$) = $\mathrm{mtp}(1_{K_\pi}, \delta)$, déterminons $\mathrm{mtp}(1_{K_\pi}, \delta)$. Ecrivons $W_\pi = \sum_{T \in \widehat{K_\pi}} \mathrm{mtp}(T, W_\pi) T$).
Alors $\delta = \bar{\rho} \otimes W_\pi = \sum_{T \in \widehat{K_\pi}} \mathrm{mtp}(T, W_\pi) \bar{\rho} \otimes T$ et
$\mathrm{mtp}(1_{K_\pi}, \delta) = \sum_{T \in \widehat{K_\pi}} \mathrm{mtp}(T, W_\pi) \mathrm{mtp}(1_{K_\pi}, \bar{\rho} \otimes T)$ (4.2). Pour toute irréductible T de K_π, le module $H_\rho^* \otimes H_T$, est équivalent au module $\mathrm{Hom}(H_T, H_\rho)$ et donc la triviale apparaît dans $\bar{\rho} \otimes T$ si et seulement si $T \sim \rho$. Donc on a mtp($1_{K\pi}$, δ) = mtp(ρ, W_π)mtp($1_{K\pi}$, $\bar{\rho} \otimes \rho$). En outre comme les opérateurs d'entrelacement pour ρ sont uniques à un scalaire près, on voit donc que la triviale apparaît une seule fois dans $\bar{\rho} \otimes \rho$. Ainsi on a mtp($1_{K\pi}$, δ) = mtp(ρ, $W\pi$) et par suite on a
mtp(1_K, $\mathrm{ind}_{K_\pi}^{K}(\delta)$) = mtp($\rho$, W_π) et comme $\mathrm{ind}_{K_\pi}^{K}(\delta) \sim \mathrm{ind}_{K_\pi \Delta N}^{K\Delta N}(R)/K$ alors on a le résultat.

Lemme IV-1-2-5
Soient G un groupe localement compact et K un sous-groupe compact de G.

Si (G, K) est une paire de Gelfand alors pour toute représentation unitaire irréductible (π, $H\pi$) de G, le sous-espace H_K de H formé des vecteurs K–invariants est de dimension ≤ 1.

Preuve :
(π,H) une représentation unitaire irréductible de G. $H_K = \{h \in H : \pi(k) h = h, \forall k \in K\}$. On notera aussi π la représentation sur $L^1(G)$. Si $f \in L^1(G\backslash\backslash K)$, π (f) laisse stable le sous-espace H^K. On obtient ainsi une représentation $\pi^\#$ de l'algèbre $L^1(G\backslash\backslash K)$ dans l'espace H_K. $\pi^\#(f) = \pi(f)/ H_K$.

Montrons que cette représentation est irréductible. Soit U un sous-espace fermé de H_K invariant pour $\pi^{\#}$. Supposons $U \neq \{0\}$ et posons $V = U^{\perp}$. On a : $H_K = U \oplus V$ soit u_1 un vecteur non nul de U . Posons $H_1 = \{\pi(f)u_1 / f \in L^1(G)\}$. H_1 est un sous-espace de H invariant pour la représentation π sur $L^1(G)$ donc dense dans H.

Soit $u_2 \in V$ et $f \in L^1(G)$,

$< \pi(f^{\#})u_1, u_2 > = \int\int\int f(kxk')\langle \pi(x)u_1, u_2\rangle dk dk' dx = \int f(x)\langle \pi(x)u_1, u_2\rangle dx = \langle \pi(f)u_1, u_2\rangle$,

donc $< \pi(f)u_1, u_2 > = < \pi(f^{\#})u_1, u_2 >$ comme $f^{\#} \in L^1(G\backslash\backslash K)$ et $u_1 \in U$ alors

$\pi(f^{\#})u_1 \in U$ et $< \pi(f)u_1, u_2 > = 0$ .Ainsi $V = H_1^{\perp} = \{0\}$ puisque $\overline{H_1} = H$. Par suite $H_K = U$.

Ce qui montre que $\pi^{\#}$ est irréductible et comme $L^1(G\backslash\backslash K)$ est commutative, alors $\dim H_K \leq 1$

Preuve du théorème IV-1-2-3 :

(⇒)Soit (N, K) une paire de Gelfand alors ($K\Delta N$, K) est une paire de Gelfand. Soit $\pi \in \widehat{N}$ et $\rho \in \widehat{K_\pi}$. Alors $R' = ind_{K_\pi \Delta N}^{K\Delta N}(R)$ est une représentation unitaire irréductible de $K\Delta N$. Ainsi le sous-espace des vecteurs K-invariants par R' est de dimension inférieure ou égale à1.

C'est-à-dire $mtp(1_K, R'/K) \leq 1$et par suite $mtp(\rho, W_\pi) \leq 1$.

(⇐) supposons que $\pi \in \widehat{N}$ satisfait la condition de multiplicité.

Ecrivons $H_\pi = \sum_{\rho \in \widehat{K_\pi}} H_\rho$ où les H_ρ sont des sous-espaces K_π irréductibles.

Si ρ n'est pas une sous-représentation de W_π alors $H_\rho = \{0\}$).

Soit $f \in L_N^1(N)$. pour tout $k \in K_\pi$ et on a :

$$\pi_k(f) = \int \pi_k(x)f(x)dx = \int \pi(k(x))f(x)dx$$
$$= \int \pi_k(x)f(k^{-1}(x))dx = \int \pi(x)f(x)dx = \pi(f)$$

et comme $W_\pi(k) \circ \pi_k(x) = \pi(x) \circ W_\pi(k)$, $\forall x \in N$, alors $W_\pi(k) \circ \pi_k(f) = \pi(f) \circ W_\pi(k)$ donc $W_\pi(k) \circ \pi(f) = \pi(f) \circ W_\pi(k)$ comme pour toute $\rho \in \widehat{K_\pi}$, $mtp(\rho, W_\pi) \leq 1$, alors chaque H_ρ apparaît au plus une fois dans la décomposition de H_π et par suite π(f) préserve chaque H_ρ.

Ainsi

$W_\pi(k)/H_\rho \circ \pi(f)/H_\rho = \pi(f)/H_\rho \circ W_\pi(k)/H_\rho$ et W_π/H_ρ étant irréductible alors d'après le Lemme de Schur $\pi(f)/H_\rho = \lambda\, id_{H\rho}$ avec $\lambda \in C$ c'est à dire que π(f) agit comme un opérateur scalaire sur chaque Hρ.

Il s'ensuit que pour f et $g \in L_K^1(N)$, π (f) et π(g) commutent.

D'où $\pi(f * g) = \pi(g * f)$ et cette égalité étant vraie pour toute $\pi \in \widehat{N}$, on conclut que $f * g = g * f$. ce qui achève la démonstration. IV-2-2

A) Fonctions Sphériques sur un groupe de Lie résoluble

Soit S un groupe de Lie résoluble connexe, simplement connexe unimodulaire et S son algèbre de Lie. Soit N_S le nilradical de S , K un sous-groupe compact du groupe des automorphismes de S .

Posons $S_0 = \{X \in S : k(X) = X, \forall k \in K\}$.

Théorème IV.1.2.6 :
Si K est connexe alors $S = S_0 + N_S$

Preuve :
Soit $S_C = S \otimes_{IR} C$ le complexifié de S . Tout automorphisme de S peut être prolongé en un automorphisme de S_C. Donc $K \subseteq Aut(S_C)$. On a aussi $(S_0)_C = (S_C)_0$ et $\mathcal{N}_{S_\mathbb{C}} = (\mathcal{N}_S)_\mathbb{C}$. Ainsi on peut supposer S complexe. Si K est abélien, posons pour tout caractère χ : $S\chi = \{X \in S : k(X) = \chi(k) X, \forall k \in K\}$. Alors on a $S = \sum_{\chi \in R} S_\chi = S_0 + \sum_{\chi \neq 1} S_\chi$. Soit X un élément non nul de $S\chi$ avec $\chi \neq 1$ et λ une valeur propre de adX, alors il existe $Y \in S$, $Y \neq 0$ tel que : ad (X) (Y) = λY c'est-à-dire $[X, Y] = \lambda Y$. Pour tout $k \in K$, on a :

$$k(\lambda Y) = k([X, Y]) = [k(X), k(Y)] = \chi(k) \text{ ad}(X)(k(Y)).$$

Soit $ad(X)(k(Y)) = \chi(k)\lambda k(Y)$.
Ainsi $\overline{\chi(k)}\lambda$ est aussi une valeur propre de ad(X) pour tout $k \in K$. Comme S est de dimension finie et $\chi \neq 1$ alors $\lambda = 0$ et par suite ad(X) est nilpotent pour tout X.
Donc $S\chi$ est nilpotent pour tout $\chi \neq 1$, par conséquent $S\chi \subset N_S$ pour tout $\chi \neq 1$et $S = S_0 + N_S$. Revenons au cas général ; K étant compact et connexe, alors K est réunion de ses tores maximaux .

Soit $X \in S$, pour tout $k \in K$ il existe $T \subset K$ tel que $k \in T$.
D'après ce qui précède $S = S'_0 + \mathcal{N}_S$ où $S'_0 = \{X \in S : t(X) = X, \forall t \in T\}$. On a donc $k(X) \equiv X \pmod{\mathcal{N}_S}$, pour tout $k \in K$. Il s'ensuit que
$X_0 = \int k(X)dk = X(\text{mod}\mathcal{N}_S)$ et comme $X_0 \in S_0$ et X quelconque alors $S = S_0 + \mathcal{N}_S$. Soit $X \in S$, on définit $i_X \in Aut(S)$ par $i_X(y) = \exp(X) y \exp(-X)$, pour tout $y \in S$.
Notons N le groupe de Lie connexe associé à $\mathcal{N}_S$.

Théorème IV-1-2-7
Supposons K connexe. Alors (S, K) est une paire de Gelfand si et seulement si (N, K) est une paire de Gelfand et pour tout $X \in S_0$ et $y \in S$ il existe $k \in K$ tel que $i_X(y) = k(y)$

Preuve :
($\Rightarrow$)Supposons que (S, K) est une paire de Gelfand.
Alors en on a pour tous x, $y \in N$; $xy \in (K.y)(K.x)$ (puisque $N \subset S$). N étant nilpotent simplement connexe donc unimodulaire, et donc (N, K) est une paire de Gelfand. En outre si $X \in S0$ et $y \in S$, alors $\exp(X) y \in (K.y)(K. \exp(X)) = (K.y) \exp(X)$.

Ainsi il existe $k \in K$ tel que $\exp(X) y = k(y) \exp(X)$, soit $\exp(X) y \exp(-X) = k(y)$,
soit encore $iX(y) = k(y)$.

($\Leftarrow$) Réciproquement supposons que (N, K) est une paire de Gelfand et pour tous $X \in S_0$, $y \in S$ il existe $k \in K$ tel que $i_X(y) = k(y)$. Notons que $S = \exp(S_0)N$ et soit X, $Y \in S_0$ et x, $y \in N$,

$$\begin{aligned}(K. \exp(X)x)(K. \exp(Y)y) &= \exp(X)(K.x)\exp(Y)(K.y)\\ &= \exp(X)\exp(Y)\exp(-Y)(K.x)\exp(Y)(K.y)\\ &= \exp(X)\exp(Y)(K.x)(K.y)\end{aligned}$$

en utilisant la deuxième condition.
$(K. \exp(X)x)(K. \exp(Y)y) = \exp(X)\exp(Y)(K.y)(K.x)$

car (N, K) est une paire de Gelfand.
(K. exp(X)x)(K. exp (Y) y) = exp(X)(K. exp(Y)y) exp (−X) exp (X) (K.x)
= (K. exp(Y)y)(K. exp (X) x)
et comme S est unimodulaire on applique la réciproque du Théorème I.2.8 pour conclure que (S, K) est une paire de Gelfand. Corollaire IV-1-2-8.
Si (S, K)est une paire de Gelfand alors S est de type−R.

Preuve :
Supposons que (S, K)est une paire de Gelfand. Soit X ∈ S ; Y ∈ S
on a i_X(exp(Y)) = exp(X) exp(Y) exp(−X)= exp(Ad(exp(X))Y) donc i_X(exp(Y) = exp(exp(ad(X)(Y))) (4.3) (S, K) étant une paire de Gelfand si on prend X dans S_0 alors d'après le ThéorèmeII.2.2, il existe k ∈ K tel que i_X(exp(Y)) = k(exp (Y)) = exp (k (Y)) .

On a donc : exp (k (Y)) = exp(exp(ad(X)(Y))),
ce qui implique :

$$k(Y) = \exp(ad(X)(Y)).$$

Par suite kY k = kexp(ad(X) (Y))k.
Ainsi exp(ad(X)) est un opérateur orthogonal.
Par conséquent les valeurs propres de ad(X) sont dans iR pour tout X ∈ S_0. Maintenant prenons X dans N_S, alors ad(X) est nilpotent (puisque N_S nilpotent) et par suite toutes les valeurs propres de ad(X) sont nulles. Ce qui achève la démonstration puisque S = So + $\mathcal{N}_S$.

V-3. Exemples

a- Le groupe de Heisenberg

Soit $H_n = \mathbb{C}^n \times$ IR le groupe de Heisenberg de dimension 2n + 1, muni de la multiplication :
(z, t) (z', t') =(z + z', t + t'+1/2Im ($\bar{z}z'$)). Soit U(n) le groupe unitaire de $\mathbb{C}^n$. Tout k ∈ U(n) définit un automorphisme de H_n:k : $H_n \to H_n$ tel que k(z, t)=(k (z) ,t).
En effet k((z, t) (z', t')) = k(z + z', t + t'+1/2Im($\bar{z}z'$))
= (k(z) + k(z'), t + t'+12Im ($\bar{z}z'$))
= (k(z) + k(z'),t + t'+12Im($\overline{k(z)}$k(z')))
= (k(z), t)(k(z'), t')
car k conserve le produit scalaire hermitien.
Donc k est un homomorphisme et la bijection est due à k.
Ainsi U (n) définit un groupe compact d'automorphismes de H_n. Les représentations irréductibles de H_n sont paramétrisées par les λ ∈ R*. Pour λ ∈ R*,soit π_λ un élément de $\widehat{H}_n$, il existe alors une réalisation de π_λ sur
H_λ = {f : $\mathbb{C}^n \to$ C, holomorphe :

$$\int_{\mathbb{C}^n} |f(w)|^2 \exp(-2|\lambda||w|^2)\, dw < +\infty\}.$$

Pour λ > 0 on a : $\pi_\lambda(z, t)f(w) = \exp(-i\lambda t + \lambda(2 < w, \bar{z}> -|z|^2)f(w - z)$ et pour λ < 0 on a :

$$\pi_\lambda(z, t)f(w) = \exp -i\lambda t - \lambda\, 2 < w, z > -|z|^2 f(w - z)$$

où $\langle w, z\rangle$ est le produit scalaire hermitien sur $\mathbb{C}^n$.
Déterminons $K_{\pi\lambda}$ pour λ ∈ IR*. $K_{\pi\lambda}$= {k ∈ U(n) : $(\pi\lambda)_k \sim \pi_\lambda$} .

Tout $k \in U(n)$ définit un opérateur unitaire $W_\lambda(k)$ de H_λ de la façon suivante : $W_\lambda(k)f(z)=f(k^{-1}(z))$ avec $f \in H_\lambda$ et $z \in \mathbb{C}^n$ et on montre que $W_\lambda(k)$ est un opérateur d'entrelacement de π_λ et $(\pi_\lambda)k$. En effet : pour $\lambda > 0$

$$\begin{aligned} W_\lambda(k)\pi_\lambda k^{-1}(z), t)f(w) &= \pi_\lambda(k^{-1}(z), t)f(k^{-1}(w)) \\ &= \exp(-i\lambda t + \lambda(2 < w, z > - |z|^2))f(k^{-1}(w - z)) \\ &= \exp(-i\lambda t + \lambda(2 < w, z > - |z|^2))W_\lambda(k) f(w - z) \\ &= \pi_\lambda(z, t)W_\lambda(k) f(w) \end{aligned}$$

d'où $W_\lambda(k)(\pi_\lambda)k^{-1}(z, t) = \pi_\lambda(z, t) W_\lambda(k)$ et par suite $(\pi_\lambda)_k(z, t) = W_\lambda(k)\pi_\lambda(z, t) W_\lambda(k)^{-1}$.

On montre de même cette relation pour $\lambda < 0$.

Ainsi pour tout $k \in U(n)$, $(\pi_\lambda)_k \sim \pi_\lambda$; par conséquent $K_{\pi\lambda} = U(n)$ pour tout $\lambda \in IR^*$.

Si K est un sous-groupe compact de U(n) alors le stabilisateur $K_{\pi\lambda} = K$, la représentation d'entrelacement étant W_λ/K.

Théorème IV-1-2-9

Soit K un sous-groupe fermé du groupe unitaire U(n).

Les propositions suivantes sont équivalentes.

(i) (H_n, K) est une paire de Gelfand.

(ii) K agit sans multiplicités sur l'espace des polynômes $C[\mathbb{C}^n]$.

Preuve :

Soit $(z_1, \ldots\ldots, z_n)$ une base orthonormale de $\mathbb{C}^n$. L'espace $\mathbb{C}[\mathbb{C}^n]$ est engendré par les monômes z^α, $\alpha \in IN^n$. Notons $\mathbb{C}[\mathbb{C}^n]_r$ le sous-espace des polynômes homogènes de dégré $r(r \in N)$. Pour tout $\lambda \neq 0$, l'espace H_λ est somme directe orthogonale des $C[\mathbb{C}^n]_r$ $(r \in N)$.

Soit ρ la représentation de K dans $C[\mathbb{C}^n]$ associée à l'action de K sur $\mathbb{C}^n$, on a $\rho(k)(P(z)) = P(k^{-1}(z)) = W_\lambda(k)P(z)$. ρ laisse les $\mathbb{C}[\mathbb{C}^n]_r$ invariants.

Ainsi W_λ se décompose en somme directe des $W^r_\lambda = W_\lambda/\mathbb{C}[\mathbb{C}^n]r$. Si les $\mathbb{C}[\mathbb{C}^n]r$ ne sont pas irréducti bles, on les décompose en somme directe de sousespaces irréductibles.

Ainsi si (H_n, K) est une paire de Gelfand, W_λ se décompose sur $\widehat{K}$ avec des multiplicités ≤ 1et il en est de même pour ρ, par conséquent K agit sur $\mathbb{C}[\mathbb{C}^n]$ sans multiplicités.

Réciproquement si K agit sur $C[\mathbb{C}^n]$ sans multiplicités alors W_λ se décompose sur $\widehat{K}$ avec des multiplicités ≤ 1 et donc (H_n, K) est une paire de Gelfand.

b- Les fonctions polyradiales

Soit $\{b_1, \ldots\ldots, b_n\}$ une base orthonormale de $\mathbb{C}^n$ et soit $K = T^n$ le sous-groupe diagonal de U(n) qui agit sur $\mathbb{C}^n$ par $k(z) = \sum_{i=1}^n t_i b_i z_i$ avec $k = (t_1, \ldots\ldots, t_n)$ et $z = \sum_{i=1}^n z_i b_i$.

Les monômes z^α, $\alpha \in IN^n$ sont des vecteurs propres pour l'action de K. En effet si $z = \sum_{i=1}^n z_i b_i$ et $k = (t_1, \ldots\ldots, t_n)$ on a $k(z^\alpha) = k(z)^\alpha$ or $k(z) = (t_1z_1, \ldots\ldots, t_nz_n)$ dans la base $\{b_1, \ldots\ldots, b_n\}$

donc $k(z)^\alpha = (t_1z_1)^{\alpha_1}(t_2z_2)^{\alpha_2}\ldots\ldots\ldots(t_nz_n)^{\alpha_n} = k^\alpha z^\alpha$ avec $k^\alpha = t_1^{\alpha_1}\ldots\ldots\ldots t_n^{\alpha_n}$ et $z\alpha = z_1^{\alpha_1}\ldots\ldots\ldots z_n^{\alpha_n}$

où $\alpha_1 + \alpha_2 + \ldots\ldots + \alpha_n = |\alpha|$ c'est-à-dire $k(z^\alpha) = k^\alpha z^\alpha$.

Comme les z^α engendrent $\mathbb{C}([\mathbb{C}^n])$, les sous-représentations irréductibles de ρ (l'action de K sur $\mathbb{C}[\mathbb{C}^n]$) sont les caractères $\chi_\alpha: k \to k^\alpha$ de K qui sont tous différents.

Ainsi K agit sans multiplicités sur $\mathbb{C}([\mathbb{C}^n])$. (H_n,T_n) est une paire de Gelfand.

C'est-à-dire que l'algèbre des fonctions polyradiales $L^1_{T^n}(H_n)$ est commutative.

Si K' est un sous-groupe fermé de U(n) contenant K = T^n alors (Hn, K') est aussi une paire de Gelfand.
3-Terminons ce paragraphe par un exemple de paire de Gelfand sur un groupe de Lie résoluble qui ne soit pas nilpotent. Posons S = $\mathbb{R}\Delta\mathbb{C}$ avec $\mathbb{R}$ opérant sur $\mathbb{C}$ de la façon suivante : t : z → $e^{it}z$, t ∈ R et z ∈ $\mathbb{C}$ et K = U(1) opérant sur $\mathbb{C}$. La loi du groupe est : (t, z) (t', z') = t + t'; z + $e^{it}z'$. Ainsi le crochet est défini par : [(t, z) , (t', z')] =(0, z – z'+ $e^{it}z'$– $e^{it'}z$. On montre que $D^{(2)}S$ = {(0, 0)} et par suite S est un groupe de Lie résoluble simplement connexe de classe 2 .
On montre par contre que S n'est pas nilpotent (∀n ∈ N, $C^{(n)}S$ = C). K = U(1) définit un groupe compact d'automorphismes de S.
Pour chaque k ∈ K, on a : k : S → S tel que k(t, z)→ (t, k(z)), S =IR⊕IR^2 est l'algèbre de Lie de S .

On montre que N = C* et S_0 = IR et comme (C*, U (1)) est une paire de Gelfand et ∀t'∈ R, ∀(t, z)∈S on a : (t', 0) (t, z) (−t', 0) =(t, $e^{it'}z$)= k(t, z) avec k = $e^{it'}$ et (S, K) est une paire de Gelfand.

B) Fonctions sphériques sur les groupes de Lie nilpotents

Dans tout ce paragraphe N désignera un groupe de Lie nilpotent connexe, simplement connexe et K un sous-groupe compact du groupe des automorphismes de N .
On supposera que (N, K) est une paire de Gelfand, dk la mesure de Haar normalisée sur K et dx une mesure de Haar sur N .

Lemme IV-1-2-10
Soit φ une fonction K-sphérique bornée sur N .
Alors il existe une représentation (π, H_π) ∈ $\widehat{N}$ et un vecteur unitaire η ∈ H_π telle que :
ϕ (x) =$\int\langle\pi(k(x))u,u\rangle dk$, pour tout x ∈ N.

Preuve :
ϕ étant K–sphérique, l'application $\chi_\phi\colon L^1_K(N)\longrightarrow\mathbb{C}$ *telle que* $\chi_\phi(f)=\int f(x)\phi(x)dx$ est un caractère de $L^1_K(N)$. Comme $L^1(N)$ est une algèbre de Banach symétrique ; il existe une représentation $(\tilde{\pi},H_{\tilde{\pi}})$ de $L^1(N)$ et un sous-espace H_ϕ de $H_{\tilde{\pi}}$ de dimension 1 telle que $\left(\tilde{\pi}/_{L^1_K(N)},H_\phi\right)$ soit équivalente à $(\chi_\phi,\mathbb{C})$.
Comme χ_ϕ est irréductible, la représentation $(\tilde{\pi},H_{\tilde{\pi}})$ est aussi irréductible.
Soit (π, H_π) la représentation unitaire irréductible de N telle que $(\tilde{\pi},H_{\tilde{\pi}}))$ soit la représentation associée à π sur $L^1(N)$. C'est-à-dire π(f) = $\tilde{\pi}$(f) , ∀ f ∈$L^1(N)$.
Choisissons η ∈ H_ϕ avec ||η||= 1. Alors pour chaque f ∈ $L^1_K(N)$ on a π (f)η = $\tilde{\pi}$(f)η = $\chi_\phi(f)$η
donc $\chi_\phi(f)=\chi_\phi(f)<$ η, η >=< π(f)η,η>=$\int f(x)\langle\pi(x)\eta,\eta\rangle dx=\int f(x)(\int\langle\pi(k(x))\eta,\eta\rangle dk)dx$, c'est-à-dire :

$$\int f(x)\phi(x)dx=\int f(x)(\int\langle\pi(k(x))\eta,\eta\rangle dk)dx.$$

Ceci étant vraie pour toute f ∈ $L^1_K(N)$ alors $\phi(x)=(\int\langle\pi(k(x))\eta,\eta\rangle dk)$.

Dans la suite, pour toute π ∈$\widehat{N}$ et tout η ∈ H_π on désignera par $\phi_{\pi,\eta}$la fonction définie par :
$\phi_{\pi,\eta}(x)=\int\langle\pi(k(x))\eta,\eta\rangle dk$ de N dans C.

Corollaire IV-1-2-11
Si ϕ est une fonction K−sphérique bornée sur N alors ϕ est définie positive.

Preuve :
ϕ étant K−sphérique bornée sur N, il existe une représentation $\pi \in \widehat{N}$ et $\eta \in H_\pi$ de norme 1 telle que $\phi(x) = \int \langle \pi(k(x))\eta, \eta \rangle dk$R. Soient $x_1, x_2, \ldots\ldots\ldots, x_n$ éléments de G et $c_1, c_2, \ldots\ldots\ldots$, cn éléments de

$$\sum_{i,j=1}^{n} \overline{c_i} c_j \phi(x_i^{-1}x_j) = \sum_{i,j=1}^{n} \overline{c_i} c_j \int \langle \pi\left(k(x_i^{-1}x_j)\right)\eta, \eta \rangle \, dk$$
$$= \int \left\| \sum_{i,j=1}^{n} c_i \pi(k(x_i))\eta \right\|^2 dk \geq 0$$

donc ϕ est définie positive.
Pour $\pi \in \widehat{N}$ notons $K_\pi = \{k \in K : \pi_k \cong \pi\}$ et par W_π la représentation d'entrelacement pour π .

Si H_π est l'espace de la représentation de π on a $H_\pi = \sum_\alpha V_\alpha$ où chaque V_α est un sous-espace irréductible de H_π invariant par W_π.
Comme (N, K) est une paire de Gelfand les V_α en tant que K_π−modules, apparaissent au plus une fois.

Lemme IV-1-2-12
Soit $\pi \in \widehat{N}$ et $k_0 \in K$. Si $\pi_0 = \pi_{k0}$ alors $K_{\pi'} = k_0^{-1} K_\pi k_0$

Corollaire IV-1-2-12
Si $\pi' = \pi_{k0}$ alors H_π et $H_{\pi'}$ ont la même décomposition en W_π et en $W_{\pi'}$ sous-espaces irréductibles respectivement.

Preuve :
Il suffit de montrer que tout sous-espace irréductible V_α invariant par W_π est aussi invariant par $W_{\pi'}$ et vice-versa.
D'après on a :

$$W_{\pi'}(k') = \lambda W_\pi(k_0 k' k_0^{-1}), \; \lambda \in C$$

Ainsi si V_α est invariant par W_π alors $W_{\pi'}(k)\, V_\alpha = \lambda W_\pi(k_0 k' k_0^{-1}) V\alpha \subset V\alpha$. Supposons maintenant que V_α est invariant par $W_{\pi'}$.
De même d'après on a $W_\pi(k) = \gamma W_\pi(k_0 k' k_0^{-1})$, $\gamma \in C$ pour tout $k \in K_\pi$.

Théorème IV-1-2-13
Soit $\pi \in \widehat{N}$ et $\eta \in H\pi$
(i) $\phi_{\pi,\eta}$ est une fonction K-sphérique si et seulement si $\eta \in V_\alpha$ pour un certain α et $\|\eta\| = 1$
(ii) $\phi_{\pi,\eta} = \phi_{\pi',\xi}$ si et seulement si il existe un $k_0 \in K$ tel que $\pi' = \pi_{k0}$, η et ξ appartiennent à un même V_α.

Preuve
Soit $f \in L_K^1(N)$, π (f) est un opérateur scalaire sur chaque V_α. (se conférer à la réciproque du Théorème II.1.3 et remplacer H_ρ par V_α). Ainsi $\pi(f) = \lambda_f id_{V\alpha}$ sur V_α avec $\lambda_f \in C$. Remarquons que :
$\lambda_f = \lambda_f < \eta, \eta > = < \lambda f \eta, \eta > = < \pi(f)\eta, \eta >$ avec $\eta \in V_\alpha$ et $\|\eta\| = 1$

(i) ($\Leftarrow$) Supposons $\eta \in V_\alpha$ et $\|\eta\| = 1$, $\phi_{\pi,\eta}(x) = \int\langle\pi(k(x))\eta,\eta\rangle dk$

$\phi_{\pi,\eta}$ est continue sur N , bornée et K–invariante. Il suffit de montrer que $\chi_{\phi_{\pi,\eta}}$ est un caractère de $L^1_K(N)$.

Soit $f \in L^1_K(N)$, $\chi_{\phi_{\pi,\eta}} = \int f(x)\phi_{\pi,\eta}(x)dx = \langle\pi(f)\eta,\eta\rangle$. (A').

Donc $\chi_{\phi_{\pi,\eta}} = \lambda_f$.

Ainsi si f et g sont dans $L^1_K(N)$, $\chi_{\phi_{\pi,\eta}}(f * g) = \chi_{\phi_{\pi,\eta}}(f)\chi_{\phi_{\pi,\eta}}(g)$ donc $\chi_{\phi_{\pi,\eta}}$est un caractère de $L^1_K(N)$ et par suite $\phi_{\pi,\eta}$ est une fonction K–sphérique.

($\Rightarrow$) Réciproquement supposons $\phi_{\pi,\eta}$ est K–sphérique avec $\eta \in H_\pi$ et $\pi \in\widehat{N}$. On peut supposer $\|\eta\| = 1$. Comme $H_\pi = \sum_\alpha V_\alpha$ alors $\eta = \sum_\alpha t_\alpha\eta_\alpha$avec $\eta_\alpha \in V_\alpha$; $\|\eta_\alpha\| = 1$ et $t_\alpha \geq 0$. De plus $\|\eta\|^2 = <\eta, \eta> = \sum_\alpha t^2_\alpha$ ce qui entraine que $\sum_\alpha t^2_\alpha = 1$. Alors pour toute $f \in L^1_K(N)$, on a $\chi_{\phi_{\pi,\eta}}(f) = \sum_\alpha t^2_\alpha\,\chi_{\phi_{\pi,\eta}}(f)$. Ce qui entraine $\chi_{\phi_{\pi,\eta}} = \sum_\alpha t^2_\alpha\,\chi_{\phi_{\pi,\eta}}$ et $\phi_{\pi,\eta} = \sum_\alpha t^2_\alpha\,\phi_{\pi,\eta}$

$\phi_{\pi,\eta}$ étant K-sphérique, définie positive alors $\phi_{\pi,\eta}$ est pure, donc aussi extrémale. Ainsi $\phi_{\pi,\eta}$ ne peut être une somme convexe de fonctions K–sphériques.

Donc $\phi_{\pi,\eta} = \phi_{\pi,\eta_\alpha}$ pour un certain α.

Ce qui implique que $\eta = \eta_\alpha$ (tous les t_β étant nuls sauf $t_\alpha = 1$) donc $\eta \in V_\alpha$ pour un certain α.

(ii) ($\Leftarrow$) Supposons qu'il existe $k_0 \in K$ tel que $\pi' = \pi_{k0}$ et η, ξ appartiennent à un même $V_\alpha \subset H_\pi$. Alors pour toute $f \in L^1_K(N)$, $\chi_{\phi_{\pi,\eta}}(f) = \chi_{\phi_{\pi',\eta}}(f)$ donc $\phi_{\pi,\eta} = \phi_{\pi',\eta}$.

($\Rightarrow$) (Réciproque)

Rappelons la théorie de Mackey vue au Chapitre II . Soit $\pi \in\widehat{N}$et $\rho \in\widehat{K_\pi}$, R(k, x) = $\bar{\rho}$ (k) $\otimes\pi(x)W_\pi(k)$, où ρ est la représentation contragrédiente de ρ et W_π la représentation d'entrelacement de π , est irréductible sur $K_\pi\Delta N$.

Alors $\tilde{R} = ind^{K\Delta N}_{K_\pi\Delta N}(R)$ est une représentation unitaire irréductible de $K_\pi\Delta N$ et tout élément $\widehat{K_\pi\Delta N}$ est obtenue de cette manière.

Plus précisément toute représentation unitaire irréductible de $K_\pi\Delta N$ est déterminée par la paire (π, ρ) avec $\pi \in\widehat{N}$ et $\rho \in\widehat{K_\pi}$,.

d. Les fonctions sphériques sur les groupes de Lie résolubles

Soit S un groupe de Lie résoluble connexe, simplement connexe et unimodulaire d'algèbre de Lie S , K un sous-groupe compact connexe du groupe des automorphismes de S . $S_0 = \{X \in S : k(X) = X, \forall k \in K\}$, N_S le nilradical de S et N = exp(N_S) on a S = S0 + NS. On supposera dans ce paragraphe que (S, K) est une paire de Gelfand. Pour tout X, Y $\in S_0$, il existe un k $\in$ K tel qu'on ait exp (X)exp(Y) exp (−X) = k(exp (Y)) en vertu du ThéorèmeII.2.2. Ce qui implique exp (X) exp (Y) = exp (Y) exp (X) et en appliquant la formule de Baker-Campbell-Hausdorf on a : [X, Y] = 0 pour tout X, Y $\in S_0$.

Soit $X_1, X_2, \ldots\ldots\ldots, X_p$ une base de $S^1_0 \subset S_0$ un supplémentaire de N .

Comme S est simplement connexe, alors pour tout y $\in$ S , il existe un unique n(y) $\in$ N et t(y) = (t_1(y), t_2(y), .., t_p(y)) $\in IR^p$ tel que : y = n(y) exp($\sum^p_{i=1} t_i(y)X_i$)

Théorème IV-1-2-14

Soit ϕ une fonction bornée, continue sur S et K–invariante. ϕ est une fonction K–sphérique si et seulement si il existe une fonction K–sphérique Ψ sur N et a $\in IR^p$ telle que $\varphi(y) = \Psi(n(y)) \exp(i < a, t(y) >)$.

Preuve

($\Rightarrow$) Soit ϕ une fonction K–sphérique sur S , X, Y $\in S_0$ et y $\in$ S on a

ϕ (exp (X)) ϕ (exp (Y)) = ϕ [exp (X) exp (Y)].

Ainsi

ϕ (y) ϕ (exp (X)) ϕ (exp (Y)) = ϕ (y) ϕ [exp (X)exp(Y)]

$= \int \phi[yexp(X)\exp(Y)]dk.$

On conclut donc :

ϕ (y) ϕ (exp (X)) ϕ (exp (Y)) = ϕ (y exp (X) exp (Y)).

La restriction de ϕ à N est une fonction K-sphérique sur N , on la notera Ψ.

On a : $y = n(y)\prod_{i=1}^{p} \exp(t_i(y)X_i)$.

Il vient que :

$$\phi (y) = \phi(n(y)) \prod_{i=1}^{p} \phi(\exp(t_i(y)X_i)).$$

Mais pour tout X $\in S_0$, l'application t $\rightarrow$ φ(exp (tX)) est un homomorphisme continu de R dans C,

Car ϕ (exp((t + t')X)) = ϕ (exp (tX) exp (t'X)) = ϕ (exp (tX)) ϕ (exp (t'X)).

Ainsi il existe a = (a_1, ..., a_p) $\in IR^p$ tel que :

$$\phi(y) =\Psi(n(y)) \exp(i < a, t(y) >).$$

($\Leftarrow$) Réciproquement, supposons qu'il existe Ψ une fonction K-sphérique sur N et un a $\in IR^p$ tel que :

$\phi(y) = \Psi(n(y))\exp(i < a, t(y) >)$. Si y = e alors n(y) = e et t(y) = 0;

donc

$\phi(e) = \Psi(e) \exp(i < a, 0 >) = \Psi(e) = 1$ car Ψ est K-sphérique.

Soit y et z éléments de S.

$$\text{Alors } \int \phi(yk(z)) = \phi(y)\phi(z).$$

Exemples

(1) G = IR^n, K = {0}. Les fonctions sphériques sont les fonctions exponentielles $\varphi(x) = e^{i\lambda.x}$, $\lambda \in IR^n$ et $\lambda.x =< \lambda, x >$ où <, > est le produit scalaire euclidien sur IR^n.

(2) Supposons maintenant que l'on soit dans la situation de la Proposition I.1.7 à savoir G contient un sous-groupe fermé commutatif distingué A et un sousgroupe compact K tels que l'application (t, s) $\rightarrow$ ts de K × A dans C soit un homéomorphisme.

Soit α un homomorphisme continu de A dans le groupe C^*.

On définit sur G une fonction de C (G\\K) en posant, pour x = ts avec t $\in$ K et s $\in$ A :

$\varphi(x) = \int \alpha(usu^{-1})dm_K(u)$ où m_K est la mesure de Haar normalisée sur K.

Montrons que φ est une fonction K–sphérique sur G en vérifiant que $\varphi(x)\varphi(y) = \int \varphi(xvy)\, dm_K(v)$ pour tous x, y $\in$ G.

Prenons par exemple pour G le groupe des déplacements euclidiens de déterminant 1 formé des matrices : $\begin{pmatrix} \cos\theta & \sin\theta & 0 \\ -\sin\theta & \cos\theta & 0 \\ x & y & 1 \end{pmatrix}$ où $\theta \in [0,2\pi[$, x, y $\in$ IR.

$$K = \left\{ \begin{pmatrix} \cos\theta & \sin\theta & 0 \\ -\sin\theta & \cos\theta & 0 \\ & & 1 \end{pmatrix}, \theta \in [0,2\pi[\right\}$$

l'ensemble des matrices de G tels que

x = y = 0 et $A = \left\{\begin{pmatrix} 1 & 0 & 0 \\ 0 & 1 & 0 \\ x & y & 1 \end{pmatrix}, x, y \in \mathbb{R}\right\}$ l'ensemble des matrices de G tel que $\theta = 0$.

Une double classe KsK (s ∈ G) est formée des matrices de G pour lesquelles x^2+y^2 a une même valeur r^2 de sorte que les fonctions de C (G\\K) sont les fonctions de la forme Ψ (r) avec $r^2 = x^2 + y^2$ et Ψ est une fonction continue dans [0, +∞[.

Le groupe A s'identifie à IR^2 et tout homomorphisme continu α de IR^2 dans C^* est de forme α : (x, y) → exp(λx + μy) où λ et μ sont des nombres complexes arbitraires.

On a vu plus haut que la fonction φ définie par $\varphi(x) = \int \alpha(usu^{-1})dm_K(u)$ est une fonction K–sphérique. $usu^{-1} \in A$ c'est-à-dire $usu^{-1} = (x, y)$ avec $x^2 + y^2 = r^2$ et en posant $x = r\cos\varphi$ et $y = r\sin\varphi$ on déduit que les fonctions K–sphériques sur G s'identifient aux fonctions Ψ continues sur [0, +∞[définies par :

$$\Psi(r) = \frac{1}{2\pi}\int_0^{2\pi} \exp(r(\lambda\cos\varphi + \mu\sin\varphi)d\varphi \quad (3)$$

(3)-N = $H_n = C^n \times IR$ le groupe de Heisenberg de dimension 2n +1. Nous avons vu que les représentations unitaires irréductibles $\pi_\lambda(\lambda \in IR*)$ de H_n sont réalisées dans l'espace :
$H_\lambda = \{f : \{C^n \to C$ holomorphe :

$$\|f\|_\lambda < +\infty\} \text{ où } \|f\|_\lambda = \int_{\mathbb{C}^n} |f(w)|^2 \exp(-2|\lambda||w|^2 dw$$

$$\text{et } \pi_\lambda(z, t)\, f(w) = \exp(-i\lambda t + \lambda(2 < w,z> -|z|^2))f(w - z),\ \forall\, \lambda > 0.$$

On a montré que $K_\pi = K$, pour tout sous-groupe compact K de U (n). Supposons que K agit sans multiplicités sur C $[C^n]$ et notons <, >λ le produit scalaire sur H_λ et soit $H_\lambda = \oplus_\alpha V_\alpha$, où V_α est un sous-espace Kπ –irréductible.

Alors $\phi_{\pi_\lambda,f}(z,t) = \int \langle \pi_\lambda(k(z,t)f, f\rangle dk$ est une fonction K–sphérique sur Hn dès que f est un vecteur unitaire appartenant à un certain V_α.

Comme Kπ = K alors ∀ k ∈ K,

$$\pi_\lambda(k\,(z, t)) = W_\lambda(k)\, \pi_\lambda(z, t)\, W_\lambda(k)^{-1}.$$

Soit δ_λ une dilatation définie par $\delta_\lambda(z, t) = (\lambda^{1/2}z, \lambda t)$ et d_λ: $H_1 \to H_\lambda$ une isométrie définie par $d\lambda f(w) = f(\lambda^{1/2} w)$, alors $d_\lambda \pi_1{}^2(\delta_\lambda(z, t))f(w) = \pi_\lambda(z,t)d_\lambda f(w)$.

Ainsi : $\Psi_{\pi_\lambda,f}(z) = \Psi_{\pi_1,f}(\lambda^{1/2}z)$, donc $\phi_{\pi_\lambda,f} = \exp(-i|\lambda|t)\left(\Psi_{\pi_1,f})\left(\lambda^{\frac{1}{2}}z\right)\right), \forall\lambda > 0$ *et* $\phi_{\pi_\lambda,f} = \overline{\exp(i|\lambda|t)\,\Psi_{\pi_1,f})}\left(\lambda^{\frac{1}{2}}z\right),, \forall\lambda < 0$.

IV-1-3 - <u>Transformation de Fourier Sphérique</u>

Soit A une algèbre de Banach commutative ayant un élément unité e.

<u>Définition</u> IV-1-3-1

Pour tout x de A, on appelle transformée de Guelfand de x, l'application gx de X(A) dans C définie par :

$gx : X(A) \to C$ telle que $gx(\chi) = \chi(x)$ ou X (A) est le spectre de A. L'application $x \to gx$ de A dans $C^{X(A)}$ est appelée la transformation de Guelfand associée à l'algèbre A..

Proposition IV-1-3-2

La transformation de Guelfand $x \to gx$ est un homomorphisme continu de l'algèbre de Banach A dans l'algèbre de Banach $C_C^{(X(A))}$ des fonctions complexes continues sur X(A).

Preuve :

$\forall x \in A$, $\|gx\| = \max_{\chi \in X(A)} |gx(\chi)|$ et comme χ est une forme linéaire continue de norme 1, on en déduit que $x \to gx$ est continue.

D'autre part :

$(g(x\,y))(\chi) = \chi(x\,y) = \chi(x)\,\chi(y) = (g\,x)(\chi) \,.\, (gy)(\chi)$ $\forall x \in X(A)$

Donc $g(x\,y) = g\,x \,.\, g\,y$ C.Q.F.D.

Remarque IV-1-3-3

La transformation de Guelfand n'est pas nécessairement injective.

Exemple IV-1-3-4

Soient X un espace compact, métrisable et $C_C(X)$ l'algèbre de Banach des fonctions continues complexes sur X . Considérons l'application

$\forall f \in C_C(X)$, $C_C(X) \to C$ telle que $f \to f(x) = \varepsilon_x(f)$ où ε_x est la mesure de Dirac au point x. Les mesures ε_x sont les caractères de $C_C(X)$, l'application $g\,f : \varepsilon_x \to \varepsilon_x(f) = f(x)$ est la transformée de Guelfand de f et l'application $f \to g\,f$ de $C_C(X)$ dans $X(C_C(X))$ est la transformation de Guelfand.

Remarque IV-1-3-5

En identifiant X à $X(C_C(X))$ par l'homéomorphisme $x \to \varepsilon_x$, la transformation de Guelfand devient l'application identique. Soient (G, K) une paire de Guelfand, S (G/K) l'espace des fonctions sphériques bornées sur G relativement à K et μ une mesure de Haar à gauche. Nous avons vu que si ϕ appartient à S(G/K), l'application $f \to \chi_\varphi(f) = \int f(x)\varphi(x^{-1})d\mu(x)$ est un caractère de $L^1(G)^\#$ et tout caractère de $L^1(G)^\#$ est de cette forme. Par conséquent l'application $\varphi \to \chi_\varphi$ est bijective et permet d'identifier l'espace S (G/K) au spectre de l'algèbre de Banach $L^1(G)^\#$.

$$gf: X\left(L^1(G)^\#\right) \longrightarrow \mathbb{C} \text{ et } \mathfrak{F}f: S(G/K) \longrightarrow \mathbb{C} \text{ telle que } \mathfrak{F}f \circ F = gf.$$

F étant un homéormorphisme, d'après ce diagramme, la transformée de Guelfand d'un élément f de $L^1(G)^\#$ peut être identifiée à la fonction complexe Ff définie sur S(G/K) par

$\mathfrak{F}f(\varphi) = \int f(x)\varphi(x^{-1})d\mu(x)$ d'où la définition suivante.

Définition IV-1-3-6

Soit f une fonction de $L^1(G)^\#$. On appelle transformée de Fourier sphérique de la fonction f, la fonction $\mathfrak{F}f$ définie sur S(G/K) par : $\mathfrak{F}f(\varphi) = \int f(x)\varphi(x^{-1})d\mu(x)$.

On appelle cotransformée de Fourier sphérique de la fonction f , la transformée de Fourier sphérique de la fonction $\check{f}$, autrement dit la fonction $\check{f}$, notée $\overline{\mathfrak{F}}f$ définie par :

$$\overline{\mathfrak{F}}f(\varphi) = \int f(x)\varphi(x)d\mu(x).$$

L'application $\mathfrak{F} : f \to \mathfrak{F}f$ de $L^1(G)^\#$ dans $X(L^1(G)^\#)$ est appelée la transformation de Fourier sphérique.

C'est encore la transformation de Guelfand associée à l'algèbre de Banach $L^1(G)^\#$.

Remarque IV-1-3-7

a) Les fonctions complexes $\mathfrak{F}f$ et $\overline{\mathfrak{F}}f$ ont un support non compact même si f est à support compact.

b) La fonction $\mathfrak{F}f$ appartient à l'espace $C^0_{\mathbb{C}}(X(L^1(G)^\#)$ des fonctions continues sur $X(L^1(G)^\#)$ tendant vers 0 à l'infini.

Proposition IV-1-3-8

Soient deux fonctions f et g de $X(L^1(G)^\#)$.

a) $\mathfrak{F}(f * g) = (\mathfrak{F} f)(\mathfrak{F} g)$ et $\overline{\mathfrak{F}}(f * g) = (\overline{\mathfrak{F}}f)(\overline{\mathfrak{F}}g$

b) $\mathfrak{F}({}_sf)(\varphi) = \varphi(s^{-1})\mathfrak{F} f(\varphi)$ et $\overline{\mathfrak{F}}({}_sf)(\phi) = \varphi(s)(\mathfrak{F} f)(\varphi)$

c) $\mathfrak{F}(sf)(\varphi) = \varphi(s)\mathfrak{F} f(\varphi)$ et $\overline{\mathfrak{F}}(fs)(\phi) = \varphi(s^{-1})\overline{\mathfrak{F}} f(\varphi)$.

Proposition IV-1-3-9

Soient φ une fonction sphérique de type positif et

$f \in L^1(G)^\#$ on a : $\overline{\mathfrak{F}}f(\varphi) = \overline{\mathfrak{F}(\overline{f})(\varphi)}$.

En effet : $\overline{\mathfrak{F}}f(\varphi) = \int f(x)\overline{\varphi(x^{-1})}d\mu(x) = \int \overline{\overline{f}(x)\varphi(x^{-1})}d\mu(x) = \overline{\mathfrak{F}(\overline{f})(\varphi)}$.

Proposition IV-1-3-10

Soient u et v deux fonctions de $L^1(G)$ telles que u soit invariante à droite et v invariante à gauche par K. Alors : $\mathfrak{F}(u * v) = (\mathfrak{F}u)(\mathfrak{F}v)$ et $\overline{\mathfrak{F}}(u * v) = (\overline{\mathfrak{F}}u)(\overline{\mathfrak{F}}v)$.

En général ces égalités ne sont pas vraies si u est invariante à gauche et v à droite par K.

Proposition IV-1-3-11

Soient φ une fonction continue de type positif et π_φ une représentation linéaire continue unitaire associée à φ. Pour toute fonction f de $L^1(G)^\#$, on appelle la trace de l'opérateur $\pi_\varphi(f)$ notée $\mathrm{Tr}(\pi_\varphi(f)$ la cotransformée de Fourier sphérique de f en c'est-à-dire :

$$\mathrm{Tr}(\pi_\varphi(f) = \overline{\mathfrak{F}}f(\varphi)$$

Proposition IV-1-3-12

Soient f et g deux fonctions de $L^1(G)^\#$ on a :

$$\mathrm{Tr}(\pi_\varphi(f)\pi_\varphi(g)^*) = \overline{\mathfrak{F}}(\overline{\check{g} * f})(\varphi),\ \forall\ \varphi \in S(S/K)$$

Définition IV-1-3-13

Soit v une mesure de Radon bornée sur G. On appelle transformée de Fourier sphérique de la mesure v, la fonction complexe $\mathfrak{F}v$ définie sur S (G/K) par :

$$\mathfrak{F}v(\varphi) = \int \varphi(x^{-1})dv(x),\ \forall\ \varphi \in S\ (G/K).$$

La cotransformée de Fourier sphérique de v notée $\overline{\mathfrak{F}}v$, la transformée $\mathfrak{F}\check{v}$ c'est-àdire : $\overline{\mathfrak{F}}v(\varphi) = \int \varphi(x)dv(x)$. En particulier : Si v= ε_x la mesure de Dirac au point x on a : $\mathfrak{F}\varepsilon_x(\varphi) = \varphi(x^{-1})$ et $\overline{\mathfrak{F}}\varepsilon_x(\varphi) = \varphi(x)$.

Remarque IV-1-3-14

La fonction $\mathfrak{F}v$ ne tend pas nécessairement vers 0 à l'infini. (Par exemple $\mathfrak{F}\varepsilon_e = 1$ nous donne la preuve).

Proposition IV-1-3-15

Pour toute fonction f de $L^1(G)^\#$ et v une mesure bornée sur G on a :

$$\mathfrak{F}(v * f) = \mathfrak{F}(f * v) = (\mathfrak{F}v)(\mathfrak{F}f)$$

Preuve :

Nous savons que si une mesure v et une fonction f sont convolables alors pour tout $x \in G$, $v * f(x) = \int f(s^{-1}x)dv(x)$, $\mathfrak{F}(v * f)(\varphi) = \int v * f(x)\varphi(x^{-1})d\mu(x) = \int\int f(s^{-1}x)\varphi(x^{-1})d\mu(x)dv(s) = \int\int f(s^{-1}x)\varphi(x^{-1})\varphi(s^{-1})d\mu(x)dv(s) = \mathfrak{F}v(\varphi)\mathfrak{F}f(\varphi)$.

§ IV-2 FONCTION SPHERIQUE DE TYPE δ

IV-2-1 Fonction trace sphérique de type δ

Soient G un groupe localement compact unimodulaire, K un sous-groupe compact de G, $\hat{K}$ l'ensemble des classes d'équivalence de représentations unitaires irréductibles de K.

Pour toute classe de $\hat{K}$, notons ξ_δ le caractère de δ, d (δ) le degré de δ et $\chi_\delta = d(\delta)\xi_\delta$.

Si $\breve{\delta}$ est la classe des représentations contragrédientes de δ dans $\hat{K}$, on a $\chi_\delta = \chi_{\breve{\delta}}$ et on vérifie aisément grâce à la relation d'orthogonalité de Schur que $\chi_{\breve{\delta}} * \chi_{\breve{\delta}} = \chi_{\breve{\delta}}$. Pour toute fonction $f \in K(G)$, on pose :

$$_\delta f(x) = \overline{\chi_\delta} * f(x) = \int \chi_\delta(k)f(kx)dk$$

$$\text{et } f_\delta(x) = f * \chi_\delta(x) = \int \chi_\delta(k^{-1})f(xk)dk$$

(où dk est la mesure de Haar normalisée sur K) et $K_\delta(G) = \{f \in K(G),\ f = {_\delta f} = f_{\breve{\delta}}\}$.

On montre que $K_\delta(G)$ est une sous-algèbre de K(G) et que l'application $f \longmapsto \overline{\chi_\delta} * f * \overline{\chi_\delta}$ est une projection de K(G) sur $K_\delta(G)$. Soit U une représentation de Banach de G sur E, on pose $P(\delta) = U(\overline{\chi_\delta})$ et $E(\delta) = P(\delta)E$.

Si $g = \overline{\chi_\delta} * f * \overline{\chi_\delta}$, on a $P(\delta)U(f)P(\delta) = U(g)$, $\forall f \in K(G)$, ainsi E(δ) est stable pour U(f) ($f \in K_\delta(G)$) et en notant $U_\delta(f)$ la restriction de U (f) à E (δ), on obtient une représentation $f \longmapsto U_\delta(f)$ de $K_\delta(G)$ sur E(δ).

Soit $J_c(G)$ l'ensemble des fonctions f de K(G) qui sont centrales par K (i.e. $f(kx) = f(xk)$, $\forall k \in K$ et $x \in G$). $J_c(G)$ est une sous-algèbre de K(G) et l'application $f \longmapsto f_K$, avec $f_K(x) = \int f(kxk^{-1})dk$, est une projection de K (G) sur $J_c(G)$. Pour deux éléments f, g ∈ K (G), on a les propriétés suivantes :

$$(f_K * g)_K = f_K * g_K = (f * g_K)_K. \text{ et } (\overline{\chi_\delta} * f)_K = \overline{\chi_\delta} * f_K, (f * \overline{\chi_\delta}) = f_K * \overline{\chi_\delta}.$$

Posons :

$K_\delta(G) \cap J_c(G) = K_\delta^\#(G)$ est une sous-algèbre de K(G) et l'application $f \longmapsto \overline{\chi_\delta} * f_K$ est une projection de K(G) sur $K_\delta^\#(G)$.

Remarque IV–2-1-1

Si δ est une classe de représentations triviales de dimension 1 de K, tout élément de $K_\delta^\#(G)$ est biinvariante par K. l'algèbre $K_\delta^\#(G)$ s'identifie donc à l'algèbre $K^\#(G)$.

Proposition IV–2-1-2

Soit K un sous-groupe compact de G et U une représentation de Banach topologiquement irréductible de G sur E. Alors l'ensemble des opérateurs $U_\delta(f)$,$f \in K_\delta^\#(G)$ est le centralisateur de la représentation $k \longmapsto U_\delta(k)$ de K sur E(δ) . cf. [16] Prop. 4.5.1.7 pour une démonstration.

Remarque IV–2-1-3

Si la représentation $k \longmapsto U_\delta(k)$ de K sur E (δ) se décompose en m représentations irréductibles équivalentes, on montre que le centralisateur est isomorphe à l'algèbre $M_m(C)$ des matrices carrées d'ordre m. Par conséquent, d'après la proposition précédente, il existe un isomorphisme $U_\delta(f) \longmapsto u_\delta(f)$ de l'algèbre $\{U_\delta(f)\ ,\ f \in K_\delta^\#(G)\}$ sur $M_m(C)$ où $(f) \longmapsto u_\delta(f)$ est une représentation irréductible de dimension m de $K_\delta^\#(G)$ avec $tr(U_\delta(f)) = d(\delta)tr(u\delta(f))$. $\forall f \in K_\delta^\#(G)$.

Défintion IV–2-1-4

Une paire de représentation $u = (u_1, u_2)$ est une représentation double de K sur un espac de Banach E si E est un K-module e Banach à gauche relativement à u_1 et un K-module de Banach à droite relativement à u_2 tel que :

$$u_1(k)\,(xu_2(k)) = (u_1(k)x)u_2(k),\ \forall x \in E \text{ et } k \in K.$$

Définition IV–2-1-5

Soit $u = (u_1, u_2)$ une représentation double de K sur un espace de Banach de dimension finie E. Une fonction φ est dite u-sphérique si φ est une fonction continue de G sur E telle que : $\varphi(k_1xk_2) = u_1(k_1)\varphi(x)u_2(k_2)\ \forall k_1, k_2 \in K,\ x \in G$.

Soit $u_{\breve\delta}$ une représentation unitaire irréductible de K dans la classe duale $\breve\delta$ sur un espace $E_{\breve\delta}$. Pour tout endomorphisme T de $F_{\breve\delta}$, on définit le nombre suivant $\sigma(T) = d(\breve\delta)tr(T)$.

On montre que pour tout $T \in F_{\breve\delta}= HomC(E_{\breve\delta}, E_{\breve\delta})$ on a :

$$T = \int u_{\breve\delta}(k^{-1})\sigma\big(u_{\breve\delta}(k)T\big)dk$$

Proposition IV–2-1-6

L'algèbre $K_\delta^\#(G)$ est isomorphe à l'algèbre $U_{c,\delta}(G)$ des fonctions continues à support compact ψ de G dans $F_{\breve\delta}= HomC(E_{\breve\delta}, E_{\breve\delta})\delta$ et qui vérifient la relation :

$\psi(k_1xk_2) = u_{\breve\delta}(k_1)\psi(x)\, u_{\breve\delta}(k_2)$

Preuve :

Soit $f \in K_\delta^\#(G)$, posons $\psi_f^\delta(x) = \int u_{\breve\delta}(k)f(kx)dk$. On montre facilement que $\psi_f^\delta \in U_{c,\delta}(G)$. L'application $f \longmapsto \psi_f^\delta$ est injective. En effet :

$\forall f \in K_\delta^\#(G)$, $f(x) = \overline{\chi_\delta} * f(x) = \int \chi_\delta(k)f(kx)dk = \int \sigma\big(u_{\breve\delta}(k^{-1})f(kx)\big)dk = \sigma\left(\psi_f^\delta(x)\right)$ est surjective.

En effet : Soit $\psi \in U_{c,\delta}(G)$.

Posons $f(x) = \sigma(\psi(x))$,

$$f(kxk^{-1}) = \sigma(\psi(kxk^{-1})) = f(x)$$

donc $f \in J_c(G)$ et $\overline{\chi_\delta} * f(x) = \int \chi_\delta(k) f(kx)dk = d(\check{\delta}) \int \chi_\delta(k^{-1}) tr\psi(k^{-1}x)dk = d(\check{\delta}) tr(\psi(x) = f(x)$, donc $f \in K_\delta^\#(G)$,Il suffit de prendre $\psi_f^\delta = \psi$ et $f \mapsto \psi_f^\delta$ est surjective.

D'autre part :

$$\psi_f^\delta * \psi_g^\delta = \int \psi_f^\delta(xy)\, \psi_g^\delta(y^{-1})dy = \int\int u_{\check{\delta}}(k^{-1}) f(kxy)\, g(y^{-1})dydk$$
$$= \int u_{\check{\delta}}(k^{-1}) f * g(kx)dk = \psi_{f*g}^\delta(x) \text{ C.Q.F.D.}$$

On considère une représentation de Banach irréductible U de G sur E.

Définition IV–2-1-7

Soit $\delta \in \widehat{K}$. La fonction ψ_δ^U sur G définie par : $\psi_\delta^U(x) = tr(P(\delta)U(x)P(\delta))$ est appelée fonction trace sphérique de type δ correspondant à la représentation U. Si δ est contenue m fois dans la restriction de U à K alors ψ_δ^U est dite de hauteur m et est notée ψ_δ^U=(U/K: δ).

Proposition IV–2-1-8

Soit ψ_δ^Uune fonction trace sphérique sur G de type δ. Alors :

i) $\psi_\delta^U(kxk^{-1}) = \psi_\delta^U(x)U$, ∀x ∈ G, k ∈ K.

ii) $\chi_\delta * \psi_\delta^U(x) = \psi_\delta^U * \chi_\delta(x) = \psi_\delta^U(x)$, ∀x ∈ G.

Proposition IV–2-1-9

Soit ψ une fonction quasi-bornée sur G.

La fonction ψ est proportionnelle à une fonction trace sphérique de hauteur 1 si et seulement si $\psi(1)\int \psi(kxk^{-1}y)dk = \psi(x)\psi(y)$, ∀x, y ∈ G.

On pourra retrouver une démonstration dans G. Warner (Tome 2).

Définition IV–2-1-10

Une semi-norme ρ sur G est une fonction positive semicontinue inférieurement et bornée sur tout compact de G telle que :

$$\rho(xy) \leq \rho(x)\rho(y), \forall x, y \in G.$$

Remarque IV–2-1-11

Soit ρ une semi-norme sur G. On désigne par ρK(G) l'algèbre de Banach complètée de l'algèbre K(G) obtenue à partir de la ρ-norme $\|.\|_\rho$ définie par : $\|f\|_\rho = \int \|f(x)\| \rho(x)dx$, ∀f ∈ K(G) .

On montre que le produit de convolution est continu pour cette norme $\|.\|_\rho$ et on définit comme précédemment les sous-algèbres $\rho K_\delta^\#(G)$, et $\rho K_\delta(G)$ de l'algèbre ρK(G) .

IV-2-2 Fonction sphérique de type δ

Définition IV–2-2-1
Une fonction f sur G à valeurs dans un espace de Banach est dite quasi-bornée s'il existe une semi-norme ρ sur G telle que : $\sup_{x\in G} \frac{\|f(x)\|}{\rho(x)} < \infty$

Définition IV–2-2-2
Soit $\delta \in \widehat{K}$. Une fonction sphérique ϕ (sur G) de type δ est une fonction continue quasi-bornée sur G à valeurs dans $Hom_C(E, E)$, (E étant un espace vectoriel de dimension finie) telle que :
(i) $\phi(kxk^{-1}) = \varphi(x)$. (x ∈ G, k ∈ K)
(ii) $\chi_\delta * \varphi = \varphi = \varphi * \chi_\delta$
(iii) L'application $u_\phi(f) = \phi(f) = \int f(x)\phi(x)dx$ est une représentation irréductible de l'algèbre $K_\delta^{\#}(G)$. (La représentation u_ϕ est continue pour la norme $\|.\|_\rho$).

Deux fonctions sphériques ϕ_i(i = 1, 2) de type δ à valeurs dans $Hom_C(E_i ,E_i)$ sont équivalentes s'il existe une bijection linéaire $Q : E_1 \to E_2$
telle que :

$$\phi_2(x) = Q\phi_1(x)Q^{-1} ,(\forall x \in G) .$$

Remarque IV–2-2-3
Si δ est une classe triviale de dimension 1 de K, les fonctions sphériques de type δ s'identifient aux fonctions zonales sphériques.

Proposition IV–2-2-4
Soit ϕ une fonction continue quasi-bornée sur G à valeurs dans $Hom_C(E, E)$ telle que : $\phi_K = \phi \; et \; \chi_\delta * \phi = \phi$. La fonction ϕ est sphérique de type φ si et seulement si :

$$\int \phi(kxk^{-1}y)dk = \phi(x)\phi(y), \forall x, y \in G.$$

Nous allons montrer que l'existence d'une fonction sphérique de type δ sur G de hauteur non nulle est toujours liée à l'existence d'une représentation de Banach irréductible du groupe G.

Proposition IV–2-2-5
Si U est une représentation irréductible de Banach de G dans un espace E telle que δ soit contenue dans la restriction de U à K, alors il existe une fonction ϕ_δ^U définie sur G, sphérique de type δ.
La fonction ϕ_δ^U est dite associée à la représentation U.

Soit A une algèbre normée involutive complexe et $X_m(A)$ l'ensemble des réprésentations unitaires irréductibles de A de dimension finie m.

Définition IV–2-2-6 :
Pour tout élément f de A, nous appelons transformée de Guelfand généralisée de f , l'application notée G f de Xm (A) dans l'algèbre Mm (C) des matrices carrées d'ordre m définie par : $\mathfrak{g}f: X_m(A) \to M_m(C)$

telle que $gf(u) = u(f)$ L'homomorphisme $f \longmapsto gf$ de A dans $M_m(C)^{Xm(a)}$ est appelé la transformation de Guelfand généralisée associée à l'algèbre A.

Si l'algèbre A est commutative, les représentations unitaires irréductibles de A sont de dimension 1, donc s'identifient aux caractères de A et on retrouve la définition de la transformation de Guelfand usuelle.
Soit $S_\delta^m(G)$ l'ensemble des fonctions sphériques de type δ sur G de hauteur m.

Nous allons montrer que si ϕ est une fonction de $S_\delta^m(G)$, il existe une représentation $u_\delta^\phi \in X_m\left(K_\delta^\#(G)\right)$ *telle que:* $u_\delta^\phi(f) = \int f(x)\phi(x)dx$ et réciproquement.
Ce qui permettra d'identifier les espaces $S_\delta^m(G)$ et$X_m\left(K_\delta^\#(G)\right)$ et ensuite définir la transformation de Fourier sphérique de type δ.

Définition IV–2-2-7

Un idéal à gauche J dans une algèbre associative A est dit régulier s'il existe un élément u ∈ A tel que xu ≡ xmod J pour tout x ∈ A.

Lemme IV–2-2-8

Soit ρ une semi-norme sur G, I un idéal à gauche régulier maximal dans l'algèbre $\rho K_\delta(G)$ et $J = \{f \in \rho K(G),\ \overline{\chi_\delta} * g * f * \overline{\chi_\delta} \in I,\ \forall g \in \rho K(G)\}$.
J est idéal à gauche régulier maximal dans ρK (G) , $I = J \cap \rho K_\delta(G)$ et $f * \overline{\chi_\delta} \equiv f \bmod J\ \forall f \in \rho K(G)$.

Lemme IV–2-2-9

Soit une fonction continue ψ sur G telle que : $\psi = \psi_K$, $\chi_\delta * \psi = \psi$. Les conditions suivantes sont équivalentes :
(i) $\psi(f * g) = \psi(g * f)\ \forall f, g \in K_\delta^\#$
ii) $\check{f} * \psi = \psi * \check{f}, \forall f \in K_\delta^\#(G)\backslash$

Preuve :
On sait que : $\psi(f) = \check{f} * \psi(1) = \psi * \check{f}(1), \forall f \in K(G)$

i) $(f * g)^V * \psi(1) = \psi * (f * g)^V(1) \Leftrightarrow \check{g} * \check{f} * \psi(1) = \psi * \check{f} * \check{g}(1) \Leftrightarrow \check{f} * \psi(g) = \psi * \check{f}(g). \forall f, g \in K_\delta^\#(G)$.

Lemme IV–2-2-10 :
Soit une fonction continue ψ sur G telle que $\psi = \psi_K$, $\chi_\delta * \psi = \psi$. Soit ρ une semi-norme sur G telle que $|\psi(x)| \leq M\rho(x)\ \forall x \in G\ (M > 0)$, ρK(G) l'algèbre de Banach correspondant à ρ. S'il existe une représentation irréductible de dimension finie u_δ de $K_\delta(G)$ telle que :
$\psi(f) = f(\delta)\mathrm{tr}(u_\delta(f))\ \forall f \in K_\delta^\#(G)$. Alors :

(i) $\check{f} * \psi = \psi * \check{f}, \forall f \in \rho K\delta(G)$
(ii) $I\psi = \{f \in \rho K\delta(G),\ \check{f} * \psi = 0\}$ est un idéal bilatère régulier de $\rho K_\delta(G)$
(iii) $f \in I\psi \cap K_\delta(G) \Leftrightarrow u_\delta(f) = 0$.

Preuve :

(i) Si $\psi(f) = d(\delta)Tr(u_\delta(f))$, on a $\psi(f * g) = \psi(g * f)$ $\forall f, g \in K_\delta^\#(G)$ et $\check{f} * \psi = \psi * \check{f}$, $\forall f \in K_\delta^\#(G)$. Comme K(G) est dense dans ρK(G) et que l'application $f \longmapsto \overline{\chi_\delta} * f_K$ est une projection continue de ρK(G) sur $\rho K_\delta^\#(G)$ alors $K_\delta^\#(G)$ est dense dans $\rho K_\delta^\#(G)$ et $\check{f} * \psi = \psi * \check{f}$, $\forall f \in \rho K_\delta^\#(G)$. L'égalité demeure si on remplace f par $\varepsilon_k * f$ $(k \in K)$ car $\{\varepsilon_k * f ; f \in \rho K_\delta^\#(G)\}$ est total dans $\rho K_\delta(G)$. (cf. [16] Th. 4.5.1.11).

(ii) La relation (i) et l'égalité $(f * g)^V = \check{g} * \check{f}$ pemettent d'affirmer que I_ψ est un idéal bilatère de $\rho K_\delta(G)$. Montrons que I_ψ est régulier.

Prenons $u \in K_\delta^\#(G)$ tel que $u_\delta(u)$ soit l'opérateur identique dans l'espace de la représentation u_δ . Ainsi on a : $\psi * \check{u} = \check{u} * \psi = \psi$ et si $f \in \rho K_\delta(G)$ alors $(f * u - f)^V * \psi = \check{u} * \check{f} * \psi - \check{f} * \psi = \check{u} = \psi * \check{f} - \check{f} * \psi = \psi * \check{f} - \check{f} * \psi = 0$. Par conséquent $f * u \equiv f \bmod I\psi$.

(iii) $f \in I\psi \cap K_\delta^\#(G) \Rightarrow \check{f} * \psi = 0 \Rightarrow \check{g} * \check{f} * \psi(1) = 0 = \Rightarrow \psi(f * g) = 0 \Rightarrow tr(u_\delta(f)u_\delta(g)) = 0$ $\forall g \in K_\delta^\#(G) \Rightarrow u_\delta(f) = 0$. La réciproque est évidente C.Q.F.D.

Théorème IV–2-2-11 :

Soit ψ une fonction continue quasi-bornée sur G telle que $\psi_K = \psi$ et $\chi_\delta * \psi = \psi$.

ψ est une fonction trace sphérique de type δ et de hauteur m si et seulement si, il existe une représentation irréductible u_δ de dimension m de $K_\delta^\#(G)$ telle que :

$$\psi(f) = \int f(x)\psi(x)dx = d(\delta)tr(u_\delta(f)), \forall f \in K_\delta^\#(G)$$

Preuve :

Soit ψ_δ^U une fonction trace sphérique de type δ et de hauteur m correspondant à la représentation de Banach U de G. Il existe un isomorphisme $F : U_\delta(f) \longrightarrow u_\delta(f)$ de $\{ U_\delta(f) , f \in K_\delta^\#(G)\}$ sur $M_m(C)$ où u_δ est une représentation irréductible de dimension finie m de l'algèbre $K_\delta^\#(G)$ avec

$$tr(U_\delta(f)) = d(\delta)tr(u_\delta(f)), \forall f \in K_\delta^\#(G)$$

et

$\psi_\delta^U = tr(P(\delta)U(f)P(\delta)) = tr(U\delta(f)) = d(\delta)\, tr(u\delta(f))$, $\forall f \in K_\delta^\#(G)$.

Réciproquement, soient I une extension maximale régulière de Iψ dans$\rho K_\delta(G)$ et $J = \{f \in \rho K(G), \overline{\chi_\delta} * g * f * \overline{\chi_\delta} \in I, \forall g \in \rho K(G)\}$. Considérons la représentation de Banach irréductible U de G sur E = ρK (G) /J. La représentation $f \longrightarrow U_I(f)$ de $\rho K_\delta(G)$ sur ρK(G)/I est équivalente à la représentation $f \longrightarrow U_\delta(f)$ de $\rho K_\delta(G)$ sur E (δ).

En effet : la projection P (δ) est définie par :

$P(\delta)(f + J) = U(\overline{\chi_\delta})(f + J) = \overline{\chi_\delta} * f + J$.

D'autre part $f * \overline{\chi_\delta} \equiv f \bmod J$ $\forall f \in \rho K(G)$. Donc $f \longrightarrow f + J$ est un homomorphisme de $\rho K_\delta(G)$ sur E (δ) et comme $I = J \cap \rho K_\delta(G)$ alors $U_I \sim U\delta$.

Soit ψ_δ^U la fonction trace sphérique de type δ correspondant à la représentation U de G sur E, on a $\psi_\delta^U(f) = tr(U\delta(f)) = tr(U_I(f))$, $\forall f \in \rho K_\delta(G)$.

En outre, comme I_ψ est un idéal bilatère de $\rho K_\delta(G)$, on a pour tout élément $f \in I_\psi \cap \rho K_\delta^\#(G)$, $U_I(f) = 0$. Soit n la hauteur de ψ_δ^U, il existe une représentation irréductible de dimension n, $f \longrightarrow v_\delta(f)$ de $K_\delta(G)$

elle que ψ_δ^U(f) = d (δ)tr(vδ(f)) ∀f ∈$K_\delta^\#(G)$ d'autre part ∀f ∈ Iψ ∩ρ$K_\delta^\#(G)$ ⟸⟹ uδ(f) = 0 ⟹ U_I(f) = 0 ⟹ vδ(f) = 0 par conséquent $u_\delta \approx v_\delta$ alors m = n,
ie ht ψ_δ^U= htψ et ψ(f) =d(δ)tr(uδ(f)) = d(δ)tr(vδ(f)) =ψ_δ^U(f) donc ψ = ψ_δ^U. C.Q.F.D.

Corollaire IV–2-2-12 :
Soit ψ une fonction continue quasi-bornée sur G. Si ψ est proportionnelle à une fonction trace sphérique de type δ de hauteur 1 alors :
ψ (1)f ∗ψ =d(δ)tr($u_\delta \check{f}$ψ) pour tout f ∈ $K_\delta^\#(G)$.

Corollaire IV–2-2-13 :
Soit ϕ une fonction continue quasi-bornée de G dans Hom_C(E, E) où E est un espace vectoriel de dimension finie telle que ϕ_K= ϕ et $\chi_\delta * \phi$ = ϕ. ϕ est sphérique de type δ si et seulement si pour toute fonction f ∈ $K_\delta^\#(G)$, il existe un endomorphisme u_δ(f) de E_δ tel que
f ∗ ϕ = $u_\delta(\check{f})$.ϕ.

Preuve :
Supposons que ϕ est sphérique de type δ.∀f ∈ $K_\delta^\#(G)$, f ∗ϕ(x) $=\int f(y)\phi(y^{-1}x)dy = \int\int f(y^{-1})\phi(kyk^{-1}x)dydk = \phi(x)\int f(y^{-1})\phi(y)dy = \phi(x)u_\delta(\check{f})$.

Réciproquement supposons que pour tout élément f de $K_\delta^\#(G)$ f ∗ϕ(x) $=\int f(y)\phi(y^{-1}x)dy = \int f(y^{-1})[\phi(x)\phi(y) - \int \phi(kyk^{-1}x)dk]\,dy = 0$, donc $\int \phi(kyk^{-1}x)dk$ =ϕ(x)ϕ(y) et la fonction ϕ est sphérique de type δ.C.Q.F.D.
Ce corollaire donne une généralisation d'une propriété fondamentale des fonctions zonales sphériques.

IV-2-3 - Quelques propriétés différentielles

Soient G un groupe de Lie connexe unimodulaire, K un sous-groupe uniformément large de G, A l'algèbre enveloppante universelle de la complexifiée Gc de l'algèbre de Lie G du groupe de Lie G., ξ le centre de A et χ le centralisateur de K_c dans A. La projection canonique de A sur χ est définie par :

$$D \longmapsto D_K = \int Ad(k)Ddk.$$

Théorème IV-2-3-1
Soient U une représentation T ⊂ I de Banach de G dans E., K_U le caractère infini tesimal de U, ψ_δ^U la fonction trace sphérique de type δ associée à U .
Alors

$$Z\psi_\delta^U = K_U(Z)\,\psi_\delta^U,\ \forall Z \in \xi.$$

Remarque IV-2-3-2
Soit U une représentation T ⊂ I de Banach de G sur E., E_ω l'espace des vecteurs analytiques dans E pour U on a $E_K = \sum_{\delta\in\hat{K}} E(\delta) \subset E\omega$.
Ceci montre que pour tout δ fixé dans $\hat{K}$, tel que δ soit contenue dans U/K les fonctions ψ_δ^U et ϕ_δ^U sont analytique sur G.

Théorème IV-2-3-3

Soient U et V deux représentations T ⊂ I de G dans E et F telles que δ soit contenue dans $U/_K$ et $U/_K$. Soient U et V des représentations de χ dans E(δ) et dans F (δ) obtenu par restriction U_K et V_K.
Alors si U_δ et V_δ sont algébriquement équivalentes alors U et V sont Naïmark équivalentes.

Preuve :

Il suffit de montrer que $\psi_\delta^U = \psi_\delta^V$. Comme ces fonctions sont analytiques, il faut montrer que $D\psi_\delta^U(1) = D\psi_\delta^V(1)$, ∀D ∈ a. (G étant connexe).Les fonctions sphériques de type δ étant centrale, il suffit de montrer que $D\psi_\delta^V(1) = D\psi_\delta^V(1)$, ∀D ∈ χ. Ainsi $D\psi_\delta^U(1) = tr(U_\delta(D)) = tr(V_\delta(D)) = D\psi_\delta^V V(1)$.

Soient U une représentation T ⊂ I de Hilbert de G dans E, T_U son caractère. Considérons la composante de Fourier $T_{\delta,V}$ de T_U (δ ∈ K) . i.e. $T_{\delta,V}(f) = T_U(f * \overline{\chi_\delta})$ ∀f ∈ D(G).
En utilisant le fait que les E(δ) sont orthogonaux deux à deux, pour δ_0 fixé dans $\widehat{K}$ on a :

$$T_{U,\delta 0}(f) = T_U(f * \overline{\chi_\delta}) = \sum_{\delta\in\widehat{K}} tr(P(\delta)U(f)P(\delta 0)P(\delta)) = \int f(x)\psi_{\delta_0}^U(x)dx.$$

Donc, au sens des distributions, les composantes de Fourier $T_{U,\delta}$ du caractère T_U sont des fonctions ψ_δ^U (δ ∈$\widehat{K}$) nécessairement analytiques.

Théorème IV-2-3-4

Soit ϕ une fonction sphérique sur G de type δ. Alors ∀D ∈χ, D ϕ = [Dφ(1)] où l'application D→ D ϕ (1) est une représentation irréductible de χ.

Preuve :

Pour tous x, y ∈ G, on a : $\int \phi(kxk^{-1}y)dk = \phi(x)\phi(y)$.
Donc si T est un distribution sur G à support compact qui commute avec les δ_k on a : $\int\int \phi(kxk^{-1}y)dkdT(y) = \int \phi(x)\phi(y)dT(y)$ donc
$\int \phi(xy)dT(y) = \phi(x)\int \phi(y)dT(y)$R.

On note D → T_D l'identification de a avec, l'algèbre des distributions de support {1}.
Si D ∈ χ, T_D commute avec δ_k et on a $D\varphi(X) = \varphi * \check{T}_D(x)\varphi(x)\,[D\varphi(1)]$.

Notons u_ϕ la représentation de χ définie par u_ϕ(D) = D ϕ (1) , u_ϕ est irréductible si $u_\phi(\chi)$ = $Hom_C(E,E)$.
Supposons $u_\phi(\chi) \neq Hom_C(E, E)$.
D'après le théorème de Hahn-Banach, il existe une forme linéaire z : $Hom_C(E, E)$ → C telle que z $|u_\phi(\chi)= 0$. Or $\phi(K_\delta^\#(G))$= Hom (E, E) donc il existe f ∈ $K_\delta^\#(G)$ telle que $< \phi(f), z > \neq 0$, ie $(\int f(x)\langle\phi(x), z\rangle dx \neq 0)$
et z ∘φ est une fonction analytique non nulle. Il existe donc D ∈ χ tel que D(z ∘ φ) ≠0 ⟺ z ∘Dφ(1) ≠ 0 et < Dφ (1) , z >≠ 0 absurde.

T**héorème**IV-2-3-5

Soit E un espace vectoriel de dimension finie sur C, φ :G → $Hom_C(E, E)$ une fonction sur G quasi-bornée et K-centrale de classe C^∞. On suppose qu'il existe une représentation irréductible u_ϕ de χ dans

E telle que D ϕ = $\phi u_\phi(D)$ où $u_\phi(D)$ = D ϕ (1) (D $\in \chi$). Alors ϕ est une fonction sphérique sur G de type δ (pour une classe $\delta \in \widehat{K}$.

Preuve :
Nous allons montrer qu'il existe un $\delta \in \widehat{K}$ telle que $\phi * \chi\delta = \phi$. Ce qui permettra d'établir que la représentation $f \longmapsto \int f(x)\phi(x)dx$ est irréductible, $\forall f \in K_\delta^\#(G)$, ϕ est analytique.
En effet dim $\chi_\phi < \infty$ et χ contient un élément elliptique Δ.
Il existe donc $c_k \in C$, $0 \leq k \leq n$ tel que $\sum_{k=1}^n C_k \Delta^k \phi = 0$ comme $\sum_{k=1}^n C_k \Delta^k$ est elliptique alors ϕ est analytique. Montrons que $\int \phi(xkyk^{-1}) = \phi(x)\phi(x)$. Fixons x $\in$ G. Comme φ est analytique, il existe un voisinage O de zéro dans G tel que pour tout Y $\in$ O, on ait : $\int \phi(xkexpYk^{-1})\, dk = \int \phi(xkexpAd(k)Y)\, dk = \int \sum_{m=0}^{\infty} \frac{1}{m!}(Ad(k)Y)^m \phi(x)dk = \phi(x)\phi(expY)$.
car D $\phi(1)$ = D_K ϕ (1) et ϕ est K-centrale et comme ϕ est analytique, on peut donc l'étendre sur tout G. Supposons que $\phi \neq 0$ et montrons qu'il existe un $\delta \in \widehat{K}$ tel que $\phi * \chi_\delta(1) \neq 0$. $\forall x \in G$, $\phi * \chi\delta(x)$ $= \int \phi(xk)\overline{\chi_\delta(k)}dk = \phi(x)\phi * \chi_\delta(1) = 0$ pour tout $\delta \in$ K, alors nécessairement $\phi * \chi\delta = 0$ donc $\phi = 0$ contradiction. Donc fixons $\delta \in \widehat{K}$ tel que $\phi * \chi_\delta(1) = 0$.

Comme χ_δ est K-centrale alors on montre que $\phi * \chi_\delta(1)$ est un opérateur sclaire M_δ.
Par conséquent:

$$\phi M_\delta = \phi * \chi_\delta = (\phi * \chi_\delta) * \chi_\delta = \phi M_\delta^2$$

donc M_δ= 1 et $\phi * \chi_\delta = \phi$ Comme $\phi_K = \phi$ et $\phi * \chi_\delta = \phi$ alors $f \longmapsto \int f(x)\phi(x)dx$ est une représentation de $K_\delta^\#(G)$ dans E. Montrons que cette représentation est irréductible. $\mathfrak{D}(G)$ est faiblement dense dans l'algèbre des distributions sur G à support compact.

Par conséquent, tout opérateur de la forme $D\varphi(1)$ (D $\in \chi$) peut être approché par les opérateurs $\phi(f)$ où $f \in D_\delta^\#(G)$, donc

$$Hom_{\mathbb{C}}(E, E) = \left\{\int f(x)\phi(x)dx, f \in I_{c,\delta}(G)\right\}.$$

Remarque IV-2-3-6
Si m(δ) est un entier $\geq$ 1 tel que δ sont contenu au plus m(δ) fois dans toute représentation de Banach TC I de G. Alors dim(E)$\leq$ m(δ) .

[1]- A. D. BARUT and R. RACZKA :Theory of group representations and applications. Polish Scientific publishers.

[2]- N. BOURBAKI : Groupes et algèbres de Lie, Chapitre I, Hermann, Paris 1971.

[3]- J. DIEUDONNE : Elément d'Analyse, Tome 2, 5 et 6, Grautierx - Villars, Paris 1974.

[4]- J. DIXMIER :Algèbres enveloppantes, Gauthiers-Villars-Paris 1974.

[5]- J. FARAUT : Groupes et Algèbres de Lie. Cours d'initiation Université Pierre et Marie Curie.

[6]- J. FARAUT, R. TAKAHASHI, J. CLERC : Analyse Harmonique. Les cours du CIMPA, Université de Nancy I (1980).

[7]- FULTON and J. HARRIS : Representation Theory, Springer - Verlag, NewYork, Inc 1991.

[8]- R. GODEMENT : Cours d'algèbre, Hermann, Paris 1973.

[9]- S. HELGASON : Groups and geometric Analysis - Academic press, inc (1984).

[10]- S. HELGASON : Differential geometry, Lie groups and symmetric Spaces, Academic Press, New-York, 1978.

[11]- J.E. HUMPHREYS :Introduction to Lie algebras and Representation Theory, Springer, Verlag, New-York, 1972.

[12]- K. KANGNI : Transformation et Distribution sphériques de types δ. Thèse de Doctorat d'Etat.ABIDJAN (Mai 2000).

[13]- K. KANGNI et S. TOURE : Transformation de Fourier Sphérique de type δ. Applications aux groupes de Lie sémi-simples. Annales Mathématiques Blaise Pascal Vol. 8 N°2 (2001) pp77-88.

[14]- K. KANGNI et S. TOURE : Représentation unitaire sphérique de type δ. Afrika Matematika, Série 3, Vol 7 (1997) pp 95-104.

[15]- K. KANGNI et S. TOURE : Transformation de Fourier Sphérique de type δ. Annales Mathématiques Blaise Pascal Vol 3 N°2 (1996) pp 117-133.

[16]- A. A. KIRILLOV : Elements of the theory of Representations Springer – Verlag Berlin Heidelberg New-York. (1976).

[17] K. MAURIN : General Eigenfunction Expansions and Unitary Representation of topological group, Warszawa 1968.

[18]- G.D. MOSTOW, J.H. SAMPSON, J.P. MEYER : Fundamental Structures of Algebra, Mc Graw-Hill Book Company, New-York, 1963.

[19] M. NAIMARK, A. STERN : Théorie des représentations des groupes, Editions de Moscou, 1979.

[20]- R.D. POLLACK : Introduction to Lie algebras, Queen's papers in pure and applied mathematics, n°23, 1969.

[21]- A. A. SAGLE, R. E. WALDE : Introduction to Lie groups and Lie algebras, Academic Press, New-York, 1973.

[22]- S. TOURE : Introduction à la théorie des représentations des groupes topologiques. Publications de l'IRMA, N°17, Mai 1991.

[23]- V. S. VARADARAJAN : Lie groups, Lie algebras and their representations. Prentice - Hall, Inc. New-Jersey (1974).

[24]- G. WARNER : Harmonic analysis on semi-simple Lie groups Tome I et II. Springer-Verlag Berlin Heidelberg New York 1972.

[25]- A. WAWRZYNCZYK : Group Representations and Special Functions. Reidel Publishing Company 1984.

MIX
Papier aus verantwortungsvollen Quellen
Paper from responsible sources
FSC® C105338

FSC
www.fsc.org

Printed by Books on Demand GmbH, Norderstedt / Germany